U0253727

本书获得青岛市哲学社会科学规划管理办公室-2021年年度课题项目（项目批准号：QDSKL2101425）资助

| 光明社科文库 |

胶东经济圈现代海洋产业蓝色供应链
协同创新研究

李学工　等◎著

光明日报出版社

图书在版编目（CIP）数据

胶东经济圈现代海洋产业蓝色供应链协同创新研究 /
李学工等著 . -- 北京：光明日报出版社，2023.8
ISBN 978 - 7 - 5194 - 7430 - 0

Ⅰ.①胶… Ⅱ.①李… Ⅲ.①海洋经济—区域经济发
展—研究—山东 Ⅳ.①P74②F127.52

中国国家版本馆 CIP 数据核字（2023）第 165614 号

胶东经济圈现代海洋产业蓝色供应链协同创新研究
JIAODONG JINGJIQUAN XIANDAI HAIYANG CHANYE LANSE
GONGYINGLIAN XIETONG CHUANGXIN YANJIU

著　　者：李学工　等

责任编辑：许　怡　　　　　　　　责任校对：王　娟　李佳莹
封面设计：中联华文　　　　　　　责任印制：曹　净

出版发行：光明日报出版社

地　　址：北京市西城区永安路 106 号，100050

电　　话：010-63169890（咨询），010-63131930（邮购）

传　　真：010-63131930

网　　址：http：//book. gmw. cn

E - mail：gmrbcbs@ gmw. cn

法律顾问：北京市兰台律师事务所龚柳方律师

印　　刷：三河市华东印刷有限公司

装　　订：三河市华东印刷有限公司

本书如有破损、缺页、装订错误，请与本社联系调换，电话：010-63131930

开　　本：170mm×240mm

字　　数：279 千字　　　　　　　印　　张：16.5

版　　次：2024 年 4 月第 1 版　　　印　　次：2024 年 4 月第 1 次印刷

书　　号：ISBN 978 - 7 - 5194 - 7430 - 0

定　　价：95.00 元

前　言

自党的十八大首次提出海洋强国战略以来，海洋在我国经济社会发展和民族伟大复兴中的地位显著提升，并受到社会各界的高度关注。党的十九大进一步提出"坚持陆海统筹，加快建设海洋强国"，为我国今后一个时期内的海洋工作指明了目标与方向。但海洋强国这一宏伟目标的实现，既需要政府、企业、公众等多方主体的共同参与，也离不开经济、科技、军事、生态环境等多个领域的协同推进。就这个角度而言，我国的海洋强国建设实际上是各方治理主体积极参与各项海洋事务、解决治理难题，从而推进国家海洋治理体系和治理能力现代化的动态过程。《中华人民共和国国民经济和社会发展第十四个五年规划和 2035 年远景目标纲要》① 明确提出要"积极拓展海洋经济发展空间""协同推进海洋生态保护、海洋经济发展和海洋权益维护，加快建设海洋强国"，海洋经济成为区域经济发展的新增长点。在我国宏观经济发展平稳、政治社会环境持续优化、海洋资源蕴藏丰富、海洋科创环境持续向好的大背景下，海洋经济增长势头强劲，为我国经济发展注入了新活力和新动力。

未来，要深入贯彻新发展理念，以海洋科技创新为主要着力点，推动我国海洋产业朝着高端化、绿色化、集群化与智能化方向发展，全面推进海洋经济高质量发展，加快建设海洋强国。《国务院关于"十四五"海洋经济发展规划的批复》中强调②"优化海洋经济空间布局，加快构建现代海洋产业体系，着力提升海洋科技自主创新能力，协调推进海洋资源保护与开发，维护和拓展国家海洋权益，畅通陆海连接，增强海上实力，走依海富国、以海强

---

① 国务院.中华人民共和国国民经济和社会发展第十四个五年规划和 2035 年远景目标纲要［N］.人民日报，2022-10-17（1）.

② 国务院.国务院关于"十四五"海洋经济发展规划的批复［A/OL］.（2021-12-15）［2021 - 12 - 27］.http：//www.gov.cn/zhengce/zhengceku/2021 - 12/27/content_5664783.htm.

国、人海和谐、合作共赢的发展道路，加快建设中国特色海洋强国"。《全国海洋经济发展"十三五"规划》① 首次提出推进深圳、上海等城市建设全球海洋中心城市，随着海洋规划发展不断深入，沿海城市出现了建立区域性海洋中心城市的浪潮（2017）。习近平总书记在党的十九大中做关于《高举中国特色社会主义伟大旗帜 为全面建设社会主义现代化国家而团结奋斗》工作报告中将"现代供应链"作为国家创新驱动战略的新动能，使其内涵与外延更具有中国特色②；以供应链与互联网、物联网、大数据、人工智能及区块链等技术的深度融合为路径，打造数字化支撑、网络化共享、智能化协作的智慧供应链体系，培育100家左右的全球供应链领先企业，以提升我国经济全球竞争力的战略目标③；创新供应链技术与模式，构建和优化产业协同平台，提升产业集成和协同水平，带动上下游企业形成完整高效、节能环保的产业供应链体系④；在党的二十大中，习近平总书记提出要"以中国式现代化全面推进中华民族伟大复兴"⑤ 等一系列富有突破性和前瞻性的新论断与新指针，为习近平新时代中国特色社会主义经济建设的高质量发展提供了理论创新方向和实践指导方针。

长期以来，西方主要资本主义国家作为早期殖民者借助于海洋开展大规模的海外殖民活动，积累了走向资本主义现代化强国的物质基础，并在其工业化进程中加快了对海洋的全面开发，海洋经济形态和水平达到国际先进水平，然而我国作为一个后起的追赶西方世界的世界第二大经济体，在陆域经济主导模式下使部分领域实现了超越，"中国奇迹""中国制造""中国创造""中国智造"已得到世界大多数国家的认可与认同，但是，海域经济已然是我

---

① 国家发展改革委，国家海洋局. 全国海洋经济发展"十三五"规划［A/OL］.（2017-05-10）［2022-12-10］. http://gc.mnr.gov.cn/201806/t20180614_ 1795445.html.

② 路红艳，王岩，孙继勇. 发展现代供应链 助力深化供给侧结构性改革［R/OL］.（2019-03-14）［2021-11-21］. http://theory.people.com.cn/n1/2019/0314/c40531-30975885.html.

③ 中华人民共和国中央人民政府. 国务院办公厅关于积极推进供应链创新及应用的指导意见［A/OL］.（2017-10-13）［2021-11-21］. http://www.gov.cn/zhengce/content/2017-10/13/content_ 5231524.htm.

④ 中华人民共和国中央人民政府. 商务部等8部门印发关于进一步做好供应链创新与应用试点工作的通知［A/OL］.（2020-04-10）［2021-11-21］. http://www.gov.cn/zhengce/zhengceku/2020-04/15/content_ 5502671.htm.

⑤ 习近平. 高举中国特色社会主义伟大旗帜 为全面建设社会主义现代化国家而团结奋斗［N］. 人民日报，2022-10-17（1）.

们国民经济发展的短板。持续三年波及全球的新冠疫情、俄乌局势等突发事件导致全球能源危机、经济衰退、通胀高企等情势，美国主导的西方世界将能源武器化、供应链政治化及地缘经济逆全球化等倾向，严重破坏世界经济的一体化进程，在对我国经济脱钩、供应链断裂、贸易战及芯片战等方式封锁、打压及遏制的背景下，强化危机意识、忧患意识已然成为各界的共识，也倒逼我国经济尽快实现转型升级，突破西方国家主导的经济单极世界话语体系的发展格局，想要持续保持我国经济高质量发展和高速度增长，必须加快海洋经济蓝色经济的发展，尤其是在能源危机的当下，为确保我国经济安全、供应链安全及强大的韧性，亟须将经济发展的视角转向星辰大海，走向深蓝海洋，而建构中国现代海洋产业蓝色供应链体系及其协同创新就是我们把握新发展阶段、贯彻新发展理念、构建新发展格局的重大战略选择。本书以胶东经济圈现代海洋产业蓝色供应链协同创新为研究对象，以习近平"现代供应链"的新动能理念为指导，在政府海洋强国战略的引领下，对中国现代海洋产业蓝色供应链体系及协同创新上从理论、方法、路径等方面进行重要的战略补充，前瞻性、尝试性地探索并提炼出我国现代海洋产业蓝色供应链的理论框架及其实现路径就显得极其迫切和重要。

在落实"十四五"规划纲要的战略目标上，持续推动海洋大开发与海洋大保护并举的高质量发展之路，中央政府对保持产业链供应链的稳定性和竞争力给予持续不断的政策供给，瞄准"十四五"规划纲要中提到的"加快突破新一代信息通信、新能源、新材料、航空航天、生物医药、智能制造等领域核心技术"以及"深入实施《中国制造2025》，以提高制造业创新能力和基础能力为重点，推进信息技术与制造技术深度融合，促进制造业朝高端、智能、绿色、服务方向发展，培育制造业竞争新优势"①的战略目标，助力构建以国内大循环为主体、国内国际双循环相互促进的新发展格局。

本书通过对胶东经济圈海洋产业蓝色供应链协同创新的资料文献梳理发现：首先，国内外学界主要从国际政治、海洋经济、蓝色经济、海洋文化、海洋产业、供应链等领域进行了卓有成效的研究探索，且相关理论在不同学科领域中趋向于体系化、系统化及交叉化，为现代海洋产业链供应链的理论

---

① 中华人民共和国中央人民政府．国务院关于印发《中国制造2025》的通知［A/OL］．（2015-05-08）［2022-11-21］．http：//www.gov.cn/zhengce/content/2015-05/19/content_9784.htm.

和实践探寻给予诸多的启示及借鉴，然大多数所采用的是定性研究范式及方法；其次，海洋产业链供应链的国内外研究成果多集中在对企业战略、相关海洋产业、海洋产品等层面的基础性研究阶段，而对海洋产业蓝色供应链协同创新的探讨鲜有涉及，呈现出研究的碎片化，远未形成较为完备的理论体系；再次，从现代海洋产业蓝色供应链及其协同创新的构建指标、研究方法、实现途径及战略目标来看，学界现有研究缺乏系统化和定量化的理论分析框架，呈现出断层化情形，亟须注入"中国元素"和"中国基因"等特色；最后，从中国现代海洋产业蓝色供应链协同创新的条件来看，在改革开放 40 余年艰苦卓绝的持续奋斗下，海洋经济及其产业发展也经历了"经验借鉴→模仿学习→消化吸收→跟进追赶→实践摸索→持续创新→部分引领"厚积薄发的渐变过程，从近年来国家政府对供应链创新发展政策与制度的密集性颁发与导向性安排就可以看出，海洋富国、海洋兴国、海洋强国已成为全社会的共识。且随着国际政治、经济、外交等环境日益错综复杂，从 2020 年新冠疫情国际大流行、中美贸易摩擦致使全球供应链人为断裂，到 2022 年俄乌局势导致世界能源供应链危机及欧美国家的高通胀及高物价，使我们充分认识到构建中国特色现代海洋产业蓝色供应链体系战略的紧迫性和重要性。一方面西方世界阻断经济全球化的发展进程，另一方面给我们敲响了快速高质量发展海洋经济、海洋产业链供应链的安全警钟，可见一个强大的海洋产业链供应链体系对于国家安全、经济安全何等重要。因俄乌冲突及其外溢效应给国际供应链带来诸多的不确定性，也给我们带来更多的警示和反思，实现我国经济的转型升级在短期内超越欧美西方国家须做出重要抉择，而且在因俄乌冲突导致全球性能源供应链困境中让我们意识到只有把命运掌握在自己手里，才能确保我国经济的持续、健康、稳定的发展，将能源安全牢牢地紧握在我们自己的手中，掌握海洋矿产及能源、海洋可再生能源、海洋高端制造、海洋基建装备、海洋化工、海洋生物医药等领域的关键性技术、核心技术及颠覆性技术必须突破现有国际发展格局，率先抢占未来的战略制高点。而构建现代海洋产业蓝色供应链体系及其协同创新，就是在纵观人类社会发展史，陆权论对应着陆域经济，海权论对应着海洋经济，西方国家既完成了陆域经济，也大力发展壮大了海域经济，而作为世界第二大经济体的中国，必须在短期内实现经济形态的转型升级和关键性技术、颠覆性技术的重大突围，海洋产业蓝色供应链体系构建及其协同创新就显得极其重要而紧迫。

　　基于上述认识，全书共分理论架构、实践探索、蓝碳机制及战略与路径 4

个篇章，具体由 12 章内容构成。为凸显本书之新视角、新理念及新思想，主要对胶东经济圈现代海洋产业蓝色供应链协同创新的理论分析框架、构建胶东经济圈现代海洋产业蓝色供应链协同创新的逻辑机理分析、构建胶东经济圈现代海洋产业蓝色供应链协同创新的障碍及策略、构建胶东经济圈现代海洋产业蓝色供应链协同创新的测度指标设计、胶东经济圈现代海洋产业蓝色供应链协同创新的实证分析、胶东经济圈现代海洋产业蓝色供应链协同创新的合作伙伴关系构建、胶东经济圈现代海洋产业蓝色供应链与蓝色碳汇机制的协同创新、构建胶东经济圈现代海洋产业蓝色供应链协同创新的战略与实施方案等方面进行系统深入的探讨。

本书创新及特色主要体现在：一是尝试性提出"海洋产业蓝色供应链"的概念，建立起以山东半岛胶东经济圈为范畴的现代海洋产业蓝色供应链理论分析框架，并构建起具有中国特色的胶东经济圈现代海洋产业蓝色供应链协同创新的测度指标体系，探寻其协同创新存在的障碍及提出相应的消除策略；二是对胶东经济圈海洋产业蓝色供应链与海洋生态环境保护之间协同发展的国家政策创新进行系统性的探索，即我国举世瞩目的发展成就，离不开我们举全国之力办大事的制度优势，如何在国际经济发展的大环境中，一方面加速我国海洋产业蓝色供应链融入全球供应链体系中并实现弯道超车，另一方面对胶东经济圈海洋产业蓝色供应链的地理空间集聚及优化和构建全球蓝色供应链合作伙伴关系，确保我国现代海洋产业蓝色供应链体系的高质量发展，也将成为本书的一大特色和亮点。总之，在西方国家主导的全球供应链体系中，高质量发展与高水平开放我国现代海洋产业蓝色供应链体系可以进一步扩大在国际政治、经济、文化、军事、外交等领域的全球影响力。想要构建我国完整、安全、稳定的现代海洋产业蓝色供应链体系，突破西方国家封锁，及时转换赛道，就必须从关键技术、"卡脖子"技术及颠覆性技术寻求重大突破，特别需要我们共同的努力，对于胶东经济圈海洋产业蓝色供应链协同创新提供些许的裨益，真正起到抛砖引玉的作用。

本书受青岛市哲学社会科学规划管理办公室之 2021 年年度课题项目的资助，这是课题组团队共同努力的最终研究成果，也是笔者所在单位曲阜师范大学的特色智库——"山东半岛陆海经济一体化生态系统研究中心"的年度研究成果，其中凝结了团队成员集体的智慧。作为课题的主持人，也是本书的主笔，重点负责课题研究的整体框架和研究思路的总设计，以及本成果的审阅和书稿的校对和统稿；作为本书的主要参与者——李传健教授对本书结构进行了优化工作，书稿撰写主要由巩天雷、辛玉颉、杨立青、王晓等同志完成；此外，我的硕士研究生张倩倩、李芳、李骏鹤等同学承担了大量的资料收集与整理任务，对于他们的辛勤工作，在此一并表示感谢！

此外，本书在撰写和出版过程中，首先得到了我们单位曲阜师范大学管理学院院长王宜举教授的帮助，在课题研究全过程中给予我们大力的支持，此外我们还得到山东省"十四五"应用数学特色优势学科的全力支持；其次本书完成离不开我校社科处的领导及教师的无私帮助和精心服务；最后对于光明日报出版社及领导的认可与支持，在此一并表示诚挚的谢意！

在撰写本书过程中借鉴了大量国内外相关领域的文献和研究成果，除注明出处的部分以外，限于本书体例或篇幅，难免挂一漏万，难以保证所有参考文献能一一列出。在此，对相关文献和资料的原作者表示由衷的谢意！

由于本书成稿时间不甚宽裕，加之新冠疫情期间的防控要求，实地调研、产业调研、制造企业调研等工作无法全面展开，致使我们在构思、撰写中一方面缺乏对实地或应用场景的数据进行校验；另一方面在理论与实践的有机结合方面存在不足或遗憾，自然就不可避免地出现遗漏或难以周全，书中内容、方法乃至观点未必都准确或正确，甚至有可能出现一些错误或纰漏，这一切责任主要由笔者全面负责。尽管本书在撰写的特色、亮点及创新等方面，选择多学科综合交叉研究做出些许的努力和尝试，但限于我们自身的能力水平及跨学科理论的储备不足，书中观点、看法有错误或不当之处敬请学界同人及广大读者不吝赐教，提出宝贵的意见和建议，恭请大家批评指正！

著者

2022 年 12 月 25 日

目 录
CONTENTS

理论架构篇

第一章

现代海洋产业蓝色供应链协同创新：研究进展、战略内涵及逻辑体系

在陆域资源日趋紧张的今天，能源危机又为我们敲响了警钟，在国家政府倡导创新驱动战略的大背景下，如何集合供应链及协同发展的优势落实海洋强国战略成为学界及实践中重点关注的内容。鉴于此，本章从现代海洋产业蓝色供应链协同创新研究进展、战略内涵及逻辑机理三个维度出发对我国现代海洋产业蓝色供应链协同发展的研究进展进行系统梳理，对其战略内涵进行了总结，最后从时代逻辑、战略逻辑及实践逻辑三个方面对其逻辑机理进行了概括，为现代海洋产业蓝色供应链的发展提供理论借鉴与实践指导。

党的十九大报告中，将"现代供应链"作为国家持续创新的新动能，强调利用现代信息技术和现代组织方式将上下游企业和相关资源进行高效整合、优化和协同，实现产品设计、采购、生产、销售、服务等全过程高效协同的组织形态。"高质量发展"的目标及理念对"创新、协调、绿色、开放、共享"式发展方向的提出同样形成了对"协调"式发展的强调。这两个关键概念中对"协同协调"发展的倡导揭示了供应链协同发展将成为未来产业的发展趋势，也将是经济提升的关键增长点及核心竞争力。

21世纪以来，随着各国对国际范围内海洋"国土化"意识不断加强，海洋资源争夺日趋强烈，特别是在陆域资源不断受限的情况下，深耕"蓝色国土"是各国突破资源瓶颈约束，谋求可持续发展，形成核心竞争力与提升国际影响力的必经之路。党的十八大报告中，我国政府应时代与实践之需，提出实施海洋强国战略，随后几年我国海洋生产总值一直保持每年9%的增速。然而相比率先发展海洋经济及部分发达国家，我国在海洋生物医药、装备制造业等需要高新技术支撑的产业上存在明显的弱项，在海洋产业的发展市场

中仍处于较为被动的追随者地位。鉴于此，在产业竞争变为供应链的竞争与供应链协同发展趋势的双重背景下，将供应链协同作为我国海洋经济发展的动力与支撑将是应对我国海洋产业当下面临的诸多考验的有效举措，也将为我国现代海洋产业高质量与现代化的发展贡献力量。

第一节 现代海洋产业蓝色供应链协同创新的研究进展及综合评述

一、研究动态及进展

（一）海洋经济研究进展

海洋经济最早肇始于上古及古代的腓尼基人、古希腊、古罗马、古埃及时期，以及古代中国均有相关经济活动。早在 2000 多年前，古罗马哲学家西塞罗说："谁控制了海洋，谁就控制了世界。"谁控制了海洋，谁就拥有了控制海上交通的能力；谁拥有了控制海上交通的能力，谁就控制了世界贸易；谁控制了世界贸易，谁就控制了世界财富，从而也就控制了世界本身。从侧面也说明发展海洋经济的重要性。1978 年，许涤新和于光远等人将海洋经济作为单独学科开辟研究，定为了当年全国哲学社会科学规划会议的重要议题，而后蒋铁民出版了国内首部海洋经济区域经济学研究著作。1987 年，李先念为国家海洋局题词"发展海洋事业，振兴国家经济"。相关学者相继从产业类型、部口结构、历史形态的海洋关联度等 6 个维度对海洋经济进行了阐述与分类。1996 年，国家海洋局正式提出海洋经济概念，指出我国未来要在海陆一体化战略思想的指导下，将海陆相关区域的国土开发作为主要的研究对象，并将区域经济发展视为发展的基本思路。此后，有关海洋经济的研究逐渐丰富起来，包括对陆海经济的边缘效应、枢纽效应等的分析，将我国海洋经济研究进展划分为 3 个阶段：起步阶段（20 世纪 70 年代末至 1990 年）；初具规模阶段（1991 年至 2000 年）；成熟完善阶段（2001 年至今）；以科技水平、经济状况、资本等要素为内容构建评价海洋经济发展竞争力的指标体系。2012 年，蓝色经济的概念在联合国可持续发展大会上首次被定义，会议强调蓝色经济是一个可持续发展的复杂系统，强调多属性主体间的关联与协同，会随着时间变化呈现不同的演变态势，在国家出口结构中将展现出新的投资机遇，其与海洋经济的关键区别在于更加注重海洋开发与保护、海洋经济的高层次发展、陆海统筹理念。其中，陆海统筹战略的实施将为打造科学发展海洋经济高地及海洋强国注入活力；政府有关部门的帮扶也是促进海洋经济向蓝色经济转型的关键一环；我国与世界各国建立蓝色合作伙伴关系符合各国的长远利益，也是对新型国际关系和人类命运共同体等创新理念的践行。而"蓝色经济"被学界认为是海洋经济的高级形态，"蓝色经济"最早于1999年加拿大蓝色经济与圣劳伦斯发展论坛中首次被提出，其后一直处于不断演进完善的进程中。运用四边形 Helix 模型对山东省蓝色经济区的示范地区青岛进行检验，表明政府在蓝色经济发展中扮演的重要角色；通过多维度产出数据分析蓝色经济与深海生态服务之间的关系，并制定相关政策以促进蓝色经济的可持续发展；从绿色低碳的角度出发，阐述其对我国各区域蓝色经济可持续发展的重要战略意义①；借助大数据、人工智能等技术对于蓝色经济的高质量发展具有正向促进作用。

（二）海洋产业研究动态

海洋产业研究集中在区域海洋产业发展探究及海洋产业结构优化两方面。①区域海洋产业发展。区域海洋产业发展的研究内容主要包含产业发展现状的定性或定量评价、科技兴海以促进海洋产业发展、政策规制引导海洋产业发展及海洋产业安全。以菲律宾海洋产业现状分析为基础，为中菲之间的海洋产业合作提供方向②；分析欧盟海洋产业的转型障碍并给出相应的解决策略；以指标构建为内容，建立海洋产业竞争力及海洋产业综合评价体系并据此提出相关建议；以科技兴海为依托，探究包含创新知识产生、知识转化、知识传播对海洋产业创新效率提升的效用，地理邻近性、经济邻近性、技术邻近性、制度邻近性、社会邻近性对创新网络构建的效应，数字经济对海洋产业高质量发展的作用机制③；以海洋政策规制为视角，发现相对于激励型规

---

① 张晓浩，吴玲玲，石萍，等．粤港澳大湾区蓝色经济绿色发展对策研究［J］．生态经济，2021，37（1）：59-63.

② 张洁．菲律宾海洋产业的现状、发展举措及对中菲合作的思考［J］．东南亚研究，2021（2）：57-75，155.

③ 毕重人，赵云，季晓南．基于GRA-DID方法的海洋产业政策有效性分析［J］．科学决策，2019（5）：79-94；蹇令香，苏宇凌，丁甜甜．数字创新驱动中国海洋产业高质量发展研究［J］．管理现代化，2021，41（5）：20-24；李颖，马双，富宁宁，等．中国沿海地区海洋产业合作创新网络特征及其邻近性［J］．经济地理，2021，41（2）：129-138.

制，命令—控制类型对海洋产业结构升级效果更显著但表现为先抑制后促进的作用，指出海洋产业政策的制定应当高度符合发展阶段、产业环境①；海洋产业政策的制定是以考虑发展潜力、政治环境等因素为基础；海洋产业政策的制定应当根据需求选择适合的整合机制；海洋运输产业中成本控制与交货可靠性之间的关系；以船舶安全为研究视角，指出船舶操作管理、政府预算的分配及经济因素是影响其安全的因素。②海洋产业结构优化。海洋产业结构优化包括以海洋产业结构标准化、演变规律、调整方向、主导产业的选择等为基础的产业结构优化研究及以静态分析、动态分析、结构效益等视角的区域海洋产业结构分析。我国海洋产业结构逐步向好，但同构化、低度化等仍是我国海洋产业结构升级过程中需重点关注的问题；有关学者相继探索了海洋产业结构合理化的评价标准；分析了广东省海洋产业结构现状、优化目标及策略；探究山东海洋产业结构现状及优化方向；指出海洋产业结构应向保障海洋第一产业稳步提升、调整海洋第二产业及大力发展海洋第三产业；将以第二产业为主的发展模式作为最佳发展模式②。

（三）海洋产业链供应链研究进展

从研究内容来看，海洋产业链供应链的研究包含探究国外海洋渔业供应链发展的经验；海洋水产供应链物流短板及有效解决方案；渔业供应链各环节的金融应用模式；供应链物流与海洋产业经济的高效联动是促进海洋经济快速发展的重要支撑并据此提出相关建议；海洋工程装备制造业供应链合作伙伴的选择问题；虾夷扇贝从养殖到销售的供应链可追溯体系；海洋产业链供应链跨组织协调问题；海洋产业链供应链竞争力的影响因素；海运供应链与陆运供应链的比较；海洋产业链供应链可持续发展的评估。

（四）海洋产业链供应链协同研究进展

海洋产业链供应链协同研究。海洋产业链供应链协同的研究内容包含制造商—供应商—分销商等纵向主体之间的协同及为其发展提供服务或与其发展相关的主体与其之间的横向协同两个维度。纵向主体之间的协同出现在海

---

① 杨林，温馨. 环境规制促进海洋产业结构转型升级了吗？——基于海洋环境规制工具的选择 [J]. 经济与管理评论，2021，37（1）：38-49；毕重人，赵云，季晓南. 基于 GRA-DID 方法的海洋产业政策有效性分析 [J]. 科学决策，2019（5）：79-94.

② LIU Y F. Analysis on the Independent Innovation Path and Development Trend of Emerging Marine Industry Based on DEA Model [J]. Discrete Dynamics in Nature and Society，2022（SI）.

洋工程装备领域供应商与制造商之间供货协同的探索及以海运供应链为例，强调搭建供应链竞争联盟的必要性。但尚未形成其他维度及领域的海洋产业链供应链协同的系统探究。供应链纵向协同的内容多为陆域产业或者进行不区分产业的模糊研究，具体体现为战略协同、策略协同及技术协同。战略协同的内容包含协同机制、协同管理绩效评价、协同管理影响因素等。策略协同的内容包含上下游企业间的需求预测协同、生产协同、库存协同、采购协同、产品设计协同等策略。技术协同的研究内容包含信息共享技术与协同形式的关系、具体的协同技术探究等。

　　海洋产业横向协同主要集中在四个方面，一是海洋产业与为其发展提供服务的海洋科技工作、海洋生态环境层面、金融机构之间的协同发展；二是区域内海洋产业之间的协调发展；三是区域间海洋产业的协调发展；四是海陆产业之间的协调发展。海洋产业集聚与海洋科技人才集聚之间的协同发展的定量评价[1]，肯定海洋产业结构对海洋生态环境优化的积极作用，探索发现海洋产业结构优化与海洋生态环境之间的耦合协调度呈现转好趋势[2]；对我国海洋产业结构与金融行业之间的耦合协调关系探析，发现上海海洋产业结构优化水平与金融行业发展之间的耦合协调度在沿海众多省份中最为突出[3]；从产业层面及区域层面对海洋产业协同集聚机理及因素进行分析[4]；以海陆战略性新兴产业协调发展为研究视角，发现我国海陆产业耦合协调度总体处于协调阶段，但协调水平存在空间异质性[5]；肯定了海洋供应链跨组织协调对海洋经济发展的积极作用并指明网格计算将有助于海洋供应链协调体系的构建。

　　（五）海洋产业链供应链协同创新障碍及消除策略

　　从研究对象来看，海洋产业链供应链协同创新障碍及消除策略可分为宏观与微观两个维度。从宏观分析视角来看，我国不应安于世界工厂的现状，

①　王春娟，俞美琪，刘大海．我国区域海洋创新绩效格局分析及演进方向研究［J］．中国软科学，2022（S1）：135-141.
②　苟露峰，王海龙，汪艳涛．山东省海洋产业结构演变与生态环境系统耦合研究［J］．华东经济管理，2015，29（4）：29-33.
③　邢苗，张建刚，冯伟民．我国金融与海洋产业结构优化的耦合发展研究［J］．资源开发与市场，2016，32（6）：728-734.
④　陈国亮．海洋产业协同集聚形成机制与空间外溢效应［J］．经济地理，2015，35（7）：113-119.
⑤　苑清敏，申婷婷，冯冬．我国沿海地区海陆战略性新兴产业协同发展研究［J］．科技管理研究，2015，35（9）：99-104.

要加速产业结构升级，尽快实现现代化；创新能力的提升是实现我国海洋产业链供应链快速持续发展的重要基础，将极大程度地提升我国海洋经济国际竞争力①。从微观分析视角来看，现代水产品供应链之间的竞争逐渐演变为供应链之间的竞争，我国水产品供应链面临的关键障碍是断链风险突出，建立现代化信息系统、加快物流运作速度等是关键举措；供应链物流创新的驱动包含柔性化设计、定制化服务、可视化服务、联运化服务、网络化服务五个方面；京津冀的海洋产业链供应链目前处于断链、不完整阶段，存在信息不对称、关联性差等问题，故在制度、政策及技术保障下壮大京津冀海洋产业，加强区域协调发展、延伸已有产业链条将是有效举措；建立海洋产业合作伙伴选择机制以构建高端海洋工程装备供应链②。

（六）海洋产业链供应链协同创新的测度指标及构建

党的十八大提出实施创新驱动发展战略，"十四五"规划中进一步强调"坚持创新驱动发展，全面塑造发展新优势；坚持创新在中国现代化建设全局中的核心地位，把科技自立自强作为国家发展的战略支撑③。"学界就海洋产业链供应链协同创新的评价体系尚不完善，相关协同创新多集中在海洋产业之间的协同创新及供应链协同创新维度。以国家创新指数与国际同类比较为内容的创新指标优化；以海洋创新环境、海洋创新投入、海洋创新产出为内容的海洋创新指数评价体系④；以创新主体、创新路径、创新实现、创新评价为内容的自然资源科技创新框架；以信息协同、业务协同、抵御风险协同及能力等为内容的供应链协同创新评价体系。

（七）海洋产业及其供应链与海洋生态环境协同发展的研究现状

近年来，全球海洋环境危机发生的频度与烈度不断上升，其破坏性、难预测性、跨国扩散性、连带性等特点决定了海洋产业及其供应链与海洋生态环境之间的协调问题成为学界重点关注的内容。根据系统结构的划分方式，

---

① 徐胜，张宁. 世界海洋经济发展分析［J］. 中国海洋经济，2018（2）：203-224；毕重人，赵云，季晓南. 基于创新价值链的区域海洋产业创新能力提升路径分析［J］. 大连理工大学学报（社会科学版），2019，40（6）：66-73.

② 纪建悦，孙筱蔚. 海洋产业转型升级的内涵与评价框架研究［J］. 中国海洋大学学报（社会科学版），2021（6）：33-40.

③ 王春娟，王玺媛，刘大海，等. 中国海洋经济圈创新评价与"一带一路"协同发展研究［J］. 中国科技论坛，2022（5）：109-118.

④ 刘韬，吴梵，高强，等. 海洋高技术产业协同创新效率测度及空间优化［J］. 统计与决策，2021，37（6）：109-112.

可以分为双子系统之间的协调和多子系统之间的协调。双子系统表示单纯探究海洋产业与海洋生态环境之间的关系，比如，智利南部发展鲑鱼养殖与本地生态系统服务及生物多样性之间的动态协调关系；海陆一体化格局下我国海洋经济发展与海洋生态环境之间协调发展趋势；我国海洋环境与经济系统之间协调发展定量评价。多子系统代表在海洋产业与海洋生态环境的协调中加入科技创新等因素，如浙江省海洋经济、海洋资源及环境系统之间协调发展的定量评价；我国海洋科技、经济及环境之间的协调发展趋势。

（八）海洋产业及供应链发展的政策及制度创新

政策及制度的来源决定其对海洋产业及供应链的发展具有统筹引导作用，是海洋产业及供应链发展的根基。我国高端海洋产业在国际市场上较为弱势的竞争地位决定其对政策及制度的迫切需求。加强政策支持、积极推动产学研合作、深化科技体制改革、积极疏通融资渠道、注重人才培养对推进我国海洋产业向高端化迈进具有重要意义①。财政政策作为主要经济政策之一，大致包含财政支出政策、税收优惠政策、财政补贴政策、国债投入政策、政府采购政策及信贷政策；海洋产业及供应链的发展除需政策支持外，还需通过相关体制提供相应的保障。长期以来，要素投入和技术进步被普遍看作是发展海洋经济的关键，政府往往重视资金、土地等要素的投资，而忽视制度建设在海洋经济发展中的重要作用，海洋新兴产业的发展机制不灵活，与科研单位存在脱节问题，科研投入不足，不能按市场经济的规律加快技术创新的步伐有关；海洋新兴产业的发展将对原有经济发展与政府管理体制带来巨大冲击；旧体制束缚了海洋新兴产业的发展与协调，需要形成产业健康发展的长效机制及完善调整已经出台的政策措施。

二、综合述评与基本研判

（一）综合评述

国内外学界及各国政府对发展海洋经济给予高度的关注和前所未有的重视。目前国内外学界相关研究的主要特征有以下几点：首先，国内外对海洋经济及其产业发展的模式与措施等理论研究已处于相对比较丰富且系统化的阶段，现有成果初步建立起海洋经济及产业发展的理论体系，并涉及对海洋

---

① 白福臣，张晓，张菁锟. 广东省海洋新兴产业发展创新——基于"互联网+"创新视阈 [J]. 资源开发与市场，2016，32（12）：1495-1500.

相关产业链供应链的研究，但主要集中在海洋装备制造、港口、海产品、海洋旅游等产业及其供应链探讨，且研究成果相对处于零散化和碎片化状态；其次，缺乏对现代海洋产业链供应链系统、全面及深入地梳理、归纳及阐释，特别是在建构全球海洋产业蓝色供应链合作伙伴关系、海洋生态、蓝色碳汇机制等方面与海洋产业蓝色供应链的耦合关系紧密；再次，在海洋兴国、海洋富国、海洋强国等思想理念的引领下，以一个全新的视野探索现代海洋产业蓝色供应链，且在当今全球经济一体化与逆全球化博弈的大背景下，亟须明确和界定其内在含义及战略目标就显得极其重要且紧迫；最后，在国家实施双循环战略环境中，强化海洋产业链供应链全球蓝色伙伴关系，有助于联动互动国内国际两个市场资源的最佳配置及科学配置，以确保我国海洋产业链供应链中的稳定性、安全性及韧性，从而实现我国海洋产业链供应链高质量发展和行稳致远。众所周知，我国发展海洋经济及产业起步晚，海洋产业体系的覆盖率低，需要我们迎头追赶西方国家，加快推进的步伐，特别是中央政府有关"一带一路"倡议、海洋强国战略、现代供应链新动能等精神指导下，高质量发展现代海洋产业蓝色供应链就成为进一步实施高水平开放和高效率增长的主攻方向和突破重点。因此，建立具有最广泛的海洋产业蓝色供应链合作伙伴关系及联盟有利于形成对外经济、政治、文化等方面交流、合作、共建、共赢新发展格局的形成，需从理论分析框架、现状剖析、消除障碍、构建指标、实现路径等方面探索一条适合胶东经济圈现代海洋产业蓝色供应链高水平开放之路。然而在国家政府倡导低碳先行的发展理念下，如何利用海洋碳汇的经济效益及生态效益，实现现代海洋产业链供应链与生态文明建设齐头并进则是当前学界亟待研究的一个重要课题。

鉴于上述内容，本书以胶东经济圈作为我国海洋经济发展中具有代表性的区域为研究背景，将其海洋产业蓝色供应链作为研究基点，尝试性地提出"蓝色供应链"的新概念及新视角，通过分析其海洋产业蓝色供应链与碳汇机制之间的协同机理，对两者之间协同发展水平的测度进行分析，并从海洋产业链供应链本体及碳汇机制优化两者间的剖析结果提出相应的发展对策及建议，实现海洋产业蓝色供应链与碳汇机制的深度融合，为胶东经济圈践行习近平总书记"双碳"目标的世界承诺提供了理论参考，落实"绿水青山就是金山银山"的可持续发展理念，在高质量发展海洋经济海洋产业链供应链与海洋生态环境保护方面，实现经济增长与碳减排的双重目标。

（二）基本研判

鉴于上述文献的梳理汇总，可见国内外学界相关研究主要从海洋经济、蓝色经济、海洋产业、海洋产业链供应链及其合作伙伴关系乃至战略联盟建立等方面的演进变化，呈现出由表及里的递进式演化过程。随着陆域空间开发潜力日趋达到一定的极限，人类将经济增长的视角更多地延伸至星辰大海，尤其是对深海大洋的综合开发进程与日俱增，加之我国经济在全球的全面崛起，面对新时代、新时期从中央到地方政府也给予高度关注，且国家提出实施海洋强国战略，各沿海地方政府也先后颁发助推海洋经济发展的指导性文件，在中央与地方共同发力下，对于海洋时空资源开发的客观战略需求不断持续和深化。

一方面，国内外学者在海洋经济、蓝色经济、海洋产业、海洋产业链供应链、海洋供应链协同创新、协同创新测度指标等方面均展开深入的研究，且取得了丰硕的研究成果，然而对现代海洋产业蓝色供应链协同创新的系统研究，国内外学者鲜有在该领域的相关研究成果。从协同创新体系整体出发，围绕协同主体、资源要素、协同关系、协同环境等方面对海洋产业链供应链尚未进行全面深入地探讨。因此，本书基于国内外学界现有研究基础上，以胶东经济圈现代海洋产业蓝色供应链为研究对象，对其协同创新中涉及的创新机理、主要障碍、消除策略、测度指标构建、实证及案例分析、地理空间优化、海洋生态、蓝色碳汇、创新战略、实现路径等一系列问题展开纵深化的研究探索。

另一方面，发展现代海洋产业及其供应链是我国建设海洋强国的重要支撑，尤其在高质量发展、双循环战略及"双碳"目标承诺等背景下，相较于陆域经济，海洋事业所面临着更多的挑战具体表现如下。首先，海洋科技资源不足，自主创新能力仍需增强。其一，海洋核心技术以及制造产业关键共性技术不足。例如，高端船舶与海工装备制造领域供应链企业核心技术与关键配件的自主研发与生产能力需增强；海水淡化供应链系统的核心技术尚待提高；海洋可再生能源的关键储能技术尚待突破。其二，产学研合作机制有待完善。科研成果与市场需求匹配度尚需提高，亟须建立企业需求与高校研发合作一体化机制。其三，海洋产业发展相关基础领域的研究水平需要进一步提高。比如，在海洋生物技术、药物领域与国际先进研究水平相比仍有一定的差距。其次，海洋产业及其结构相对单一且增长方式粗放，资源开发利用程度尚需提高。其一，海洋生态系统退化，生物资源有所衰退。其二，海洋开发矛盾问题持续存在，海洋空间资源趋紧。例如，在一些大城市岸线附近，各产业竞争性、粗放性地抢占和使用岸线，生产、生活与生态空间缺乏协调，造成港城矛盾凸显、亲水空间缺乏、生态空间受损等一系列问题。再如，油气资源开采区与现行海洋功能区划功能重叠、油气开发与海洋生态红线交织重叠等问题，增加了海洋生态环境保护的潜在风险。其三，海洋产业布局趋同，岸线、港口等优势资源的开发利用效率低。例如，沿海港口布局密度大，同质化竞争问题尚存，资源浪费问题仍未完全解决。最后，涉海金融支持力度有限，蓝色金融建设发展有待完善。其一，传统的银行融资业务较难满足涉海企业的融资需求。比如，海洋装备、造船、海洋风能及潮汐能发电项目类企业通常规模较大，前期投资融资需求巨大，资金周转时间长且风险大，导致现有银行及融资机构对此类企业难以提供大规模融资支持。其二，融资机制与海洋产业的契合程度需要进一步提高。其三，海洋保险对海上风险的保障功能不健全。比如，由于业务涉及领域广，涉海保险在定价、估损以及理赔等方面需要较高的技术瓶颈，导致海洋保险发展相对缓慢。其四，政策性引导资金的投入需要进一步加大。① 总之，相较于国外海洋产业及其供应链的理论研究和实践探索我们还存在一定的差距，不论是理论、理念、意识及认知上，还是实践摸索及实际应用上都存在不同程度的缺失与缺位状态。

　　正是基于上述的综合研判，需要全面界定现代海洋产业蓝色供应链的内涵，建构海洋产业供应链协同创新战略蕴含和逻辑体系，面对日趋动荡的国际局势和外部环境，尤其是新冠疫情、俄乌冲突、能源危机、供应链断供及经济脱钩的背景下，如何在百年巨变中化解危机、潜心开辟一片"新蓝海""深蓝海"，借助于我国丰富多样的海洋资源构建赋有山东特色和中国特色的现代海洋产业蓝色供应链体系，在促进与协调现代海洋产业蓝色供应链高质量发展与海洋生态环境保护及修复的关系及最大公约数，实现海洋产业链供应链国内大循环与国内国际双循环有机结合，最终为海洋经济、政治、文化、外交、国防军事等实现国家治理的现代化奠定坚实的基础。这是确保国家政府近年来保证产业链供应链稳定性和安全性的客观需求，并对其进行全面阐释以彰显出中国特色和山东特色，借助于现代海洋产业蓝色供应链的全球合作营造世界的"蓝色家园"，对落实我们海洋强国战略具有极为重要的战略意义与现实意义。

　　① 赵昕.海洋经济发展现状、挑战及趋势［J］.人民论坛，2022（18）：80-83

第二节　现代海洋产业蓝色供应链协同创新的
基本内涵及战略方向

一、现代海洋产业蓝色供应链协同创新发展的基本内涵

（一）现代海洋产业内涵

1. "海洋经济""海洋产业""海洋相关产业"等内涵

（1）海洋经济。一般认为现代海洋经济包括为开发海洋资源和依赖海洋空间而进行的生产活动，以及直接或间接开发海洋资源及空间的相关产业活动，由这样一些产业活动形成的经济集合均被视为现代海洋经济范畴。主要包括海洋渔业、海洋交通运输业、海洋船舶工业、海盐业、海洋油气业、滨海旅游业等。2003 年 5 月，国务院发布的《全国海洋经济发展规划纲要》给出了一个政府认可的、相对权威的海洋经济定义，认为"海洋经济是开发利用海洋的各类海洋产业及相关经济活动的总和"。海洋经济也可按照 3 个层次划分：①狭义海洋经济，指以开发利用海洋资源、海洋水体和海洋空间而形成的经济；②广义海洋经济，指为海洋开发提供条件的经济活动，包括与狭义海洋经济产生上下接口的产业，以及陆海通用设备的制造业等；③泛义海洋经济，主要是指与海洋经济难以分割的海岛上的陆域产业、海岸带的陆域产业以及河海体系中的内河经济等，包括海岛经济和沿海经济。①

（2）海洋产业。海洋产业是指开发、利用和保护海洋所进行的生产和服务活动，包括海洋渔业、海洋油气业、海洋矿业、海洋盐业、海洋化工业、海洋生物医药业、海洋电力业、海水利用业、海洋船舶工业、海洋工程建筑业、海洋交通运输业、滨海旅游等主要海洋产业，以及海洋科研教育管理服务业。

（3）海洋相关产业。将海洋相关产业按产业链的材料、产品与技术相关，分为海洋上游与下游产业，同时，细化了海洋科研教育与海洋公共管理服务业。即海洋经济外围层的相关海洋产业，主要包括海洋农林业、海洋设备制

---

① 何广顺，王晓惠．海洋及相关产业分类研究［J］．海洋科学进展，2006（3）：365-370.

造业、涉海产品及材料制造业、海洋建筑与安装业、海洋批发与零售业、涉海服务业等。

根据国家市场监督管理总局（国家标准化管理委员会）2021年12月31日发布的国家标准《海洋及相关产业分类》修订版（GB/T20794—2021），①该标准于2022年7月1日起正式实施并替代现行标准［现行标准为2006年首次发布的国家标准《海洋及相关产业分类》（GB/T20794—2006）］。修订后的标准分类，按照反映海洋经济活动同质性、海洋经济特殊性、海洋基本单位同质性、海洋产业归属主体性等4个原则，在原产业分类基础上补充开展了海洋工程装备制造、海水淡化与综合利用、海洋药物和生物制品等新兴产业调研。

2. 海洋经济及其产业分类

（1）海洋产业类别

修订后的国家标准《海洋及相关产业分类》修订版（GB/T20794—2021）保持了海洋经济概念与分类理念的传承。最新标准根据海洋经济活动的性质，将海洋经济分为海洋经济核心层、海洋经济支持层、海洋经济外围层。在产业分类层面新标准更加细化，将海洋经济划分为海洋产业、海洋科研教育、海洋公共管理服务、海洋上游产业、海洋下游产业等5个产业类别，下分28个产业大类121个产业中类362个产业小类，既全面反映了海洋经济活动分类状况，又重点突出了海洋产业链结构关系。②

（2）海洋经济及其产业的3个层次

①海洋经济的核心层，即主要海洋产业，是指在一定时期内具有相当规模或占有重要地位的海洋产业。包括海洋渔业、海洋油气业、海滨矿业、海洋盐业、海洋船舶工业、海洋化工业、海洋生物医药业、海洋工程业、海水利用业、海滨电力业、海洋交通运输业、滨海旅游业等。

②海洋经济的支持层。即海洋科研教育管理服务业，包括海洋科学研究、海洋教育、海洋地质勘查业、海洋技术服务业、海洋信息服务业、海洋保险与社会保障业、海洋环境保护业、海洋行政管理、海洋社会团体与国际组

---

① 中华人民共和国资源部．国家市场监督管理总局印发国家标准《海洋及相关产业分类》修订版［A/OL］．（2021-12-31）［2022-12-05］．https：//www.mnr.gov.cn/dt/hy/202201/t20220114_2717417.html.

② 周洪军，王晓惠．海洋经济产业分类标准化体系研究［J］．海洋经济，2022，12（3）：83-93.

织等。

③海洋经济的外围层。即海洋相关产业，是指以各种投入产出为联系纽带，通过产品和服务、产业投资、产业技术转移等方式与主要海洋产业构成技术经济联系的产业，包括海洋农林业、海洋设备制造业、涉海产品及材料制造业、海洋建筑与安装业、海洋批发与零售业、涉海服务业等。① 如图1-1所示。

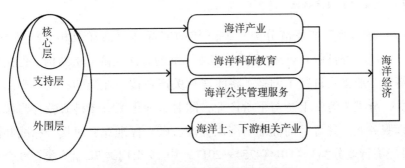

图1-1　现代海洋经济结构层次图

3. 海洋经济及其产业的分类依据

（1）按三次产业分类。1999年海洋行业标准《海洋经济统计分类与代码》（HY/T 052—1999）对海洋产业采取平行分类结构，按照《国民经济行业分类》中产业门类的排列顺序，对海洋产业按照一、二、三产业的顺序组织架构，采用大类、中类、小类3级分类结构，设计15个大类、54个中类、107个小类。没有突出海洋渔业、海洋油气业、海洋盐业、海洋船舶制造和修理业、海洋交通运输业、滨海旅游业等主要海洋产业的重要性。如表1-1所示。

表1-1　海洋经济3次产业分类

海洋产业	产业分类及内容
第一产业	海洋渔业、沿海滩涂种植业
第二产业	海洋水产品加工业、海洋油气业、海洋矿业、海洋盐业、海洋船舶工业*、海洋工程装备制造业、海洋化工业、海洋药物和生物制品业*、海洋工程建筑业、海洋可可再生能源利用业*、海水利用业*、涉海设备制造、海洋仪器制造*、涉海产品再加工、涉海原材料制造、海洋新材料制造业*、涉海建筑与安装

① 　林香红，周洪军，刘彬，等．海洋产业的国际标准分类研究［J］．海洋经济，2013，3
（1）：54-57.

续表

海洋产业	产业分类及内容
第三产业	海洋交通运输业、海洋旅游业、海洋科学研究、海洋教育、海洋管理、海洋技术服务、海洋信息服务、涉海金融服务业、海洋地址勘查业、海洋环境监测预报服务、海洋生态环境保护、海洋社会团体与国际组织、海洋产品批发、海洋产品零售、海洋产品服务

注：*代表"新兴战略性海洋产业。"

（2）按照海洋产业链分类。2020 年国家标准《海洋及相关产业分类》（GB/T 20794 修订版）延续 2006 年国家标准的海洋经济三层结构，但是对海洋经济的产业类别进行了调整，将海洋相关产业按产业链的材料、产品与技术相关，分类为海洋上游与下游产业，同时，细化了海洋科研教育与海洋公共管理服务业。修订后的标准与国家标准、国际标准充分对接。标准共涉及《国民经济行业分类》（GB/T4754—2017）中 19 个门类 72 个大类 220 个中类 472 个小类。[1] 对照国际标准行业分类（ISIC Rev. 4）中 19 个门类 64 个类 134 个大组 204 个组。

总之，海洋经济产业分类的演进是随着科技进步、产业化进程、国家和社会需求在不断变化的，海洋产业中海洋工程装备制造业、海洋药物和生物制品业、海洋电力业、海水淡化与综合利用业、海洋信息服务等新兴战略性产业还需要进一步壮大，海洋相关产业分类不断丰富，产业分类更加明确，凸显了海洋相关产业与海洋产业的技术经济联系。

综上所述，现代海洋产业包括以养殖、种植为主的海洋第一产业，以生产加工制造为主的海洋第二产业及以提供综合服务为主的海洋第三产业。第一产业包括海洋渔业、海洋农林业等；第二产业包括海洋基建产业（建筑业及建筑与安装）、海洋矿产业（石油、天然气、可燃冰及矿石等）、海洋化工产业、海洋装备制造产业、海洋生物制药产业、海洋可再生能源开发产业（海洋风能、潮汐能等）、海洋食品加工制造产业、海水利用（淡化）业、海洋港航装备制造业等；第三产业包括海洋交通运输业、海洋旅游业、海洋文化业、海洋娱乐产业、海洋科学研究、海洋教育、海洋管理、海洋技术服务、海洋信息服务、涉海金融服务业、海洋环境监测业、海洋生态环境修复保护

---

[1] 国家质量监督检验检疫总局，国家标准化管理委员会 . 中华人民共和国国家标准/海洋及相关产业分类 GB/T20794—2006 ［S］. 2006.

业、海洋综合服务业等。

（二）现代海洋产业蓝色供应链的内在含义

通过上述对海洋经济及其产业概念、分类及依据的分析，可以得出这样一个基本判断，即海洋经济及其产业发展主要以海洋资源开发为依托，并由此借助于海洋资源创造更多价值，作为提供海洋产品及相关服务的市场主体，任何海洋产业一方面在地域空间上形成地理集聚的涉及上、下游业务协同的产业链；另一方面海洋产业组织形成互为依存、互为支撑的供应链并衍生出海洋经济及其产业的上、下游组织协同利益关联体。

1. 现代海洋产业蓝色供应链的狭义概念

狭义的海洋产业蓝色供应链[①]是指围绕海洋资源及空间发展现代海洋产业体系中，连接海洋产业组织间的供应商—制造商—分销商—物流服务商—目标客户等主体及为海洋产业发展提供产品或服务的各类组织，建立与健全现代海洋产业纵向一体化的上、下游协作组织及横向一体化协同的蓝色经济为载体的供应链利益共同体和命运共同体。即构建一个以海洋经济形态为依托，以海洋产业为主体，搭建海洋产业陆域和海域相互支撑的蓝色经济市场主体所形成的供应链体系的协作共同体，并涉及上、中、下游供应链组织链条的协调合作、协作分工及协同创新的网链结构体系。即各个海洋产业（包括海洋第一、第二、第三产业）所形成的各自产业供应链体系，既包括国内的供应链上、下游协作组织，也涵盖国外产业组织的海洋产业蓝色供应链系统。

2. 现代海洋产业蓝色供应链的广义概念

而广义的海洋产业蓝色供应链，则不仅涵盖狭义上的海洋产业经济组织，还包括非营利性服务组织（海洋科学研究、海洋教育、海洋管理、海洋社会团体、基金会与国际组织、海洋技术服务、海洋信息服务、海洋生态环境保护修复、海洋地质勘查及涉海经营服务等）之间构成的更大范畴的各类组织协同的蓝色供应链体系。根据上述的海洋经济及其产业的分类及标准，可以看见现代海洋产业蓝色供应链的全景图，如图1-2所示。

3. 现代海洋产业蓝色供应链的泛义概念

而泛义的海洋产业蓝色供应链，则不仅包括上述狭义和广义的各类海洋经济组织、海洋科研教育、海洋公共管理服务等组织，还包括政治、文化、

---

① 本书尝试性提出"现代海洋产业蓝色供应链"概念，且蓝色经济、蓝色金融、蓝色引擎、蓝色家园等概念泛指海洋经济活动形象描述的延伸引用。

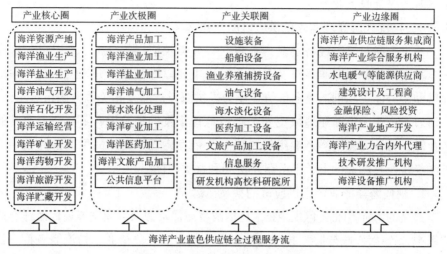

产业核心圈	产业次极圈	产业关联圈	产业边缘圈
海洋资源产地	海洋产品加工	设施装备	海洋产业供应链服务集成商
海洋渔业生产	海洋渔业加工	船舶设备	海洋产业综合服务机构
海洋盐业生产	海洋盐业加工	渔业养殖捕捞设备	水电暖气等能源供应商
海洋油气开发	海洋油气加工	油气设备	建筑设计及工程商
海洋石化开发	海水淡化处理	海水淡化设备	金融保险、风险投资
海洋运输经营	海洋矿业加工	医药加工设备	海洋产业地产开发
海洋矿业开发	海洋医药加工	文旅产品加工设备	海洋产业力合内外代理
海洋药物开发	海洋文旅产品加工	信息服务	技术研发推广机构
海洋旅游开发	公共信息平台	研发机构高校科研院所	海洋设备推广机构
海洋贮藏开发			

海洋产业蓝色供应链全过程服务流

图1-2　海洋产业蓝色供应链全景图

外交、国防军事等参与协同的蓝色供应链系统。例如，俄乌冲突导致全球能源危机不仅仅带来巨大风险溢出效应，经济通胀、衰退及全球供应链受阻，而且更为重要的是给我国未来可持续发展带来了前所未有的警示，即如何摆脱对传统能源的依赖，发展海洋经济利用我国拥有2万多千米的海岸线及丰富的海洋资源，尽快实现"换道超车"，重点发展海洋风能、潮汐能、波浪能等可再生能源开发技术、储能技术及强大的装备制造能力，及早占领海洋经济及其产业发展的制高点。众所周知，经济是政治、外交、军事的延续，只有经济的全面崛起和强大，才能保障国家的安全。故泛义的蓝色供应链还应包括海洋文化传播链、海洋生态环境的保护修复链、国家海洋权益安全链及维护世界和平国防军事链等子系统之间构成更大广泛全要素协同的蓝色供应链体系。本书将在第十一章全面深入地阐释及论述。

综上所述，我们对现代海洋产业蓝色供应链狭义、广义及泛义三个层面的内涵界定及剖析，就是贯彻与落实中央政府实施海洋强国战略，在不同范畴下对其的渐进认知和理解，也是由海洋大国向海洋强国根本性转变战略视角的不断扩展和延伸，最终目标就是达到海洋富国、海洋兴国的全面崛起和国际海洋各领域的影响力、感召力及塑造力。

（三）现代海洋产业蓝色供应链协同创新内涵

纵观上述，我们认为现代海洋产业蓝色供应链协同创新是指高质量发展现代海洋产业蓝色供应链需要链条上建立起纵向、横向协同创新机制、体系、平台的蓝色命运共同体，在政府与科技管理部门的海洋科技战略顶层设计、高校与科研院所的核心技术突破功能、涉海科技产业及企业的产业化创新、多种类型金融机构创新与资本供给等要素共同协同。① 因而，现代海洋产业蓝色供应链协同创新须构建一个以海洋经济形态为依托，以海洋产业为主体，以搭建陆域、海域相互支撑、相互促进的海洋产业蓝色供应链体系为目标，即涉及上、中、下游供应链经济组织、横向的海洋科研教育机构、海洋公共管理服务部门及涉海金融组织等在内的协同创新共同体。

二、现代海洋产业蓝色供应链协同创新的战略方向

（一）纵向一体化协同创新战略方向

1. 海洋产业蓝色供应链纵向一体化概述

海洋产业是指包括开发、利用和保护海洋所进行的生产和服务活动，包括海洋渔业、海洋油气业、海洋矿业、海洋盐业、海洋化工业、海洋生物医药业、海洋电力业、海水利用业、海洋船舶工业、海洋工程建筑业、海洋交通运输业、滨海旅游等主要海洋产业，以及海洋科研教育管理服务业。而海洋产业纵向一体化即垂直一体化，是指海洋产业根据自身在技术、产品、资金、服务或市场等方面的优势，从原材料供应、生产到销售，以价值链为核心形成命运共同体，即围绕现代海洋产业链供应链中的原材料、零部件、组件装备的供应商；生产加工的生产商、分销商、零售商及终端客户等成员组织的利益共同体，为了实现利润最大化、成本最小化、效率最大化，并不断扩大现有业务经营范围和事业领域，使整个体系不断按照纵深渗透和极限延伸，形成海洋产业供应链的空间集聚及协同紧密的强大优势。

2. 海洋产业纵向一体化协同创新发展趋向

随着全球经济发展陆域空间范围创造价值的潜力受限，更多的国家地区将经济发展的视角投向星辰大海，海洋经济合作已然形成了多边共商、共建及共赢的良好氛围。从中央政府倡导的构建国内大循环与国内国际双循环新发展格局来看，首先要尽快完成国内统一大市场，建立完整、安全及柔性的海洋产业蓝色供应链内循环和大循环体系，不断优化升级海洋产业供应链发展新格局；其次在建立国内大循环基础上，朝着连接海外更加开发、

---

① 亓文婧，郑玉刚. 海洋科技协同创新与成果转化［J］. 科学管理研究，2019，37（1）：39-42.

包容、融合、创新、绿色发展的国内国际双循环的方向推进。例如，2022 年 9 月，我国与中东的沙特阿拉伯就海洋可再生能源的战略合作已初现端倪，加之习近平总书记访问中东地区与阿拉伯地区国家及海合会就中阿建立长期战略合作伙伴关系，则是将海洋产业供应链更好地对接世界。因此，海洋产业蓝色供应链纵向一体化协同创新发展趋向，因以国内海洋产业供应链的大循环为基点，进而在纵向层面上延展经营环节尤其是国内与国际间的深层合作，持续不断扩展供应链上、下游的链条，在现有产业组织结构的基础上，以追求经济效益为中心，以市场为导向，通过产业拓展和经营模式的策略调整，对供应链各环节上的海内外组织的不断创新和延展而带来更多的收益。例如，涉海金融服务业、海洋航运业、海洋旅游业、海洋文化、海洋环境监测与养护业、海洋健康保健业等产业的不断拓展延伸，加强了国内与国际市场的整合及交流，同时，衔接好国内外两种资源的高效配置，加速实现海洋产业供应链朝着纵深化方向发展。基于纵向一体化协同创新发展理念，利用胶东经济圈现代海洋产业蓝色供应链的资源特有禀赋，以现代海洋产业发展为核心，带动其供应链上、下游相关产业的发展，实现纵向一体化发展格局，完成从陆海域经济空间的扩张到近海乃至远海蓝色经济的空间重构。

（二）横向一体化协同创新战略方向

1. 海洋产业蓝色供应链横向一体化概述

海洋产业横向一体化是指基于降低成本、提供效率、提升竞争力、发挥协同效应、整合资源优势、提高扩张生产能力等因素，在实现其供应链纵向一体化基础上，在横向层面上建立起更加广泛的水平一体化协同创新机制、平台及共同体，与产业横向的各类组织搭建协同创新的战略高地和行业企业进行联合的一种战略，其实质是资本在同一产业和部门内的集中，推动海洋产业的发展，通过横向一体化战略，企业可以有效地实现规模经济，快速获得互补性的资源和能力。胶东经济圈海洋产业横向一体化战略是指为了扩大胶东经济圈海洋产业发展规模，增强海洋产业的影响力，承担起经略海洋的新使命，海洋产业间以及产业中同类企业间进行联合发展的一种战略。

2. 海洋产业横向一体化协同创新发展趋向

海洋产业横向一体化协同创新发展趋向以实现规模效益和提高核心竞争力为核心，通过收购、并购、契约等方式，把具有不同资源优势的相同行业或企业联合起来形成一个经济体，巩固市场地位，提高竞争优势。例如，青岛港、日照港、烟台港和渤海湾港组建成了山东省港口集团，在港口的发展规划、资源开发、管理服务等方面实现了一体化发展，提高了港口群的竞争力。基于横向一体化协同创新发展理念，充分利用胶东经济圈特色海洋产业，培育发展壮大产业集群，提高与区域内外产业的协同创新发展能力，实现海洋产业高质量发展。

第三节　现代海洋产业蓝色供应链协同创新的目标任务及战略架构

一、现代海洋产业蓝色供应链协同创新的目标任务

在国家实施"海洋强国"战略大背景下，经略海洋、开发海洋的主要载体就是现代海洋产业蓝色供应链，其协同创新在新发展格局下着眼于最终目标任务主要包括 4 点：一是注重现代海洋产业供应链的关键技术、核心技术及颠覆性技术的重大突破，增强对于海洋产业及技术知识产权的保护，通过增强自身能力，独立创新、自主可控的海洋产业技术体系能够掌握在我们自己的手中，进一步实现高水平开放；二是现代海洋产业蓝色供应链代表着我国乃至全球未来产业的发展方向，拥有着巨大的发展空间和潜力，维护我国在海洋产业尤其是高科技产业供应链的国际地位和相关方利益，直接影响我国未来经济增长及在全球产业分工体系中的世界坐标和位置；三是以构建新发展格局为导向，冲破以西方国家对我国现代海洋产业供应链的技术封锁、遏制及打压，以关键技术与核心技术的自主研发为突破口，借以抢占未来现代海洋产业供应链的国际制高点；四是加快构建以国内大循环为主体、国内国际双循环相互促进的现代海洋产业蓝色供应链为中心的新发展格局，准确把握未来我国现代海洋产业蓝色供应链高质量发展和高水平开放的战略性和导向性布局，特别是对我们这样一个海洋经济后起的国家，关键性技术、"卡脖子"技术及颠覆性技术的重大突破，既是新发展阶段要大力推进完成的重大历史任务，也是贯彻新发展理念的重大举措。

二、现代海洋产业蓝色供应链协同创新的战略架构

（一）强化现代海洋产业蓝色供应链纵向协同

构建蓝色供应链前端、中端及末端主体的协同链，形成供应链各节点多方共赢的竞争态势，摒弃零和博弈的竞争意识和劣质竞争模式。蓝色供应链纵向协同意味着借助大数据、区块链等技术形成去中心化的供应链网络，在相关领域、环节进行等级划分、严格筛选的条件下，网络内部进行信息共享、资源互补，实现纵向供应链各环节的耦合性或啮合性。与此同时，政府协助蓝色供应链网络内部主体之间完善利益分配规则，避免因利益分割不均阻碍供应链协同发展的进程。

（二）促进现代海洋产业蓝色供应链横向协同

现代海洋产业蓝色供应链横向协同包含构成海洋产业供应链的供应商之间、制造商之间、分销商之间、零售商之间等的第一类协同，为海洋产业发展提供服务的政府、科研机构、生态环境、金融机构等与海洋产业之间的第二类协同及海洋产业之间的第三类协同。第一类协同意味着协同链之间的供应商、制造商、零售商等及时有效沟通，降低同质化服务造成的不正当竞争及对企业利润空间的消极影响。第二类协同要求海洋产业与外部服务机构发生交流，发挥政府、科研机构、生态环境、金融机构等对海洋产业发展积极效应，为现代海洋产业供应链的发展提供政府保障、技术支撑、资金支持、可持续发展支持等。第三类协同表示区域内部合理布局海洋产业，使有限的资源实现效用最大化。

（三）形成现代蓝色产业供应链区域协同发展格局

现代海洋产业蓝色供应链区域协同发展一方面要求区域之间形成合理的海洋产业布局，另一方面要求区域之间发生海洋产业供应链要素流动。各区域充分利用地区资源等条件打造海洋产业集聚区，发挥产业集聚在创新等维度的优势，弱化区域产业同质化产生的不利影响。与此同时，实现海洋产业供应链资源在区域间的高效流动，形成高速发展区域对周边区域的辐射带动作用，促进我国现代海洋产业蓝色供应链发展水平整体向前推进。

（四）构筑陆海域一体化供应链发展格局

蓝色供应链是黄色供应链（陆域黄河流域产业供应链）向海洋产业供应链的延伸，其发展动力是黄色供应链向更高水平的迈进，蓝色供应链又是黄色供应链的战略升级与优化，蓝黄供应链一体化、集成化的高度协作及协同

是加快陆海域产业供应链一体化新发展格局的必经之路，应从经济关联机制、产业联动机制、资源共享机制三个方面加以实现。首先是经济关联机制，将黄色供应链中的成熟技术升级，更为广泛地应用于海洋产业蓝色供应链系统之中，蓝色供应链系统与黄色供应链系统对接后强化了两个相对独立的系统的开放性、包容性及融合性，通过业务往来建立起辐射全球的蓝色供应链体系而产生叠加效应。蓝色供应链技术进步反过来也为黄色供应链的发展提供可持续动力，蓝黄供应链之间通过产品、技术和服务纽带，形成价值链上的关联，两者形成复合的、高密度的、相互依存的、共同发展的经济共同体。其次是产业联动机制，借助蓝黄供应链体系中产业的前向、后向以及旁侧关联，依靠黄色供应链产生的业务合作带动蓝色供应链的发展。例如，借助山东农业大省的地位及广阔的消费者市场进一步拉动海洋渔业的发展。最后是资源共享机制，资源共享包括两个方面的内容，一是信息共享，通过搭建信息共享平台，将目前的产业政策、企业需求、企业经济发展状况等汇总展示，强化蓝黄供应链的合作深度，拓宽合作广度与深度；二是要素流动，通过建立合作机制或投资机制，实现山东黄色供应链与蓝色供应链人才、知识等要素双向溢出。

（五）打造现代海洋产业蓝色供应链国内国际双循环新发展格局

强化现代海洋产业蓝色供应链的跨区域、跨国界、跨领域的合作伙伴关系或蓝色供应链战略联盟，通过国内国际间的经济联动、产业互动以及顺畅的供应链互为依存、相互促进的协作关系，建立基于全球的相互协同、相互协作及相互促进的现代海洋产业蓝色供应链利益共同体和命运共同体，真正实现蓝色供应链国内国际双循环新发展格局的形成，为构建山东省高质量现代海洋产业蓝色供应链创造开发、包容、融合、创新的国内国际双循环可持续发展环境。

第四节　现代海洋产业供应链协同创新的逻辑体系

一、时代逻辑

（一）政策引领

《全国海洋经济发展"十三五"规划》中明确提出"树立海洋经济全球

布局观,推动海洋经济由速度规模型向质量效益型转变,为拓展蓝色经济空间、建设海洋强国"①。这体现了在发展新经济增长中,海洋的地位日益凸显。近年来,海洋经济总量逐年增大,全国海洋经济总产值由 2006 年的 16987 亿元上升至 2020 年的 80010 亿元,提升了 4.71 倍。然而自 2008—2020 年以来,我国海洋生产总值占国内生产总值均不足 10%,这就意味着海洋经济的发展前景巨大,海洋经济所占比例仍有待提高。同时,在海洋经济规模不断增强的过程中,显现出过度消耗资源、环境恶化、省市发展失衡等问题。这些问题严重地制约了海洋经济发展向高质量迈进的步伐,海洋经济发展质量仍有待提升。习近平总书记也强调"海洋是高质量发展战略要地"。因此,在高质量发展背景下,提升科技创新能力,加快建设世界一流的海洋港口、完善的现代海洋产业体系、绿色可持续的海洋生态环境,让人民群众共享海洋社会福祉,对于实现中国海洋经济高质量发展具有鲜明的时代意义。

(二) 海洋经济结构由工业主导型向海洋制造与服务并重主导型转变

近年来,我国海洋经济结构不断优化,并逐渐形成门类齐全、独立完整的产业体系。2019 年,我国海洋三次产业增加值比例为 4.2%、35.8% 和 60.0%,第三产业占比同比提高 1.4 个百分点,首次突破 60% 大关,连续 6 年保持"三、二、一"产业结构的发展态势。从主要行业来看,滨海旅游业、海洋交通运输业、海洋渔业在海洋经济中占比最高,是三大主导优势行业,产业增加值合计占比达到 81.8%。② 与此同时,海洋生物医药业、海洋电力业在技术创新和市场需求驱动下,呈现快速发展态势,2019 年增加值增速分别为 8.0% 和 7.2%,比国内生产总值增速分别高 1.9 个百分点和 1.1 个百分点;海洋化工业、海洋船舶业和海洋盐业受市场调整、产能过剩等多方面因素影响,产业增加值合计占比从 2009 年的 11.5% 降至 2019 年的 6.6%;海洋工程建筑业和海洋油气业也是两大重点产业,占比波动变化较大;海洋矿业和海水利用业受制于技术和市场两方面因素,目前占比较低。从全球范围来看,我国部分海洋生物制品产量全球占比大幅提高,逐步向产业链高端迈进;大型海洋装备国产化率不断提高,部分装备研制能力跃居世界领先地位;海上风电规模不断壮大,新增装机规模超过英、德两国,成为全球第一。第三产

---

① 国家发展改革委,国家海洋局. 全国海洋经济发展"十三五"规划 [A/OL]. (2017-05-10) [2022-12-10]. http://gc.mnr.gov.cn/201806/t20180614_1795445.html.

② 盛朝迅,任继球,徐建伟. 构建完善的现代海洋产业体系的思路和对策研究 [J]. 经济纵横,2021 (4):71-78.

业比重再度超过第二产业，是海洋产业结构调整和转型升级的重大变化，意味着我国海洋经济由工业主导型向服务主导型转变，该趋势将对未来海洋经济增长带来深远影响。

（三）国际供应链"去中国化"的趋势

我国船舶工业在复杂船型涉及的高新技术领域尚未形成自主研发的能力，在以美国为首的国家实施供应链"去中国化"倾向，极易出现供应链中断的风险。而协同供应链在研发方面的优势将有效集中研发力量，推进山东省乃至全国高端船型的研发进程，提升船舶工业供应链价值创造能力，在掌握船舶工业高新技术的国家遏制技术向中国出口时做出及时有效应对。

（四）发挥陆海域经济一体化联动机制

我国适时推进海陆域非均衡发展转为均衡发展和统筹协调发展的战略选择，把握陆海域"一体联动"的时代融合逻辑，塑造支撑陆海域同步发展的新型陆海经济新型关系。一方面，国家在滨海及海洋地区基础设施、公共财政投入、社会保障、科技创新等领域加强对海洋经济的政策倾斜，为海洋经济、蓝色经济拓展发展空间；另一方面，在贯彻落实"一带一路"倡议的背景下，以调整陆域经济与海域经济关系为核心重构陆海域关系。推进陆海域经济之间融合、构建新型陆海域关系的重点在于"陆海联动"：一是包括陆海域产业链供应链的一体化联动；二是包括陆海域要素流动的一体化联动；三是陆海域规划建设的一体化联动，强化海洋经济规划的规范性与指引性，抢占海洋蓝色经济发展的战略制高点。

（五）发挥沿海中心城市及城市群的牵引功能

把握陆海域"功能聚合"的生长逻辑，构建有助于海洋经济及产业高质量发展的有机互动空间。陆海域空间结构的渐进优化，一是滨海地区海洋经济及产业园区平台，主要承载产业功能。随着园区从单纯产业功能区向陆海域融合区转型，园区集聚创新要素的功能凸显，这成为新型海洋经济发展的蓝色引擎。二是海洋经济产业数智型平台，主要承担数字技术服务与赋能功能。① 以消费互联网平台、工业互联网、智慧工厂、大数据中心等为驱动，大量数智化平台加速涌现，营造出丰富多变的数智化海洋产业应用场景，展现出强大的渗透力和赋能力。数智化平台作为海洋经济信息化发展的枢纽和动

---

① 吕永刚．"四化"同步集成创新：时代逻辑与改革进路［J］．学海，2022（1）：171-177.

力源，重点以海洋智能制造为主攻方向推动产业技术变革和优化升级，推动海洋制造产业发展模式和企业形态根本性变革。三是沿海中心城市及城市群，主要承担海洋经济创新源头、高质量、高水平供给与服务功能。随着我国经济发展的空间结构正在发生显著变化，沿海中心城市及城市群须承载发展要素的主要空间形式及运行主体，培育世界级城市群更是成为全球新科技革命和新产业革命的策源地和全球资源配置中心，在内部则演化出高等级、强辐射、多中心、网络化的海洋经济区域分工体系。例如，沿海的广州、深圳、上海、宁波、青岛、天津、大连等重点城市，充分发挥这些中心城市及以其为核心的城市群都具有的显著的科创、产业、枢纽、开放等功能优势，有利于虹吸高级要素、打造创新策源地、促进产业升级、营造陆海协同发展的综合生态，中心城市和城市群是推进海洋经济和海洋强国的关键引领区，也是蓝色经济中国式现代化宏伟图景描绘的直接参与者和重要贡献者。

二、理论逻辑

洞见实是，研精毕智，任何一种思想理论的形成和发展都会经历研精覃思的过程。早在 1844 年，马克思和恩格斯就认识到海洋、海权对于国家发展的重要性，特别是新航线的开辟使国与国之间的海上交流更加频繁，为海洋经济的繁荣奠定了基础。马克思与恩格斯在一系列著作中论述了海洋与资本积累的关系，认为海洋联系起了世界工厂，反哺资本主义发展，使殖民国家的经济实力蒸蒸日上[1]；海权论的倡议者认为西方国家占有为殖民国家开展海洋工业提供地域及物质条件，保障了其海洋经济发展的稳定性。[2] 习近平总书记关于海洋强国的重要论述是在全面总结中国特色海洋实践经验，继承并发展马克思主义海洋观以及历届中央领导集体有关海洋工作一系列思想观点基础上孕育而生的。特别是党的十八大以来，我国开创式地提出"构建人类命运共同体"理念，并将这一理念的丰富内涵与海洋工作实践水乳交融、推陈出新，提出了一系列独具中国特色的关于海洋强国的新思想、新观点、新论断。把马克思海洋观点提升到一个新境界，也更加强调了发展海洋经济及构建海洋命运共同体的重要性。

党的十九大报告中相继提出高质量发展的目标及现代供应链的概念，强

---

① 马克思，恩格斯. 马克思恩格斯全集：第 12 卷［M］. 北京：人民出版社，2006：92.
② 马克思，恩格斯. 马克思恩格斯文集：第 1 卷［M］. 北京：人民出版社，2009：495.

调"创新、协调、绿色、开放、共享"的发展理念及形成"数字化、平台化、服务化、全球化"式的供应链，对于我国由高速发展转向高质量发展的目标提供了理论指导，自然也成为现阶段转变海洋经济增长方式，弥补产业结构低端化、技术高依赖性的新思想及新指针，高质量发展现代海洋产业及其供应链协同创新凸显出当下其理论体系构建的紧迫性及重要性。因此，从理论逻辑上来看，构建海洋产业蓝色供应链协同创新的新局面和新格局，是贯彻落实中央政府实施新旧动能转换的重要实践探索，且山东半岛作为新旧动能转换综合试验区和先行区，这是我国面临错综复杂的国际国内环境所做出的战略抉择。

（一）应对国际国内新形势的战略部署

当前，受地缘政治、新冠疫情、俄乌冲突、经济脱钩等因素影响，逆全球化和保护主义思潮甚嚣尘上，国际环境面临诸多不确定性，产业链局部断裂风险加剧。特别是以美国为首的西方国家针对我国贸易、科技等领域发起的制裁及遏制，给我国经济发展带来巨大的无法预知的风险，为保障我国经济平稳运行，必须要根据当前的国内外形势，将国民经济高质量发展的视角由传统依赖陆域经济发展向陆海域协同发展的战略导向做出调整，转变发展思路，变换发展赛道，深刻认识到构建现代海洋产业蓝色供应链及其协同创新体系，有助于满足高质量供给需求、带动内需扩大，以需求带动和促进国内国际两个市场的供给改革、优化供给质量，实现国内国际双循环的需求侧与供给侧无缝对接，对于化解和打破当前发展困境及实现高水平开放都具有重要的现实意义。

（二）构建新发展格局的国内国际双循环体系

促进海洋产业蓝色供应链协同创新，有助于激发海洋经济的巨大潜力，不但可贯彻新发展理念畅通国内大循环，加速陆海域经济在区域间的商流、物流、信息流、资金流及价值流的循环流转，而且有利于解决国内市场处于割裂状态的问题，消除地方政府建设中本位主义的区域小市场、搞自己的小循环，如果全社会资源配置将局限在小范围内，无法实现整体效益最大化。只有打破市场分割，促进要素与资源、产品与服务在部门与区域之间的自由流动，才能为深化分工、互促供需、协同创新、技术溢出、突破"卡脖子"难点等提供有力支撑条件，进而实现陆海域产业层面的关联畅通，增强我国海洋产业供应链的安全与稳定。同时，全国统一大市场建立将以设施的联通和制度的一致来有效降低地区间的交易成本，突破行政边界的障碍，保障地区之间人流、物流、信息流、服务流等的循环流转畅通无阻，推动陆海域之间构建健康、稳定及合理的竞争与合作关系。

现代海洋产业蓝色供应链既是国民经济发展的一个重要组成部分，也是建立与完善国内统一市场的一片"新蓝海"，更是全球分工网络体系中的重要一环，参与对外国际大循环必然无法脱离国内市场的自立与自强建设。一方面，国民经济发展要素自由流通的压力不仅倒逼市场经济主体进行技术升级与组织创新，更对海洋经济主体在科技创新、人才储备、组织创新等方面发起严峻的挑战，海洋产业蓝色供应链也概莫能焉，需提高其发展要素回报率，增强其蓝色供应链的整体实力，进而提升我国现代海洋产业蓝色供应链参与国际循环的竞争力与影响力。通过建设与完善统一国内大市场，消除区域间的恶性竞争、重复建设等问题，促进国内市场对各类资源的全面整合，为重塑国际竞争格局提供重要的支撑体系。另一方面，国内市场建设让健全统一的市场制度成为国际资源要素跨境流入的保障，让国内超大规模市场优势成为吸引国际高端资源要素的利器，从而增强我国面向全球的资源配置能力，并服务于国内经济循环，实现国内国际双循环相互促进的目标。

（三）加快中国式海洋产业供应链现代化进程

产业链是各个部门之间基于投入产出关系而客观存在的关联形态，其发展势态是决定供给体系是否安全高效的关键。为应对国际环境不确定性风险、适应高质量发展要求、满足人民日益增长的美好生活需要，产业链现代化发展成为建设现代化产业体系的重点任务，在多个重要场合被反复提及。产业链现代化的基本特征在于企业主体层面创新能力更强、附加值更高、更加数字化、更加可持续；链式结构层面更加安全可靠、更加公平以及更加协调顺畅。显然，健全统一的国内大市场将在其中发挥极其重要的引导带动作用。①

其一，"需求引致创新"是创新来源中的重要组成部分，反映了需求规模在激发创新活力中的重要地位。建设全国统一大市场可以打破区域间、部门间的界限，以超大规模需求分摊创新成本，以资源要素自由流动实现创新溢出，推动企业主体提高创新能力。其二，过去我国企业国际竞争力不强，长期处在全球价值链的中低端环节，打破粗放型发展模式、推动企业向全球价值链中上游攀升，一方面依赖于自身高端要素的投入，另一方面对国际资源

---

① 吴德进，廖正飞.建设全国统一大市场的理论逻辑和实践理路［J］.福建论坛（人文社会科学版），2022（8）：65-77.

内聚提出了新的要求，这些都离不开全国统一大市场的建设。其三，数字要素的交易流通建立在设施互联互通、标准规范统一的基础之上，统一大市场的建立将极大推动数据资源的开发利用，激活经济发展新引擎。其四，壁垒的消除将直接反映在非经济性交易成本的下降、生产效率的提高、空间布局的优化等方面，企业将以更低的资源环境损耗获取等量的产出，利于经济可持续发展。其五，产业链更加安全可靠的关键在于提高抗风险能力、降低关键技术的对外依赖程度，而以统一大市场畅通国内大循环、加快产业强链、补链、延链进程，是形成稳定供给体系的关键一环。其六，废除妨碍公平竞争的政策，形成透明、公平、可预期的市场环境是建设全国统一大市场的基本要求，有益于产业链各主体在重复博弈中形成协调各方利益的有效治理机制。其七，在开放畅通的环境下，产业链正向调节与逆向反馈的机制运行将更加高效，能够有效识别与传递上、下游异常信息，促使各环节柔性化、协同化生产。因此，建设全国统一大市场是促进产业链现代化发展的必由之路。

三、战略逻辑

我国经过 40 余年的改革和发展，充分发挥比较优势，积极参与全球产业链供应链大幅提升了产业基础能力和价值链水平，中国经济总量跃居世界前列。随着现代化建设的全面推进。同样地，在新发展格局下，我国的产业链供应链安全稳定战略逻辑从管制逐步向共治转变，重新构建新型的政府、社会、市场相互关系。在新发展阶段，实施双循环战略是中央政府面对国内外风云变幻的复杂环境中做出的客观判断与重大决策。自新中国成立以来先后经历了 1949—1977 年内向型发展战略阶段，1978—2019 年外向型发展战略阶段；以及 2020 年以来双循环发展战略形成阶段，可见，我国当下面临着历史上难得的双循环发展战略机遇期。

（一）从一元向多元转化的发展格局

党的十九大明确提出共建共治共享的治理格局，我国产业链供应链治理中社会组织及企业有着重要的地位。其一，多元经济形态及其组织结构复杂化要求更强的创新能力。不论是陆域经济还是海域经济创新能力很大程度上制约了以国内大循环为主体的适配性以及国内国外两个循环互动的更高水平动态平衡，不仅限制了陆域，而且制约着海域产业链供应链更好满足人民日益增长的对高质量产品、优质服务、优美环境等美好生活需要的能力。其二，全球化的空间形态要求更高的附加价值。进入全球产业链供应链更高的附加价值环节利于应对传统的参与全球产业分工带来的竞争压力和激烈挑战。如果要保持以国内大循环为主体的长期可持续性，还必须在高质量发展陆域经济的同时，兼顾海域经济所带来的潜在利益和效益。嵌入全球价值链创造更高的附加价值对我国产品、技术、服务要求更高，对于形成以国内大循环为主体的双循环新发展格局具有重要意义。其三，信息化的管理方式要求更加数字化。加速海域产业链供应链协同创新和数字化转型是产业链供应链安全稳定战略的新型生产要素。随着参与产业链供应链的市场主体越来越多，数据信息、管理流程等标准化实现不同主体之间快速对接，迅速提高效率效益。产业数字化和数字产业化可以形成产供销一体化以及实现新的企业价值创造链。其四，绿色化的海洋供应链全链条要求更加的可持续。产业链供应链安全稳定能够提高生产效率、降低资源与环境及生态成本。推动从企业实现产品绿色化、流程绿色化、功能绿色化、环节绿色化到海洋产业供应链实现绿色采购、绿色设计、绿色生产、绿色流通、绿色消费、绿色管理、绿色金融、绿色创造等全域的绿色化，推动我国乃至全球产业链供应链安全稳定健康可持续发展至关重要。

（二）从秩序向公平公正转化的战略取向

改革开放之初，中央已认识到必须注重协调改革、发展与稳定的关系。其一，网络化的冲击风险要求更加安全可靠。在新发展格局下，客观要求产业链供应链更加安全、稳定、可靠，就是要针对其网络化的特点增强其韧性，推动形成全球更加紧密的经济共生关系，提升结构调整能力、快速恢复能力、创新转型能力，尤其是增强外部冲击下关键零部件和重要原材料的掌控能力，甚至对产业链供应链整个网络造成冲击放大的风险，有效应对贸易冲突，保障中国产业安全和经济安全。其二，柔性化的复杂系统要求更加协调顺畅。产业链供应链是一个由多主体、多目标、多层级、多要素组合构成的相互影响的复杂系统，其核心在于产品、采购、物流、创新、信息等要素的柔性化。产业链供应链安全稳定能够促进个性化定制、柔性化生产、云制造发展等新业态发展，同时，在动能转换中孕育新业态、培育新动能，形成新增长点。其三，差异化的利益关系要求更加公平公正。我国产业链供应链安全稳定战略要求利益分配更加公平，是一种有效协调各方利益关系的多方共赢的治理机制。建立与改善的产业链供应链安全稳定战略的保障机制，从正义实现的动态过程中获取秩序，真正实现国家兴旺发达、长治久安。

（三）从自我革新向开放包容转化的战略层面

改革开放 40 多年的成就带来了我国经济和社会深刻全面的巨变，推动着产业链供应链安全稳定战略的渐进转型。其一，"一带一路"建设要求更高水平合作。要在沿线国家构建新型产业链供应链体系，利用国际产业链供应链重塑时机推动沿线国家参与全球产业链供应链体系，利用沿线国家枢纽城市或港口优势形成一批具有"产供销研服"一体化流程的产业链供应链功能集聚区。其二，对外经济均衡发展要求陆海域经济协同形成区域全方位开放新格局。不但促进国内国际市场良性互动，而且从东中西部区域到沿海海域经济的开放型协同创新是实现高质量发展的关键。东部沿海地区不但加快建设世界级产业群、城市群，而且诞生出众多海洋产业群和海洋城市都市群，成为我国产业链供应链安全稳定发展新动力。其三，国际经济新优势需要健全开放型经济新体制。具有我国产业链供应链安全稳定战略理念和思维，跨越产业链供应链跨区域鸿沟，才能形成全球产业链供应链主导能力的生态圈，因为，涌现出新型海洋经济主体才能形成国际经济合作与竞争新优势的历史窗口期。所以，积极参与全球产业链供应链相关领域的合作和治理，利于实现全球产业链供应链安全稳定的可持续发展。①

（四）海洋产业供应链协同发展的战略要求

党的十九大报告指出将现代供应链作为新的增长点，现代供应链是区别于传统供应链，要求以客户为导向，以数据为核心要素，运用现代信息技术和现代组织方式将供应链上、下游企业及相关资源进行高效深度整合、优化、协同，实现产品设计、采购、生产、销售等全过程高效协同的组织形态。现代海洋产业供应链对协同创新的要求表明各产业供应链实现协同化发展的必要性，而海洋产业作为我国及世界各国近些年来关注的重点及未来世界各国提升竞争力的核心关键，加速其供应链协同发展进程将实现对国家要求的落实及产业有效发展的推进与突破。且早在 2015 年，习近平总书记就指出将协调发展理念作为经济高质量发展的指导原则，进一步表明各产业供应链实现协调发展的必要性。更重要的是，我国近几年相继发布《智能船舶发展行动

---

① 王静．新发展格局下中国产业链供应链安全稳定战略的逻辑转换［J］．经济学家．2021（11）：72-81．

计划（2019—2021 年）》①《关于促进海洋经济高质量发展的实施意见》② 等政策文件对海洋产业高质量、高技术、高水平、高价值等提出了更高要求，这就需要海洋产业供应链各成员之间协调配合、深化合作、加强交流，以实现我国海洋产业供应链整体高质量与现代化发展，进而为推动现代海洋产业供应链建设贡献出"中国力量"。

四、实践逻辑

构建现代海洋产业蓝色供应链体系，不但是承担海洋经济高质量发展的执行载体，而且是陆域经济与海域经济的联动、融合及对接的价值链效应转换与互换的系统平台。从"一带一路"倡议的显性溢出效应来看，连接全球经济通过这两个通道联通陆海域经济成为沿线国家及地区经济振兴的核心引擎。因此，海洋产业蓝色供应链协同创新的实践逻辑就是通过推进"一带一路"以促进与沿线国家和地区的广泛而深入的合作，实现经济要素有序自由流动、资源高效配置、基础设施互联互通和国内外市场的深度融合，推动沿线国家的经济政策协调，以开展更大范围、更高水平、更深层次的区域合作，共同打造开放、包容、均衡、普惠的区域经济合作架构，既实现国内高质量发展，又实现全球互利共赢。③

（一）以互联互通为基础实现互惠共赢的新发展格局形成

包括基础设施在内的互联互通是推进"一带一路"高质量发展和互惠共赢的核心内容。"一带一路"倡议致力于亚欧非大陆及周边海洋的互联互通，建立和加强沿线各国互联互通伙伴关系，构建全方位、多层次、复合型的互联互通网络，实现沿线各国多元、自主、平衡、可持续的发展，其中最为关键的是要实现基础设施的互联互通。因此，要以互联互通为基础推动"一带一路"沿线国家间共商共建共赢的新发展格局构建。首先实现硬联通，核心是基础设施的互联互通，完善陆、海、天、网"四位一体"互联互通布局，

---

① 中华人民共和国中央人民政府．三部门联合印发《智能船舶发展行动计划（2019—2021年）》［A/OL］．（2018-12-30）［2022-12-22］．http：//www.gov.cn/xinwen/2018-12/30/content_5353550.htm.

② 中华人民共和国中央人民政府．自然资源部 中国工商银行关于促进海洋经济高质量发展的实施意见［A/OL］．（2017-07-27）［2022-12-22］．http：//www.gov.cn/zhengce/zhengceku/2018-12/31/content_5440037.htm.

③ 任保平．共同现代化：推进共建"一带一路"高质量发展的核心逻辑［J］．山东大学学报（哲学社会科学版），2022（4）：69-78.

促进互联网和数字相关技术的合作共享，实现基础设施互联互通的高质量发展。其次实现软联通，高标准的建设"一带一路"的规则、标准和机制，在规则、标准和机制层面实现有效对接，实现高质量的软连通。推动文明互鉴，在文化、理念和价值观层面实现有效对接。在平等的文化认同框架下构建开放、包容、融合、共赢的深度交流与合作机制。最后实现心联通，核心是深化"一带一路"沿线国家间的人文交流，形成多元互动的人文交流新格局。如加强人文、旅游、教育、科技等领域的深度合作及往来，构筑海洋产业供应链互利共赢的新发展格局。

（二）以陆海域经济融合为契机构筑蓝色合作伙伴关系

陆海域经济协同与国内外合作是推进"一带一路"沿线国家间高质量发展关键核心内容。一是推进贸易合作。投资贸易合作是推进共建"一带一路"高质量发展的重点内容。要拓宽贸易领域，优化贸易结构，培育贸易新增长点，创新贸易方式，发展跨境电子商务等新型国际贸易业态。同时，重点解决投资贸易便利化问题，消除投资和贸易壁垒，积极同沿线国家和地区共商共建自由贸易区。二是推动新兴海洋产业合作。根据推进共建"一带一路"的共同愿望，推进沿线国家在新一代信息技术、生物、新能源、新材料等新兴产业领域加强深入合作。推动陆海域产业上、下游产业链和供应链的协同发展，鼓励建立研发、生产和营销体系。合作建设境外经贸合作区、跨境经济合作区等各类产业园区，营造国际合作海洋产业集群发展的良好。近年来我国分别与沙特阿拉伯及海湾国家及俄罗斯在海洋新能源、科技等方面的合作就是一个很好的例证。三是加强科技合作。根据推进共建"一带一路"高质量发展的客观要求，共建联合实验室、国际技术转移中心，促进科技人员交流，合作开展重大科技联合攻关，共同提升合作各方的科技创新能力。四是建设经贸产业园区的合作平台。一方面依托陆域国际大通道，以沿线中心城市为支点，以重点经贸产业园区为合作平台，共同打造国际经济合作走廊和平台；另一方面以海上丝绸之路的重点港口或核心城市为节点，推进共建"一带一路"高质量发展通畅的合作渠道和平台。

（三）稳步拓展海洋资源国际合作新领域与新景象

在新形势下，海洋产业蓝色供应链要推进共建"一带一路"高质量发展及构建海洋及其合作的命运共同体发挥积极作用，拓展"一带一路"合作新领域，开辟"一带一路"高质量发展国际合作新空间和新景象。一是深化数字领域合作。通过数字经济赋能"一带一路"高质量发展，提高海洋制造业的智能化水平，推动海洋产业结构调整和转型升级。顺应新科技革命和产业革命的发展趋势，培育数字经济生态，着力推动数字经济发展，推动"数字丝绸之路"建设。重点开展海洋智能制造、数字海洋经济领域的合作，着力发展"丝路数字化电商"，构建数字合作新发展格局。主要以健康、绿色、数字、融合等新领域开展合作，构建数字合作格局和创新生态环境。二是加强在海上粮仓、海洋食品加工、海洋生物医药等领域的广泛合作，推进海洋农业产业园和海洋医药产业园等特色园区建设。聚焦农业、减贫、卫生、健康等领域，共商共建"海洋牧场""海洋药都""海洋油库"等合作平台，与更多国家在医药生物研发、新能源、氢能储能、涉海服务等领域进行深度合作，在推进共建"一带一路"高质量发展中打造人类安全共同体。三是加强绿色能源、绿色基建、绿色金融合作，深化全球生态环境和气候治理合作。针对沿线国家的生态环境状态和全球气候变化趋势，支持沿线国家能源绿色低碳发展，深化生态环境和气候治理合作。四是打造"一带一路"沿线国家间创新发展合作的新平台。推动与"一带一路"沿线国家经济、社会、科技、文化、教育等各领域高质量合作，推进共建"一带一路"高质量发展创新机制，构建全面创新生态系统，打造"一带一路"沿线国家间创新发展合作的新平台。五是加强关键性新兴海洋产业领域的合作。关键性新兴海洋产业是全球经济结构调整中的主攻方向，加快关键性新兴海洋产业合作能培育沿线国家新的经济增长点，有利于提高沿线国家的国际竞争能力。尤其在海洋新一代信息技术、生物、新能源、新材料等领域的合作，催生新产业、新业态、新模式，通过结构调整和产业转型升级推进共建"一带一路"高质量发展。六是统筹陆海域资源加强海洋产业链、供应链、价值链方面的深度合作。在海洋数字经济、能源经济、农业经济、低碳经济等领域深化产业合作，培育国际海洋产业集群及自贸区，共建高水平协同创新载体，共创海洋产业链、供应链、价值链融合发展的新景象。

（四）实现国内高水平开放引领全球蓝色供应链新境界

现代海洋产业蓝色供应链要实现高水平开放，就必须借助共建"一带一路"高质量发展的东风，加快其海洋中高端制造、海洋可再生能源、海洋新材料、新型海洋化工等领域高水平开放的进度。首先是推进共建"一带一路"高质量发展与国内推动的供给侧结构性改革和实施高水平开放相结合，推动海洋经济增长方式和对外开放方式的转变，围绕高水平开放推动海洋经济结构优化和新旧动能转换，实现更高层次的开放、交流及合作。其次是推进共建"一带一路"高质量发展要与沿线国家的需求相结合。在国际合作中，针对沿线国家的客观需求，以战略对接、规划引领为基础，与沿线国家找准切入点和结合点，突出重点合作领域，与沿线国家共享合作红利，营造共同富裕协同发展的氛围和环境。再次是推进共建"一带一路"高质量发展与国内开放战略相结合。海洋产业蓝色供应链要强化与西部内陆及沿边沿江地区开放力度，加快形成内外联动、陆海统筹、东西互济的全方位开放新发展格局。最后是推进共建"一带一路"高质量发展与国内打造新时代高水平开放的新高地相结合。围绕蓝色供应链协同创新的战略目标，优化营商环境，放宽市场准入标准，拓宽开放广度和深度，实现"走出去"的发展战略，推动海洋开放平台的创新发展，打造新时代高水平开放的新高地及新境界。

五、安全逻辑

海洋产业蓝色供应链安全是指基于现有的资源环境和人类活动的影响及海外多重因素的压力，海洋发展系统在维持自身结构的完整和功能的正常运行的情况下，能够为人类生存和经济社会发展提供持续和稳定的资源和服务支持，保障人类的生活、生产、健康和发展不受威胁的状态。

从总体国家安全观①视角来看，经济安全、军事安全、资源安全、生态安全、国土安全、科技安全等与海洋经济及其产业供应链有着密切的关系。而海洋产业蓝色供应链安全主要涵盖区域风险评价、海洋产业协同评价、产业结构均衡发展评估、海洋生态及其响应，其中，海洋经济、军事、资源、生态环境等要素关联耦合性，从系统论角度表征海洋产业供应链安全状况，其目的是反映海洋总体安全的状况，以及衡量海洋生态环境系统抵御各类风险的能力，本质属于建立海洋经济及其蓝色供应链的自然及应急响应体系。因此，将海洋产业蓝色供应链安全影响机制分为外在因素隐患和内在响应两个部分，并结合我国沿海地区海洋经济发展的环境特点，构建科学合理的海洋产业蓝色供应链安全逻辑框架。②

---

① 通常对于"总体国家安全观"中主要包括：政治安全、国土安全、军事安全、经济安全、文化安全、社会安全、科技安全、信息安全、生态安全、资源安全、核安全等为一体的国家安全体系。

② 曹伟，李仁杰. 粤港澳大湾区海岸带生态安全逻辑框架与策略［J］. 华侨大学学报（哲学社会科学版），2021（3）：71—80.

（一）海洋产业蓝色供应链安全的外在隐患

经济安全与生态风险联系紧密，产业安全问题往往是在一个开放的经济制度条件下，随着外国企业和外国资本大量进入本国产业内部，在与本地企业不断融合与相互竞争过程中，外国企业逐渐威胁本国企业成长，导致产业经济发展严重萎缩的背景下提出来的。其一，在国际产业竞争中保持独立的产业地位和产业竞争力，其二，指产业在生产过程中的安全性①；而供应链安全是从生产的角度，探讨供应链中某些产品、技术环节供应中断造成的安全问题，不同之处在于产业链安全从产业投入产出角度刻画产业链环节的断裂，供应链安全从企业的角度探讨单个企业停止供应引发的供应链中断问题。我国应积极应对供应链风险，加快建立供应链风险预警系统和供应链中断应急机制，参与供应链安全国际合作，并在深度参与全球分工的前提下，推进关键领域的技术创新，逐渐补齐短板、发挥优势，提升全球供应链中的话语权和主动权。一般而言，是指一国对产业链供应链各环节产品、技术、企业的控制能力，即保障产业链供应链自主可控的能力。② 此外，从生态风险评价来看，重点关注生态系统及其组成在外界压力作用下造成的不利于供应链的健康稳定发展。自然及外在国际风险评价的尺度逐渐由个体、种群和群落转向生态系统，包括关注环境污染、人为胁迫或自然灾害等单一的或多种风险因素对于海洋产业供应链系统结构与功能产生可能的潜在危害性。因此，自然或人为的风险评价无疑是研究海洋产业供应链安全的基础因素，但海洋自然灾害或人为灾祸（诸如国际供应链政治化、脱钩断链）作为动态复杂的有机结合，诸多风险因子存在时空不确定性，将是海洋产业供应链安全近期和长期面临的威胁因素，从而在构建评价指标体系时，能够明确各指标的选取标准及其所属类别。

海洋产业供应链安全隐患是所有与海洋生态系统安全密切相关的生态隐患源与威胁生态健康的因素，涵盖自然隐患与人类隐患两个方面。其中，自然隐患可分为突发型和缓发型两类，突发型隐患包括风暴潮、海浪、海啸、地震、台风、赤潮作用时间短但危害程度大的小概率事件，通常选取发生的频率、强度以及造成危害的土地面积和经济损失作为衡量标准；缓发型隐患

---

① 阳结南. 基于产业安全视角的中国汽车产业发展研究 [J]. 科学决策, 2022 (2)：132-143.

② 李伟, 贺俊. 基于能力视角的产业链安全内涵、关键维度和治理战略 [J]. 云南社会科学, 2022 (4)：102-110.

涵盖海平面上升、海岸侵蚀、海水入侵、外来物种入侵、土壤盐渍化等持续时间长的事件，属于累积性事件，通常按照不同层级评价单元的灾害影响范围和威胁强度进行定量评估。人类隐患则主要来源于海洋人类活动、污染排放、突发事件、海洋纠纷、军事冲突等人为因素，人类活动包括旅游开发、城市建设、围填海工程、水产捕捞等活动。

（二）海洋产业供应链安全响应

供应链生态安全响应是指为应对海洋自然和人类生态安全隐患而进行的积极应对，尽管海洋自然生态安全具有突发性特征，但人类对其长期认知已达到一定的应急响应对策及方法；而人类生态安全隐患对海洋产业供应链安全响应研究相对匮乏，但与此相关的法律、政策、规划和项目工程并不少见。根据响应作用力来源的不同，将海洋产业供应链安全响应分为自然与人类两个部分。其中，自然响应是指海洋生态系统自身结构和功能的完整性和自恢复性，以此抵御外来风险、受灾后自我修复的能力，其本质便是自然的生态安全响应；而人为响应是指人类为预防、减轻和缓解及修复海洋产业供应链安全隐患，维护海洋经济系统健康进行的积极反应，主要包括基础设施建设与措施、法律规章与政策、管理与协调机制、冲突解决机制、科技与经济投资等内容方面加以干预，如何定量评价人类应对风险成为海洋产业供应链安全响应则成为重点关注的问题。因此，海洋产业供应链安全问题所处的阶段不同，其产生原因、表现形式、造成影响和响应措施也有所差异。因而预防人为的安全隐患是世界海洋地缘经济、政治、外交等方式解决问题的基本方法；控制是人类尽量降低经济社会损失和环境破坏的重要手段；恢复可理解为生态安全问题发生结束后的反馈，对于已经造成负面影响的生境问题，往往通过生态修复工程恢复生态系统功能，并以相关的法律规章、财政投资和公众宣传加以保障，保证海洋产业供应链安全及其可持续发展。

自然响应和人类响应彼此相互补充、相得益彰，海洋产业供应链安全既与生态系统自身的结构与功能密切相关，又与人类的重视、解决问题的导向方法及响应程度紧密联系，因而构建海洋产业供应链安全响应的框架需要将自然响应和人类响应均纳入考虑范围。伴随着海洋经济的发展不可避免地带来气候变化全球性生态危机，需要国家海洋政策及海洋产业供应链的共同努力，强化人类响应机制建设、建立应急响应机制、提高抵御和规避人为隐患的能力，从根源上确保海洋产业供应链安全。

（三）国家海洋产业供应链战略安全

从全球视角下看国家安全、经济安全及供应链安全，我们不仅要强化我国现代海洋产业供应链的底线思维和红线思维，还要加强海洋产业供应链的安全体系，并将海洋产业供应链上升为国家蓝色供应链的战略高度。随着国际环境的日趋复杂和不确定性因素的增加，从理论视角上来看，底线思维以辩证唯物主义为哲学基础，蕴含了鲜明的忧患意识、危机意识及风险意识。首先，底线思维和忧患意识是一种有守有为的思想方法，安全意识就是把底线思维理解为守住某种边界或被动地守住边界，不触犯底线，迎势而为有效规避安全隐患及风险。从实践视角上来看，即以实践应用逻辑坚守底线思维，清晰地划出红线底线，并守住海洋产业供应链的底线，树立忧患意识，科学地分析和研判风险，利用制度优势，凭借新型举国优势，提高防范和化解风险的能力。其次，面对国际环境风起云涌的诸多变数及突变局势，尤其是后疫情时代、俄乌冲突导致能源危机、逆全球化倾向等威胁海洋产业供应链安全的各种隐患，不仅打破与改变国际发展格局，还对我国现代海洋产业供应链提出了前所未有的挑战和威胁，保护主义、脱钩断链、各种突发事件自然灾害等因素错综交织，直接或间接地波及或影响到我国海洋产业供应链的稳定性和柔韧性，不仅要解决我国海洋产业供应链安全问题，还要确保海洋产业国际供应链的全球安全及综合治理问题。如能源安全及国际经济安全无不与海洋产业供应链安全有着千丝万缕的联系，这就需要我们从底线思维和安全意识着手筑牢海洋产业供应链的安全篱笆和风险防护墙。通过内循环建立我国现代海洋产业供应链相对独立的成长生态系统，尤其是专注自身核心技术研发、创新基础及产业生态，必须站在事关国家利益战略的全局和高度，从整体上对海洋产业供应链安全做好顶层设计，以提高我国现代海洋产业供应链高质量发展的安全等级。最后，面对我国海洋产业供应链所处的日趋险恶的国际环境，必须坚持底线思维，未雨绸缪强化忧患意识，提早进行战略布局，强长项补短板，紧扣海洋产业供应链安全不放松，明确安全问题的导向意识，聚焦海洋产业供应链的关键性技术、"卡脖子"技术、颠覆性技术等重大突破，寻求逐级破题，分阶段解密与破局，全面加速提升我国现代海洋产业供应链在全球供应链体系中的影响力、塑造力，解放思想，勇于创新，提升我国在全球海洋产业供应链的主导权及决定权。

六、政策导向逻辑

海洋经济领域集中着海洋渔业、海洋矿产、海洋油气、海洋化工、海洋船舶工业、海洋工程建筑、海洋电力、港口建设、海洋运输、盐田建设、海水利用、滨海旅游、围填海、污水排放入海、海洋倾倒废弃物等涉海经济活动，形成了多种复杂的社会经济关系。为协调这些社会关系，已分别制定实施了一些涉海法律法规，主要包括《专属经济区和大陆架法》《领海及毗连区法》《海域使用管理法》《海岛保护法》《渔业法》《港口法》《海上交通安全法》《深海海底区域资源勘探开发法》《海洋环境保护法》《海洋倾废管理条例》等。① 就海洋管理体制而言，2018 年国务院机构改革后，涉海领域的海洋战略规划、海洋资源开发利用、海洋经济发展、海域海岛管理、海洋生态修复、海洋预警监测等职责由自然资源部负责，海洋环境保护和排污口设置管理等职责由生态环境部负责，海洋渔业渔政的职责由农业农村部负责，此外还有负责港口航运业的交通运输部、负责滨海旅游业的文化和旅游部等。不同部门之间依然存在职能竞合与利益冲突的主管部门交叉管理问题。

首先，海洋综合治理具有多领域、多部门、跨度大、分散性等特征，制定一部具有统领性、基础性、综合性的《海洋基本法》，将有助于完善海洋法律体系和中国特色社会主义法律体系。通过《海洋基本法》明确设立国家海洋委员会等机构，也有助于进一步理顺海洋管理体制，协调涉海管理部门职责。

其次，海洋经济活动是人们认识海洋、改造海洋并从中获取经济价值和经济效益的过程。海洋经济活动需要相应主体、客体、介体、环体及相互作用等要素，并实现一定互动效益的过程。海洋经济主体主要指在整个海洋经济活动中发挥着组织、协调作用的各类组织及个人（具体包括主权国家、国际政府组织、国际非政府组织、跨国企业及个人）；海洋经济客体是指在主体的对象性活动中，同主体一起构成实践结构两极，并彼此发生相互作用事物与现象的对象（包括海洋事务的对象，从宏观到微观层面包括海洋经济、海洋产业、海洋开发建设活动、用海方式、人类活动五个部分）；海洋经济活动的介体是发展经济的实现方法，主要包括制定规划区划、发布政策、限定指

---

① 古小东. 我国《海洋基本法》的性质定位与制度路径［J］. 学术研究，2022（7）：60-66.

标等具体方法；海洋经济活动的环体是指创造价值的客观环境，既包括具体层面的物质载体，也涵盖抽象层面的发展背景。①

再次，海洋经济发展摆脱不了对海洋的综合治理。

最后，海洋是地球上最大的自然生态系统，为人类提供着源源不断的资源和财富，承载着人类对美好生活的向往。但进入21世纪以来，伴随着全球化的席卷和工业化的扩展，各类全球性海洋问题日益增多且日趋严重，已成为制约人类生存和可持续发展的重大威胁。将全球治理理论运用于海洋领域进行延伸和扩展，便形成了全球海洋治理。一类是体系内部问题，即现有全球海洋治理体系本身所存在的各种缺陷，包括国家地位的不平等、国际规制的不完善、国际组织未能发挥预期功效、发展中国家的权益和诉求未能充分体现、大国政治和强权政治依旧存在等。这一类问题多为政治性问题，解决方式主要是通过国家之间的政治谈判与协商，其解决程度将对全球海洋治理目标的实现程度起到深层次的决定性作用。另一类是体系外部问题，即发生在海洋或其衍生自然系统上的各种具体问题，主要包括海洋环境问题、海洋安全问题、海洋资源问题、海洋经济问题、全球气候问题、海洋突发事件的应急管理等。全球海洋治理所要解决的问题纷繁复杂，既包括海洋环境保护、海洋科学考察、海洋资源勘探、渔业合作等"低级政治"领域，也包括海洋主权争端、海上恐怖主义、全球气候调控、海洋治理体系完善等"高级政治"领域。② 海洋治理是指为了维护海洋生态平衡、实现海洋可持续开发，涉海国际组织或国家、政府部门、私营部门和公民个人等海洋管理主体通过协作，依法行使涉海权力、履行涉海责任，共同管理海洋及其实践活动的过程。③ 而日益强大的我国海洋实力与国际影响力是支撑中国参与全球海洋治理的根本动力。在当前的全球海洋治理体系中，大国政治色彩依旧存在，权力仍然是决定国家地位的基础和产生国家行为的归宿，无论是传统海洋强国，还是新兴海洋国家，都在尝试通过更为明智的方式获得权力，而国家权力的大小总是与国家实力的强弱呈显著的正相关性。也就是说，在现有发展水平上，继续大力提升我国的海洋实力和国际影响力，是我国参与全球海洋治理并有效

---

① 刘大海，欧阳慧敏，李晓璇，等. 海洋经济布局的主体、客体和作用关系 ［J］. 海洋经济，2016，6（1）：10-15，21.

② 崔野，王琪. 中国参与全球海洋治理若干问题的思考 ［J］. 中国海洋大学学报（社会科学版），2018（1）：12-17.

③ 孙悦民. 海洋治理概念内涵的演化研究 ［J］. 广东海洋大学学报，2015，35（2）：1-5.

发挥作用的前提性条件。①

综上所述，不论是国家涉海法律法规建设逐步建立，还是海洋经济主体、客体、介体、环体等内在要素分析，还是从关于海洋治理的必要性和紧迫性来看，都是政策逻辑架构的前提条件。需要政策逻辑针对构建现代海洋产业蓝色供应链体系，以协同创新机制为核心，制定相应的实施海洋发展政策。海洋强国战略已进入新的高质量发展阶段，必须以发展经济为重点和突破口。政府、企业及学术界均以建设海洋强国为目标，以合作共赢为主线，推动海洋经济向高质量发展转变。② 国内海洋经济政策需依据构建现代海洋产业蓝色供应链体系的理论逻辑和实践逻辑，围绕着其实现高水平开放的目标，宜从如下几个方面确立其政策逻辑。

（一）积极发挥市场作用引领现代海洋产业蓝色供应链高质量发展

中国经济已由高速增长阶段转向高质量发展阶段，中国式现代化在实践探索中取得巨大成就。超大市场规模和体量是中国特有的优势，强劲的市场需求是联通国内国际市场的重要动力，推进现代海洋产业蓝色供应链协同创新体系需要依靠市场的力量来释放出更大的作用和效应，衡量其蓝色供应链体系是否成功的关键也于作为市场主体的海洋产业组织企业是否深度参与整个过程。首先，要发挥海洋产业组织企业在蓝色供应链中高质量发展的主体作用。在提高企业整合区域市场资源、优化海洋资源配置能力的基础上，营造市场机制下海洋产业及其蓝色供应链之间的公开公平、互利互惠合作的良好氛围，促进海洋产业链的合理分工及协调合作。其次，要促进海洋产业蓝色供应链国内市场和国际市场互联互通及双向循环，充分发挥现代海洋产业蓝色供应链的平台作用，延伸扩展其供应链链条，发挥现代海洋产业链、价值链、服务链、金融链、信息链的集成优势，以更高水平开放促进国内国际双循环新发展格局的形成，吸收借鉴国外发展海洋经济的经验和教训，共享我国海洋经济合作的示范案例和实践探索的经验。再次，要发挥资本市场功能，拓宽涉海融资渠道，促进国际海洋产业供应链体系的资金融通。支持海洋产业组织企业利用国内外两个市场、两种资源，释放其蓝色供应链的集聚、整合、协同及合作的经济效益和效率。加强合作交流，拓展业务和市场。最

①　吴志成，何睿. 国家有限权力与全球有效治理［J］. 世界经济与政治，2013，（12）：4-24，156.

②　李进峰. "一带一路"境外合作区高质量发展：理念、实践与实现路径［J］. 中共中央党校（国家行政学院）学报，2021，25（2）：109-117.

后，加快国内市场循环和国际市场循环的有机结合。借助于"一带一路"建设成果，提前做好我国海洋产业蓝色供应链的国内外市场布局，主要涉及海外市场，将海域和陆域产业供应链高质量发展相结合，将我国海洋产业供应链与国际海洋产业供应链结合起来，构建现代海洋产业蓝色供应链高质量发展的新格局，为畅通国内国际双循环提供有力支撑。

（二）推动"一带一路"国际贸易的高质量发展

在推进现代海洋产业蓝色供应链的对外贸易高质量发展要先行提高海洋资源互换、海洋科技互鉴、海洋价值转换、海洋人才共享、海洋基础设施共建等手段，提升国际贸易的高质量发展和高水平开放，也是为增进全球海洋产业供应链的互利互惠提供机制保障。一是加快推进"一带一路"外贸转型升级。加快贸易通关一体化进程，构建沿线大通关合作机制，推动贸易转型升级。通过科技创新驱动，构建高质量的外贸结构。从管理体制、优惠政策、服务体系等创新多方位加大对现代海洋产业蓝色供应链的支持力度。二是构建贸易畅通机制。加强与域外国家经贸规则的共建共享，坚持多边贸易体制，推进贸易自由化便利化，为现代海洋产业蓝色供应链的经贸合作营造良好的市场环境。完善相关法律法规，加快"一带一路"贸易高质量发展的管理体制改革步伐。三是加快发展现代海洋产业蓝色供应链的跨境电子商务。构建高标准自由贸易网络，创新其跨境电子商务运行模式与管理政策，推进"一带一路"跨境电商载体平台建设，推进其跨境电子商务综合服务平台发展。四是完善"一带一路"贸易规则和制度体系。主要是推动现代海洋产业蓝色供应链与"一带一路"沿线国家的贸易制度和规则建设，从而促进沿线国家主动建立完善的贸易法律、制度和规则，逐步推动沿线国家贸易规则的协调和互认，构建完善的贸易规则体系。

（三）推进现代海洋产业蓝色供应链境外合作的高质量发展

自贸区、境外合作区作为一种海洋经济园区，是促进海洋产业蓝色供应链高质量发展的重要载体，是深化对外经济贸易合作新范式和新平台。从政策依据上来看，将园区作为产业政策的重要组成部分，成为海洋产业供应链对外的政策依据，可协助其供应链对外优化与完善投资环境。从政策上来看，一是加大对海洋产业蓝色供应链境外合作区的支持力度。借鉴国内产业园区发展的成功经验，在坚持以企业为主、市场运作的基础上，给予"一带一路"境外合作区建设一定的政策倾斜，政府要在前期的指导和制定政策方面发挥引领作用。二是做好海洋产业蓝色供应链境外合作区的定位。以"一带一路"

产能国际合作为目标，以海洋产业链的延伸为主线，形成一批国际海洋产能与装备制造合作基地、海洋能源资源综合开发利用基地、海洋农业资源生产加工基地、海洋商贸物流节点体系和海洋技术创新与研发基地。三是重点推动海洋产业蓝色供应链境外高科技园区建设。在"一带一路"高质量发展的政策框架下的境外合作区发展必须坚持创新发展的园区发展新理念，引导境外合作区的企业在海洋技术研发、产品开发、产品制造、产品质量等不断提升发展水平。四是推动海洋产业蓝色供应链境外合作区产业发展的结构升级。在海洋产业合作的基础上实现从中低端产业向高端产业转变。加快实现海洋产业结构高级化和产业链现代化，提高境外合作区产业聚集效应，提高我国与所在国家的产业链水平，促进境外国家海洋产业链从中低端向中高端转变。

（四）以区域现代海洋产业供应链或价值链为载体推动合作机制建设

推进海洋产业供应链高质量发展需要以海洋价值链和创新链为载体推动多方合作机制建设。一是构建包容性的海洋产业全球价值链，在全球海洋供应链价值链间形成投资、贸易、金融、产业支撑网络体系，在全球价值链下实现合作共赢，推动我国海洋企业向价值链高端迈进。二是我国海洋产业供应链实现产业领域的合作发展，需要与国外产业链集群发展进行联动。三是搭建海洋产业供应链与国外的共商共建。围绕国际贸易和对外直接投资的国家合作，通过海洋产业园区、海洋科技园区的向外延伸发展，加强与国外产业链供应链的畅通衔接。四是加强区域海洋产业供应链合作机制建设。需加强合作机制构建，消除供应链壁垒，加强与境外国家层面的合作。五是完善海洋产业供应链或价值链合作的标准。在企业研发、生产、市场营销和中介服务等各个环节，结合海洋产业供应链高质量发展与国际供应链所建统一的涉及技术、产品、产业、安全和质量等方面的标准，积极推广中国标准。

（五）强化现代海洋产业蓝色供应链高质量发展的保障机制

为保证我国海洋产业供应链高质量发展的健康、稳定、安全运行，需要为其建立政策制度的保障机制。一是强化推进海洋产业供应链高质量发展的共建机制保障。坚持多边主义，构建开放型世界经济体系。在开放合作的基础上，构建全球互联互通合作伙伴关系，实现跨区域和全球发展战略进行对接，构建共同现代化的有效对接机制。二是强化推进海洋产业供应链高质量发展的安全保障。在推进海洋产业供应链高质量中要以强化安全风险防范机制作为工作重点，全面提高境外安全保障和风险应对能力。完善监测和预警机制，探索分类分级风险管理制度，为有效防控投资风险提供保障。三是强化推进海洋产业供应链高质量发展的战略保障。共建相互补充、相互支撑和相互促进休戚与共的紧密关系。通过各种战略的叠加形成内外联动效应。四是强化推进海洋产业供应链高质量发展的风险管理保障。建立适用于其与境外海洋产业国际供应链共建的风险评估体系，提高治理能力与治理体系的现代化，以提升抵御或化解各类风险的综合能力。

第五节　本章小结

在新的时代背景下，《全国海洋经济发展"十三五"规划》中明确提出"树立海洋经济全球布局观，推动海洋经济由速度规模型向质量效益型转变，拓展蓝色经济空间、建设海洋强国"，在新时代背景下，体现了发展海洋经济的战略价值及重要性。有鉴于此，本章首先系统深入地梳理了现代海洋产业供应链协同创新的国内外研究进展，并做出基本的研判和述评；其次从狭义、广义及泛义三个层面界定了现代海洋产业蓝色供应链的基本含义，较为全面地阐释了现代海洋产业蓝色供应链协同创新的战略内涵；再次对现代海洋产业供应链协同创新体系进行战略方向及架构的分析；最后从时代逻辑、理论逻辑、实践逻辑、战略逻辑、安全逻辑及政策导向逻辑 6 个方面阐述其蓝色供应链的逻辑体系，为现代海洋产业蓝色供应链高质量发展提供支撑依据。

第二章

胶东经济圈现代海洋产业蓝色供应链协同创新的机理分析

在海洋强国、海洋强省战略背景下，现代海洋产业蓝色供应链协同创新发展已成为蓝色经济高质量发展的核心内容，胶东经济圈作为现代海洋产业资源禀赋发达地区，进行现代海洋产业蓝色供应链协同创新运行机制研究，对海洋强省战略的实施具有推动作用。由此，本章从现代海洋产业蓝色供应链协同创新机理分析入手，对其学术定位、时代方位、研究框架、技术路线、主要研究方法、关键与重点问题、理论意义与现实意义、主要创新点及特色等方面进行系统阐述，并基于胶东经济圈现代海洋产业发展特点，构建区域协同创新和海外协同创新发展模式，同时，通过陆海联动、陆海产业耦合、资源共享、供应链安全、数智化等机制，保障模式的平稳运行。

现代海洋产业体系在海洋强国战略中起到主导作用，2018 年 3 月，习近平主席在参加全国两会山东代表团审议时，强调要更加注重经略海洋，要求山东发挥自身优势，努力在发展海洋经济上走在前列，加快建设世界一流的海洋港口、完善的现代海洋产业体系、绿色可持续的海洋生态环境，为建设海洋强国做出山东贡献。山东省作为海洋大省，为响应习近平主席的重要指示，省委、省政府印发《海洋强省建设行动计划》①，要推进海洋新兴产业壮大行动和推进海洋传统产业升级行动。《山东半岛城市群发展规划（2021—2035 年）》② 中提道：加快省会经济圈、胶东经济圈、鲁南经济圈的一休化发展，其中，要提升胶东经济圈，就要综合发挥海洋经济领先、智能制造发达、金融服务集聚、开放程度较高等特色优势。2022 年 3 月 3 日，在

---

① 山东省人民政府.《海洋强省建设行动计划》［A/OL］.（2022-03-30）［2022-12-22］. http：//www. shandong. gov. cn/art/2022/3/3/art_ 107851_ 117797. html.

② 山东省人民政府.《山东半岛城市群发展规划（2021—2035 年）》［A/OL］.（2022-01-10）［2022-12-22］. http：//www. shandong. gov. cn/art/2022/1/10/art _107870_ 116776. html.

中共山东省委、山东省人民政府印发的《海洋强省建设行动方案》① 中提道：
"推进海洋科技创新能力行动、推进海洋生态环境保护行动、推进世界一流港
口建设行动、推进海洋新兴产业壮大行动、推进海洋传统产业升级行动、推
进智慧海洋突破行动、推进海洋文化振兴行动、推进海洋开放合作行动、建
立政策保障体系"等九大行动方案和政策保障，其中青岛被直接提及近 20
次。而胶东经济圈的核心则是青岛，作为海洋经济发展"领头羊"，青岛在海
洋产业发展基础、经济实力、海洋科技、海洋人才等诸多方面不但远远领先
于胶东经济圈中的烟台、威海、潍坊及日照，而且在全国海洋经济城市中也
是独占鳌头，具有良好的先发优势和潜力巨大的后发优势。青岛不但被赋予
更多的发展平台建设的重任，诸如加快建设青岛海洋科学与技术试点国家实
验室、中国科学院海洋大科学中心、中国海洋工程研究院（青岛）等高能级
平台；建设海洋人才港（青岛）；支持青岛实施多能互补供电、海水源供冷供
热、海水淡化、海水制氢等工程；推进渤海湾（山东部分）、莱州湾、丁字
湾、胶州湾等重点海湾整治；实施"蓝色药库"省级大科学计划，筹建国家
深海基因库，建设海洋药物技术创新中心等省级海洋生物医药研发平台，推
动符合规定的海洋药物纳入国家药品目录等，而且建设三大海洋科技创新平
台、建设海洋人才港，打造人才高地、推进海洋新兴产业壮大传统产业升级、
打造国际海洋旅游名城，第一个就是推进海洋科技创新能力行动，可见"科
技创新"是海洋发展的新引擎。海洋创新是国家创新的重要组成部分，是实
现海洋强国战略的动力源泉。胶东经济圈是海洋产业的聚集区，在海洋强国
强省的背景下，胶东经济圈海洋产业的发展需要完善的供应链体系支撑，而
现代海洋产业蓝色供应链和协同创新的逻辑机理研究，对胶东经济圈的提升
将起到重要的推动作用。

---

① 山东省人民政府.《海洋强省建设行动计划》［A/OL］.（2022-03-03）［2022-12-22］
. http：//www. shandong. gov. cn/art/2022/3/3/art_107851_117797. html.

第一节　现代海洋产业蓝色供应链协同创新的
基本思路及学术定位

一、基本思路

初步架构现代海洋产业蓝色供应链协同创新的理论分析框架。系统梳理和追踪国内外海洋产业相关文献及调研资料数据，总结归纳国内外的发展阶段、基本脉络及演进趋势，以胶东经济圈一体化为切入点，构建胶东经济圈现代海洋产业蓝色供应链协同创新的文献梳理→内涵外延→运行机理→引致障碍→消除策略→指标构建→实证分析→空间优化→海洋碳汇→战略对策→实施路径的理论分析框架并以此逻辑思路展开研究。

（一）理论分析框架

1. 胶东经济圈现代海洋产业蓝色供应链协同创新理论研究流程

系统梳理和追踪国内外海洋产业相关文献及实地调研资料数据，总结归纳国内外的发展阶段、基本脉络及演进趋势，构建胶东经济圈现代海洋产业蓝色供应链协同创新发展的内涵外延→运作机理→指标构建→引致障碍→消除策略→实现路径的理论分析框架。

2. 构建胶东经济圈现代海洋产业蓝色供应链协同创新的逻辑机理研究

首先阐释胶东经济圈现代海洋产业蓝色供应链协同创新发展的核心内涵，其次从协同创新的机理分析、发展方向、运行机制、协同模式等方面梳理其协同创新的逻辑机理。

3. 构建胶东经济圈现代海洋产业蓝色供应链协同创新体系的障碍及策略

突破现有国内外发展现代海洋产业及其蓝色供应链的障碍，如经济产业、技术信息、人才科技、地缘条件等方面的局限或桎梏，一方面消除陆域产业向海域梯度转移与陆海域产业深度融合的障碍，另一方面要化解胶东经济圈内海洋产业一体化发展进程中遇到的障碍及挑战。

4. 构建胶东经济圈现代海洋产业蓝色供应链体系的测度指标研究

首先，通过对胶东经济圈建构现代海洋产业蓝色供应链体系进行综合诊断；其次，对海洋产业蓝色供应链体系构建的多维指标、数理模型进行实证分析，验证其构建的精准性和客观性，以此验证其理论体系与测度方法的科学性；最后，选择与甄别体系构建的测度指标，通过验证进而建立海洋产业蓝色供应链协同创新的指标评价体系。

（二）实证分析及实践探索

1. 胶东经济圈现代海洋产业蓝色供应链协同创新的实证分析

构建协同创新系统模型，运用熵权法 TOPSIS 模型对胶东经济圈现代海洋产业蓝色供应链协同创新指标进行权重衡量以及综合评价，最后运用三阶段 DEA 模型对山东以及其他沿海省市的现代海洋产业蓝色供应链协同创新效率进行测评。

2. 胶东经济圈现代海洋产业蓝色供应链全球合作伙伴关系构建

选取企业竞争力、服务与协作能力、产品竞争力等 3 个一级指标及 8 个二级指标作为胶东经济圈现代海洋产业蓝色供应链全球合作伙伴的评价指标，作为最终路径选择的关键依据。最后提出胶东经济圈现代海洋产业蓝色供应链全球合作伙伴关系构建的路径选择。

（三）海洋碳汇与海洋产业供应链协同机制

1. 山东省海洋产业蓝色生态治理机制及高质量发展策略

从山东半岛海洋产业高质量发展与蓝色生态治理之间的耦合效应分析入手，通过构建山东省海洋产业蓝色生态治理机制及蓝色生态评价指标，以此在海洋产业蓝色生态治理机制与其高质量发展之间寻求平衡，最后以此为依据提出山东省海洋产业高质量发展的蓝色治理建议及策略。

2. 胶东经济圈海洋产业蓝色供应链与碳汇机制协同创新的策略选择

在海洋产业蓝色供应链与碳汇机制两者之间协同机理分析的基础上，以胶东经济圈具有代表性的船舶制造供应链为研究对象，通过复合系统协同度模型实现船舶制造供应链生态系统、生产系统、碳汇机制等子系统协同的分析。依据测算结果从船舶制造供应链与碳汇机制系统两者相互协同的角度提出若干建议。

（四）海洋空间优化及产业升级

1. 山东半岛船舶工业蓝色供应链空间协同创新体系构建

为推动蓝色供应链协同发展的"蓝色引擎"，以具有胶东经济圈海洋经济支柱性和战略性的船舶制造工业为代表，搭建有内部结构及外部环境构成的协同系统，分别从战略、业务、信息等维度提出内部结构协同的对策，以及各主体共同营造外部环境协同的建议。以期为山东半岛船舶工业供应链协同发展提供实践参考。

2. 胶东经济圈现代海洋产业蓝色供应链地理集聚及空间优化

以胶东经济圈海洋产业蓝色供应链为研究对象，在分析胶东经济圈现代海洋产业发展现状及发展目标的基础上，就其现有的地理空间集聚进行综合评判，从国内以及国际地理空间范畴提出相应的优化与延展的策略。

（五）战略对策建议及实现路径

1. 胶东经济圈实施海洋蓝色供应链战略的对策建议

依据多年对经略海洋、开发海洋、建设海洋的相关论述，首先，可以感受与领悟其"海洋情怀"前瞻性认知与高瞻远瞩的卓见，精准领会其"海洋情怀"的战略蕴含，深度解读其经略海洋的逻辑体系；其次，将海洋蓝色供应链上升为国家供应链战略的重要组成部分，并基于国家安全观视角构筑涵盖海洋经济产业链、海洋科技创新链、国家公共治理链、海洋文化传播链、海洋生态保护链、海洋权益安全链等方面的国家海洋蓝色供应链战略；再次，在参与全球海洋综合治理层面，最大限度地彰显"中国方略"与"中国构想"；最后，秉承共商、共建及共享的蓝色理念，共同绘制蓝色供应链全人类共同价值与全球命运共同体的世界版图。

2. 胶东经济圈现代海洋产业蓝色供应链协同创新的政策制度供给及实现路径

从政策制度供给角度出发，分析胶东经济圈现代海洋产业蓝色供应链协同创新的政策与制度体系创新。依照上述实证检验的结果为主要参数，首先从现代海洋产业链、价值链、供应链等层面设计出构建蓝色供应链协同创新的路径；其次通过政策体系创新及制度安排赋能胶东经济圈海洋产业蓝色供应链高质量发展和高水平开放；再次构建其协同创新的实现路径；最后寻找现有政策与制度体系中存在的政策短板，为胶东经济圈现代海洋产业蓝色供应链协同创新发展指明方向。如图2-1所示。

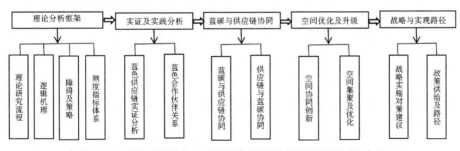

图2-1 胶东经济圈海洋产业蓝色供应链协同创新的分析框架

二、学术定位

纵观国内外海洋产业供应链的研究动态及进展，因该领域属于综合交叉性研究，整体尚未形成体系化、系统化的研究格局，所以从中可看出学界探索总体呈现出的碎片化状况。故本书则是根据中央政府关于"高质量发展""双循环"战略的客观需求，从本质上改变由传统西方国家主导的海洋经济发展格局，向东方主要海洋国家之间互商互鉴互赢的学术定位。一方面，以一种更加包容的视角来辨析和理解现代海洋产业蓝色供应链与经济全球化带来的新动能；另一方面，"海洋强国"战略实施加速了我国海洋产业蓝色供应链发展的步伐，随着海洋装备制造的异军突起，不仅改变着国际经济发展格局，也势必引起我国将高质量发展海洋经济及产业作为"蓝色引擎"，首先启动构建国内大循环，其次建立起国内国际双循环的新发展格局，最后构筑全球海洋产业蓝色供应链的命运共同体的全面阐释与战略认知，并扩大及延展人类生存与发展的空间环境，且海洋产业蓝色供应链通过高质量发展与高水平开放的"中国实践"为世界提供"中国方案"。

本书以多视角、多维度地定位现代海洋产业蓝色供应链协同创新为其学术图景，并尝试性提出现代海洋产业"蓝色供应链"的概念，主要源自习近平总书记指出"开展海洋合作，做'蓝色经济'的先锋。我们要积极发展'蓝色伙伴关系'，鼓励双方加强海洋科研、海洋开发和保护、港口物流建设等方面合作，发展'蓝色经济'，让浩瀚海洋造福子孙后代"[①]，从中得到的启发和启迪。众所周知，海洋经济尤其是近现代西方资本主义国家，是在借助于海洋霸权获得的海外殖民地及其原始资本积累基础上发展起来的，而我国海洋产业供应链更具有中国特色，则是通过和平崛起，通过"一带一路"及人类命运共同体等倡议及实践探索基础上发展起来的，并形成自己的后发优势且不断外溢和延伸。此外，在供应链管理学科地位上，将海洋经济、海洋产业、蓝色供应链及协同创新等要素结合进行综合交叉性研究，试图阐释中国海洋产业蓝色供应链的全球影响力。在研究导向上，希望通过文献综述→理论框架→测度指标→指标构建→障碍分析→消除策略→实证研究→空间优化→蓝碳机制→协同创新→战略实施→实现路径的学术探索思路，获得我国海洋产

---

① 2018年12月3日，习近平在葡萄牙《新闻日报》发表题为《跨越时空的友谊面向未来的伙伴》的书名文章。

业蓝色供应链换道超车或弯道超车的理论与实践参考及政策借鉴。因此，从理论导向上强调学科体系的重构及重建，从方法导向上更加关注探究思维与范式的应用性和操作性，问题导向则更侧重于解决国家政府的重大关切问题，即在陆域经济发展模式几乎达到一种相对极限的条件下，培育海域经济新动能、新势能，尤其是统筹陆域、海域两种资源和边界实现协同开发，携手共进和联动发展，对我国现代海洋产业蓝色供应链体系的建构及其协同创新提供理论支撑、实践探索及应用创新。

三、时代方位

胶东经济圈海洋产业蓝色供应链的时代方位，在海洋强国战略引领下，并按照中国式现代化理念或内涵选取的时代赋予我们的战略抉择。既不能仿效苏联那种轻、重工业失衡的发展模式，也未参照新兴市场经济体国家（巴西、印度及南非等）那种工业体系缺失的发展模式，更不会照抄照搬西方完成工业化向海外转移的产业发展模式。而是立足于本国实际在海洋强国战略的引领下，由"海洋富国"向"海洋兴国"乃至"海洋强国"探寻的时代方位迈进，且在发展模式上汲取过往在发展陆域经济时，以牺牲生态环境获得经济的崛起之方式，选择"绿水青山就是金山银山"的发展理念，以碧海蓝天就是金山银山的海洋生态环境保护与海洋经济高质量发展为模式，这是我们的理论、制度、道路、文化等自信的实践积淀所决定的。我国现代海洋产业蓝色供应链体系构建及其协同创新必须从"中国式现代化"的核心内涵中获取其精髓和养分，并以问题导向作为本书探索的理论基础和实践依据，本着全面阐释理论与实践应用价值的初衷，探究现代海洋产业蓝色供应链协同创新的时代方位，在高质量发展海洋产业的同时，并兼顾海洋政治、经济、文化、外交及其治理的中国式现代化目标的实现，从多维视角全面揭示我国现代海洋产业蓝色供应链协同创新的时代方位，进而找准其高质量发展和高水平开放的世界坐标。如图 2-2 所示。

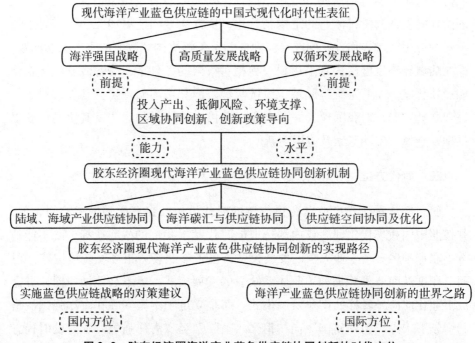

图 2-2　胶东经济圈海洋产业蓝色供应链协同创新的时代方位

第二节　胶东经济圈现代海洋产业蓝色供应链
协同创新的研究框架及技术路线

一、技术线路

针对本书内容、框架及思路，整理出系统而详尽的研究技术线路，如图 2-3 所示。

二、主要研究方法

对于"胶东经济圈现代海洋产业蓝色供应链协同创新研究"将采用如下主要研究方法。

第一，分类研究法主要用于理论分析框架部分，甄别与选择胶东经济圈现代海洋产业蓝色供应链协同创新的测度指标准确性与客观性；第二，历史

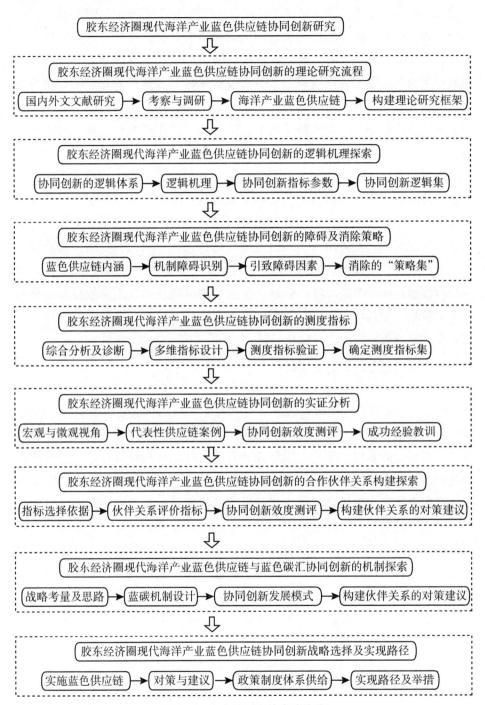

图 2-3　本书的研究技术路线图

与现实分析方法主要探寻其海洋产业蓝色供应链协同创新的诸多障碍；第三，系统梳理和追踪国内外相关文献及网上调研资料数据，以及文献调查相结合的方法用于分析其现代海洋产业蓝色供应链协同创新的测度指标所需的样本选取；第四，运用多元线性回归分析法及数学模型及软件操作分析，作为被解释变量与多个解释变量间的相关关系，对于其海洋产业蓝色供应链协同创新的测度指标验证，以及选择模糊综合评价法对海洋产业蓝色供应链协同创新的测度指标进行量化评价；第五，实证分析法用于对其现代海洋产业蓝色供应链协同创新中存在的诸多障碍进行分析和检验；第六，案例分析法用于胶东经济圈海洋产业供应链的代表性企业组织；第七，运营熵值法对其海洋产业蓝色供应链全球合作伙伴评价指标的权重进行衡量及评估；第八，选用实证分析法对胶东经济圈与国内沿海地区进行比较分析，并得出胶东经济圈高质量发展现代海洋产业蓝色供应链的优劣势分析；第九，运用 Malmquist 效率指数模型对山东半岛海洋产业蓝色生态治理机制及蓝色生态进行动态分析及其评价指标的构建；第十，运用区位熵方法研究胶东经济圈现代海洋产业蓝色供应链地理空间集聚及优化问题。

三、研究的关键与重点问题

（一）如何领悟和贯彻习近平总书记关于"现代供应链"作为国民经济高质量发展的新动能理念，以中国式现代化、现代供应链、海洋强国战略、高质量发展、产业组织理论、国际经济合作、双循环战略等理论、现代技术为基础，对胶东经济圈现代海洋产业蓝色供应链协同创新展开综合、交叉及边缘性研究，作为现代海洋产业蓝色供应链实现高质量发展和高水平开放所亟待解决的关键问题。确保其协同创新中辨识诊断出诸多障碍，并提供消除障碍的相关策略。此外，为加快胶东经济圈现代海洋产业蓝色供应链协同创新的步伐，客观、精准及全面地选择、验证及设计的协同创新测度指标，且构建起科学合理的综合评价体系，是有效构建胶东经济圈现代海洋产业蓝色供应链协同创新的关键路径所在。因此，需要重点突出胶东经济圈现代海洋产业蓝色供应链协同创新，实现高质量发展成为我国海洋产业蓝色供应链的"蓝色引擎""蓝色模式"以提高胶东经济圈的国际影响力和塑造力，建立具有"山东特色""山东基因"的硬性和软性实力，扫除和消除现有诸多显性与隐性的障碍，进而探索出胶东经济圈现代海洋产业蓝色供应链协同创新的实现路径及实施方案。

（二）科学合理地选择胶东经济圈现代海洋产业蓝色供应链协同创新的实现路径。海洋产业蓝色供应链协同创新的测度指标探析，有助于找准实施方案的科学性、实效性及可行性。其协同创新的实现路径应遵循"文献梳理—理论框架—机理分析—障碍分析—消除策略—指标构建—实证研究—空间集聚—生态优化—政策导向—对策路径—实施方案"的研究思路，以胶东经济圈现代海洋产业蓝色供应链为研究视角，对其在协同创新中所存在的引致障碍、消除策略、指标测度、个例研究、政策供给、制度安排、实现路径、实施方案等进行系统深入的研究。

（三）胶东经济圈现代海洋产业蓝色供应链协同创新的测度指标问题探索。依据现有专业资料文献梳理的初步结果，将胶东经济圈现代海洋产业蓝色供应链协同创新的测度指标具体分为选取协同创新的投入产出能力、协同抵御风险能力、协同环境支撑能力、区域协同创新能力、协同创新政策导向等5项一级指标，以及一级指标下17个二级指标。如何依据上述5个测度指标准确、科学、合理地评价胶东经济圈现代海洋产业蓝色供应链协同创新，从而更加精准地促使其协同创新的实现路径体现出系统性、科学性则是一个重点问题。

（四）胶东经济圈现代海洋产业蓝色供应链协同创新模型设计及实证检验。模型设计与实证检验是探索胶东经济圈现代海洋产业蓝色供应链协同创新实现路径的核心和关键环节。吸收、借鉴、总结国外的实践经验及教训，采集胶东经济圈现代海洋产业蓝色供应链的相关数据，以及当下存在的诸多障碍，进行模型建构与实证分析，从而提炼出其协同创新的政策导向及对策建议。通过对其协同创新实证分析和案例分析结果，以此为参照最终作为胶东经济圈现代海洋产业蓝色供应链协同创新的路径选择依据，是本项研究的重点之一。

（五）胶东经济圈现代海洋产业蓝色供应链协同创新的典型案例研究。由于我国海洋经济发展起步晚、底子薄，且东部沿海地区发展的重点领域、模式及方向等存在差异，因此本书采用由内而外、由微观到宏观、由国内到国外的探索线路，对其协同创新进行个案分析，即首先从山东半岛范围内，其次是对沿海地区范围内，最后是对国外周边地区范围内进行比较分析。通过选取东部沿海地区代表性制造企业为典型案例，建立本项研究的数据库和跟踪调研基地，根据我国现代海洋产业蓝色供应链在不同区域多样化的发展差异，从其发展的特性中总结归纳出其发展的共性，从而为胶东经济圈现代海洋产业蓝色供应链协同创新的实现路径给出参考借鉴及启示。则是本书具体实践与应用的研究重点。

四、理论意义与现实意义

（一）理论意义及学术价值

本书首次尝试性地提出现代海洋产业蓝色供应链的概念。首先，以山东半岛尤其是胶东经济圈一体化高质量发展为背景，建立海洋产业蓝色供应链的理论体系及战略架构；其次，根据胶东经济圈的海洋资源禀赋及条件，在高质量发展和高水平开放背景下构建胶东经济圈现代海洋产业蓝色供应链体系，架构陆海、海海（意指海洋产业）之间的产业联动、经济互动、资源共享的蓝色供应链系统，做足做好蓝色文章，打好蓝色牌，并以此作为胶东经济圈提质增效、弯道超车的关键性、战略性及前瞻性理论创新，尤其对于在实践探索中寻求新动能培育的重要突破口，将具有极其重要的理论意义和学术价值。

（二）应用意义与价值

面对胶东经济圈乃至山东半岛产业结构的失衡及老化，在国家双循环战略的引领和现代供应链的指导下，适时嵌入"蓝色供应链"理念及方法，在实践创新探索中高屋建瓴地培育新动能与提升新势能，摸索创新陆域、海域产业的高质量对接，强化海洋产业之间互动互融的高质量发展模式，构建立足山东、面向全球的现代海洋产业国内大循环与国内国际双循环为基础的现代海洋产业蓝色供应链协同创新体系，为实现胶东经济圈陆域和海域经济一体化及海洋产业互融共进，构建体系完备、功能复合的现代海洋产业蓝色供应链协同创新体系提供实现路径、实施方案及保障措施，都具有重要的现实意义、实践意义和应用价值。

五、主要创新点及特色

（一）学术思想的创新

习近平总书记"现代供应链"核心理念，有助于胶东经济圈海洋产业蓝色供应链协同创新战略逻辑认知。高质量发展海洋经济、蓝色经济是我国新时代经济结构优化升级的必然选择，而现实中我国海洋经济发展起步晚，与西方国家尚存在一定的差距，也与我国作为世界第二大经济体的地位存在着不匹配状况。构建胶东经济圈海洋产业蓝色供应链体系，通过协同创新达到我们换道超车的目的。因而，本书尝试性地提出"海洋产业蓝色供应链"的概念，并在现有国内外相关研究中发现，学界对于海洋产业供应链系统化、体系化研究可谓是凤毛麟角，为促进山东半岛乃至全国海洋产业供应链的高质量发展，要以胶东经济圈海洋产业蓝色供应链协同创新为重点突破口，核心学术思想是探索并建构胶东经济圈现代海洋产业蓝色供应链协同创新之理论体系，为我国海洋产业蓝色供应链高质量发展充分体现"山东特色"，在理论指导实践中提供"山东方案"。

（二）学术观点的创新

构建胶东经济圈海洋产业蓝色供应链体系的理论分析框架，是对新时代背景下现代海洋产业蓝色供应链协同创新的主要补充和诠释；借鉴西方国家发展海洋经济及其供应链体系的经验教训，并在我国海洋强国战略的引领之下，借助于互联网、数字经济、智慧海洋、智慧治理的后发优势，对其蓝色供应链协同创新的多维度进行系统阐述；西方国家的海洋经济是在海洋霸权与海外殖民基础上所建立起来的现代海洋产业体系，而我国海洋产业成长轨迹则是在中国和平崛起的基础之上，在全人类共同价值与人类命运共同体这一战略性理念影响下逐步茁壮成长起来的，更具中国道路、中国理论、中国模式鲜明的特点，这是我们现代海洋产业蓝色供应链后发优势的源泉。

（三）研究范式的创新

本书将借助管理学、应用经济学、统计学、区域经济学、公共管理学等学科进行综合、交叉、协同创新的研究范式。政府政策管制、规制及顶层设计至关重要，既要从国内现代海洋产业蓝色供应链进行跨区域的比较分析，还要站在国际大环境下综合考量课题的研究定位及世界坐标，特别是在国际局势的动荡与百年巨变的情势下，我国面临着前所未有的挑战和压力，在海洋治理及海洋产业供应链全球治理实现数字化、数智化，海洋强国与数字强国、海洋兴国与数字兴国、海洋智慧治理与智慧政策治理等有机结合，将是国家政府海洋综合治理能力与治理水平的重要标志。因此，构建胶东经济圈海洋产业蓝色供应链协同创新离不开国家政策强大的赋能与加持作用，尤其在海洋产业供应链管理及治理决策中赋予更多的"中国元素""蓝色治理"。不仅有利于海洋产业供应链短期内实现跨越式发展，还是本书在研究范式和视角的一个创新及特色。

第三节　胶东经济圈现代海洋产业蓝色供应链
协同创新的机理分析

一、蓝色供应链协同创新的动因分析

基于对海洋产业蓝色供应链的基本认识，它是围绕海洋资源及空间发展，在现代海洋产业体系中，建立与健全现代海洋产业纵向一体化的上、下游协同组织及横向一体化协同的蓝色供应链利益共同体和命运共同体。即构建一个以海洋经济形态为依托，以海洋产业为主体，以搭建海洋产业陆域和海域相互支撑的蓝色供应链体系为目标，并涉及上、中、下游供应链组织链条的协调合作、协作分工及协同创新的网链结构体系。具体包括海洋捕捞业、海洋矿业、海洋盐业、海洋油气业（海洋第一产业）、海洋高端制造业、海洋化工业、海洋生物医药业、海洋电力业、海水利用业、海洋船舶工业、海洋工程建筑业（海洋第二产业）、海洋运输业、港口业、海洋旅游业、海洋文化创意业、海洋健康养生产业、海洋环境监测业（海洋第三产业）等现代海洋产业集群为主导的蓝色供应链体系。

基于上述认知，本书将对胶东经济圈现代海洋产业蓝色供应链协同创新体系进行重要补充和必要诠释，并认为构建现代海洋产业蓝色供应链协同创新体系是胶东经济圈一体化高质量发展的新动能；另外，通过海洋产业及其蓝色供应链纵横向互动、集群关联、资源共享，建立陆海和海海产业链与价值链的协同创新，以及推进胶东经济圈现代海洋产业蓝色供应链创新体系的新发展格局。

（一）装备制造核心技术缺失

胶东经济圈的海洋装备制造业、生物医药、海洋化工等产业核心技术缺失严重。以潍柴集团、中国船柴等为代表的发动机制造企业核心技术需要以专利许可的方式完成生产，高端材料以及核心零部件获取渠道依赖进口；在海洋风力发电领域，自给能力不足，叶片芯材 PVC 泡沫制成原板高度依赖意大利；海水淡化的核心设备，如反渗透膜、海水高压泵、能量回收装置所需的碳纳米管、石墨烯、耐腐蚀不锈钢等制备材料，与技术高的国家差距较大，生产设备依赖进口。

（二）信息化水平有待提高

胶东经济圈现代海洋产业信息化起步较早，同时，山东省也是最早提出智慧海洋的省份，但是在信息化创新建设方面还需要不断加强，海洋核心传感器、高端仪器的算法等方面研究要落后于发达国家；重金属电化学分析仪对微弱信号的检测及提取技术、重金属离子解析技术、重叠峰的解析技术、电极表面修饰技术等核心算法仍不成熟；大气温湿度剖面仪在高精度 GNSS 信号特征提取、观测平台运动姿态补偿修正、大气温湿度剖面反演算法等方面还有待突破。

（三）关键核心技术尚需突破

山东省相关海洋产业的生产技术虽具有一定的水平，但是高端技术尚需突破。养殖方面创建了"深蓝 1 号"等较为先进的养殖平台，但是与发达国家相比，关键技术较为落后，设计主要依赖挪威，关键配套设备依靠欧洲，自己完成组装建造，导致在产业技术下游研究探索。水产疫苗的高通量免疫学评价、给药系统、生物规模发酵等关键技术空白，水产疫苗研发、海洋生物提取技术及技术的稳定性、活性等方面没有取得实质性突破。

结合上述关于胶东经济圈现代海洋产业蓝色供应链协同创新的动因、特征及其经济效益的全面剖析，进而系统梳理和追踪国内外海洋产业相关文献及实地调研资料数据，总结归纳国内外的发展阶段、基本脉络及演进趋势，从而架构胶东经济圈现代海洋产业蓝色供应链协同创新发展的内涵外延→运作机理→指标构建→引致障碍→消除策略→实证分析→地理空间优化→海洋生态环境保护→政策制度创新→实现路径的研究机理脉络。

二、海洋产业蓝色供应链协同创新的机理分析

基于对胶东经济圈现代海洋产业蓝色供应链协同创新动因的分析，可以看出胶东经济圈海洋产业需要多方协同，借助内外部资源，突破发展瓶颈，为此应从生产制造创新、流程管理创新及服务创新上做文章，构建以协同创新平台为驱动，以创新管理模式为主导，与海洋产业蓝色供应链管理系统、资源共享管理系统相融合的协同创新体系。生产制造创新以海洋第一产业的渔业、农林业的养殖、种植方法、技术创新，第二产业的生产制造设备、产品开发、加工等的创新为主，流程管理创新以海洋产业供应链全流程优化为核心，进行流程管理再造，服务创新为海洋产业蓝色供应链中的节点企业提供创新服务。如图 2-4 所示。

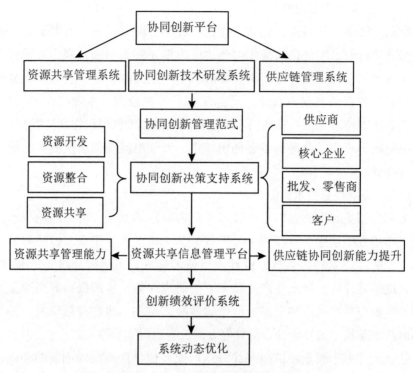

图 2-4 海洋产业蓝色供应链协同创新机理分析图

三、胶东经济圈现代海洋产业蓝色供应链的协同创新模式

基于胶东经济圈现代海洋产业发展呈现的特点，在港口物流运输业、船舶海工装备制造业、海洋生物、滨海旅游业、海洋化工业等产业方面通过跨区协同、海外协同实现创新发展。

表 2-1 胶东经济圈各市的优势海洋产业

地区	海洋产业优势及禀赋
青岛	港口物流运输业、船舶海工装备制造业、海洋生物医药、海洋新能源、特色海洋旅游业、海水淡化业
烟台	海洋渔业、海工装备制造业、海洋生物医药业、海洋文化旅游业、海洋交通运输业、海水淡化业
威海	海洋渔业、海洋船舶工业、海洋交通运输业、滨海旅游业
日照	海洋服务业、海洋工程装备制造业、海洋生物、海水综合利用、海洋生态环保
潍坊	高端化工业、海洋动力装备产业、海洋医药、海洋渔业

（一）区域协同创新发展模式

1. 区域协同创新发展背景

《中共中央关于制定国民经济和社会发展第十四个五年规划和二〇三五年远景目标的建议》指出，要加快构建以国内大循环为主体、国内国际双循环相互促进的新发展格局。《关于加快建设全国统一大市场的意见》指出建设全国统一大市场是构建新发展格局的基础支撑和内在要求。建设全国统一大市场是畅通国内大循环、促进国内国际双循环的重要基础，为构建新发展格局提供有力支撑。同样地，海洋产业蓝色供应链要加快建设全国统一大市场，促进海洋产业要素资源在更大范围内畅通流动，实现国内大循环，促进国内国际双循环。在加快建设全国统一大市场格局下，现代海洋产业蓝色供应链首先要实现区域协同创新发展。

2. 区域协同创新发展模式

我国海岸线达到 1.8 万公里，漫长的海岸线赋予了丰富的海洋产业发展资源，滨海经济发展强劲的三大核心经济圈长三角、珠三角以及京津冀成为海洋产业最为发达的地区。国内诸如广东、上海、江苏、浙江、福建、海南、天津、辽宁等省市海洋产业发展各有特色，诸如海洋装备制造、海洋能源产业、海洋化工业、海洋渔业、海洋可再生能源产业、海洋造船业、海洋基建业等，以特色产业资源为依托，通过有关的创新政策、资金等支撑，打造以科研创新平台为核心，软硬件完善的创新环境，政府主导，行业企业、科研院所、企业等参与的创新主体，形成协同创新体系，共同完成战略规划、组织及实施。如图 2-5 所示。

（二）海外协同创新发展模式

1. 海外协同创新发展背景

众所周知，我国作为一个古老传统的陆域国家，对于海洋的认知相对缺失或缺位，到近现代才慢慢进入我们的视野，海洋观相对还是停留在表面。近现代我国的海洋观发展得到不断深化，鸦片战争后传统海洋观得到初步的唤醒或觉醒，但并未摆脱"陆主海从""重陆轻海"等传统思想的影响，甲午战争后我国开始探索西方海洋发展，国民海洋观不断丰富与深化，逐步加强海军和海防建设，对世界海洋发展局势开始重点关注。我国海洋观先后经

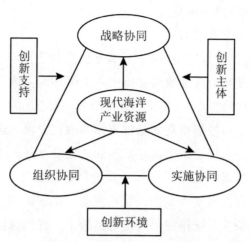

图 2-5 区域协同创新发展模式

历了初步形成期、稳步成熟期、战略机遇期等阶段的演进。① 进入 21 世纪，国家政府对海洋发展有根本性的转变和认识，并先后出台相关发展海洋经济、开发海洋资源的政策法规。

（1）美国海洋经济发展规划新蓝图

近年来，美国积极推进海洋政策研究、海洋经济价值评估和特色海洋产业发展，通过一系列法律、战略、规划等不断加强对海洋经济发展的宏观引导与政策支持，推动海洋科技进步、海洋生态环境保护和蓝色经济协调发展。美国在海洋经济领域的创新举措包括推行依法治海；适时调整海洋经济政策，发布首份国家蓝色经济战略；支持海上风电、海水淡化等新兴产业发展，向绿色低碳环保转型；重视海洋科技与数据，对海洋经济分类和统计核算方法等方面进行前瞻性规划。

（2）英国关注高地和岛屿利益，以绿色低碳环保为导向巩固和提升全球领导地位

英国是传统的老牌海洋强国之一，两个世纪前引领了世界第一次工业革命。近期英国发布的海洋战略和政策包括《全球海洋技术趋势 2030》《海事战略 2050》《预见未来海洋》《国家海洋设施 2020—2021 技术路线图》《产业战略：海上风电部门协议》《英国海洋产业增长战略》等。近年来，英国在海

---

① 廖民生，刘洋. 新时代我国海洋观的演化：走向"海洋强国"和构建"海洋命运共同体"的路径探索 [J]. 太平洋学报，2022，30 (10)：91-102.

洋经济领域的创新举措包括大力推动苏格兰和岛屿海洋经济可持续发展；将发展低碳海洋产业纳入国家绿色工业革命计划；成立"全球海洋联盟"，搭建海洋合作新平台，积极参与全球海洋治理等方面的战略部署。[①]

（3）中国周边地区国家海洋经济发展相关举措

日韩地处胶东经济圈的最前沿，海洋产业较为发达，在海洋渔业、海洋生物医药业、海工装备制造业等领域具有相似的产业布局，同时，日韩在渔业深加工、废弃物综合利用、生物医药研究及应用、海洋装备制造等领域处在世界先进水平。

新西兰在海洋渔业发展方面有着悠久的历史，能够对渔业捕捞实行配额管理制度，每年对专属海域内的鱼贝类资源进行评估，确定可捕捞数量，根据以往捕捞记录，对主要的渔业公司配额捕捞数量，实现了科学规划，同时，捕捞设备不断升级，提高了作业效率。

1997 年，澳大利亚制定实施了《海洋产业发展战略》，并设立了澳大利亚海洋产业和科学理事会，推动了海洋产业的发展，在海洋渔业、海洋油气业、海洋旅游业、船舶修造业等方面具有较大的影响力。

2. 海外协同创新发展模式运行机理

海外协同创新发展模式利用契约的约束机制，以利益共享、多方共赢为核心，通过构建资源信息整合平台、协同创新网络平台、信息化服务平台，将技术、资金、产业、人才、服务、管理等资源进行整合运用，实现胶东经济圈海洋产业蓝色供应链的海外协同创新发展。如图 2-6 所示。

第四节　胶东经济圈现代海洋产业蓝色供应链协同创新的运行机制构建

一、陆海经济联动机制

胶东经济圈腹地范围广，经济容量大，要实现现代海洋产业蓝色供应链协同创新发展首先要统筹陆海经济联动发展。

---

① 林香红. 国际海洋经济发展的新动向及建议［J］. 太平洋学报，2021，29（9）：54-66.

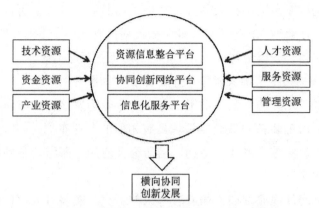

图 2-6 海外协同创新发展模式运行机理

坚持规划引领，以海洋强国、海洋强省战略发展为契机，立足海域和陆域发展总体规划，进一步明确发展定位，以陆海错位发展为原则，实现陆海产业分工与协作，形成胶东经济圈陆海产业特色体系；不断优化陆海产业结构，形成独具特色的陆海产业集聚区，加快现代海洋产业蓝色供应链的创新发展；以经济圈腹地、临海产业为纽带，通过政府推动、政策引领，逐步增强陆海产业间的联系，实现经济圈海洋产业蓝色供应链协同创新发展。

二、陆海域产业耦合机制

胶东经济圈现代陆海产业间互动、联动关系密切，耦合度高，通过以陆带海、以海促陆，构建陆海产业耦合机制，推动海洋产业蓝色供应链协同创新发展。

以陆带海，胶东经济圈以青岛为中心，形成了高端装备制造业、高效农业引领经济发展，通过轨道交通装备、节能环保、生物医药、先进结构材料打造国家级战略性新兴产业集群的发展格局，陆地产业成熟度高，以其为载体，将其先进的技术、设备设施应用于海洋产业升级发展，为其供应链创新发展注入新动力。

以海促陆，胶东经济圈最大的特色是海洋，海洋产业作为经济领域的新生力量，对陆地相关产业发展具有促进作用。以海洋运输业为主力，通过海洋渔业、生物医药业海洋装备、海洋新能源、海洋新材料等行业，构建海陆现代产业体系，立足港城产海融合，推动陆海域产业链耦合交融。如图 2-7所示。

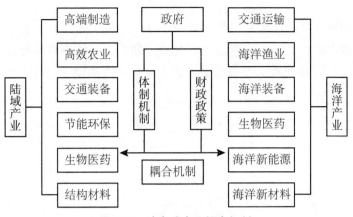

图 2-7　陆海域产业耦合机制

三、资源共享机制

胶东经济圈现代海洋产业资源禀赋突出，同时，行政分割、基础设施重复建设、产业趋同等特征明显，从而阻碍了资源的优化配置。胶东经济圈现代海洋产业蓝色供应链要实现协同创新发展，合理配置资源是关键，因此，要构建起资源共享机制。

胶东经济圈应构建以政府主导为核心、产业联盟、协会组织实施、企业参与的现代海洋产业资源共享机制。政府作为主导者，对共享机制的顶层设计进行架构，保障机制的运行并发挥应有的作用；产业联盟、协会，在政府的主导下，进行可共享资源和需求的调研分析，明确可共享和需要共享的资源，搭建共享平台，同时帮助企业进行资源开发；企业作为参与者，是资源的直接受益者，通过资源共享机制，能够节省资源寻找或开发时产生的人力、物力和时间的投入，同时作为资源提供者，能够获得收益，提高企业共享的积极性、主动性。在资源共享机制下，不管是资源的供方还是需方，都能够降低技术创新成本，提高自主创新能力。

四、供应链安全机制

《中共中央关于制定国民经济和社会发展第十四个五年规划和二〇三五年远景目标的建议》提出"加强国际产业安全合作，形成具有更强创新力、更高附加值、更安全可靠的产业链供应链"。供应链稳定是当前经济发展的主题，在世界百年未有之大变局形势下，现代海洋产业也在接受发展新挑战。

胶东经济圈是山东最具发展活力、开放程度最高的地区，是海上丝绸之路与新亚欧大陆桥经济走廊交汇的关键区域，也是沿黄（黄河）省份和上合组织国家主要的出海口。得天独厚的位置优势，使胶东经济圈现代海洋产业发展的同时，面临一系列的不安全因素：新冠疫情、自然灾害、核心技术、产业布局等，要保障其稳定发展，构建供应链安全机制势在必行。如图2-8所示。

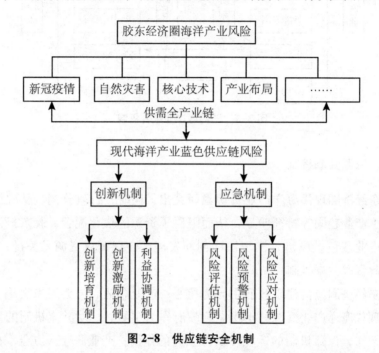

图2-8 供应链安全机制

通过构建供应链创新机制、应急机制，在全球化语境下保障海洋产业的供应链安全。供应链唯有创新才能在不稳定环境中寻求发展，通过政府的顶层设计，营造现代海洋产业创新发展大环境，行业企业通过不断创新为供应链发展注入内生动力；应急机制通过设置风险评估机制、风险预警机制以及风险应对机制，对可能出现的各种问题进行预案设计，在系统发出警戒后，应急系统对突发状况进行应急处理，保证供应链的稳定性。

五、供应链数智化机制

数智化是胶东经济圈现代海洋产业蓝色供应链发展的基础，通过构建以科研平台为载体，创新项目为依托的数智化机制，运用大数据、云计算、人工智能等新一代信息技术实现协同创新发展。

以中国海洋大学、青岛大学等为核心，联合国内外具有一定科研实力的科研院所，搭建数智化科研平台，针对胶东经济圈现代海洋产业进行数智化研究，助力海洋产业蓝色供应链协同创新发展；《山东省"十四五"数字强省建设规划》中对海洋产业数智化发展进行了规划，依托规划项目对海洋信息感知技术装备、新型智能海洋传感器、智能浮标潜标等项目进行数智化研究实施，实现胶东经济圈现代海洋产业高质量发展。

第五节　本章小结

本章针对胶东经济圈现代海洋产业蓝色供应链发展特点，从其学术定位、时代方位、研究框架、技术路线、主要研究方法、关键与重点问题、理论意义与现实意义、主要创新点及特色等方面进行系统阐述。并提出了基于资源共享的区域协同模式和基于利益共享的海外协同创新发展模式，同时，通过陆海联动、陆海产业耦合、资源共享、供应链安全、数智化等机制，保证胶东经济圈现代海洋产业蓝色供应链安全运行的前提下，实现海洋经济高质量发展。

第三章

胶东经济圈现代海洋产业蓝色供应链协同创新的障碍及消除策略

寻粮于海、向海而生已成为缓解陆域资源有限的可持续发展方式，构建胶东经济圈现代海洋产业蓝色供应链协同创新体系，有益于促进区域、产业协同创新一体化发展。本章通过剖析胶东经济圈现代海洋产业蓝色供应链协同创新发展现状，找出当前面临的障碍，运用复合系统的协同度模型探寻胶东经济圈现代海洋产业蓝色供应链协同创新发展路径。研究表明：胶东经济圈现代海洋产业蓝色供应链协同创新体系的建设相对较完善，但是在体制、机制、人才储备、核心技术等方面均存在障碍，据此提出胶东经济圈现代海洋产业蓝色供应链协同创新体系的障碍消除策略。

海洋经济时代的到来缓解了资源、环境、人口紧张的压力，是加强各国交流合作的新通道，党的十九大报告中指出："坚持陆海统筹，加快建设海洋强国。"我国海洋经济发展态势良好，处于结构优化的关键窗口期，然而海洋中尚存在人类未知的领域，要进一步认识海洋、经略海洋，以供给侧结构性改革为主线，运用科技赋能，创新兴海，通过海洋数智化降本提效，提高海洋开发能力。山东省积极响应建设海洋强国的国家政策，利用优越的地理位置优势顺势而上，以海洋经济发展走在全国前列为目标，昂起山东半岛城市群龙头，着力打造国际海洋创新发展高地、国际海洋航运贸易金融中心、海洋生态文明示范区，海洋发展成效显著，如图 3-1 所示可见，山东省在2014—2020 年，海洋产业发展均处于上升态势，在 2019 年受到新冠疫情的影响，海洋经济跌落，但目前正处于稳步回升的阶段，山东省海洋资源禀赋自不待言，海洋产业有巨大的发展潜能，胶东经济圈作为山东省海洋发展的核心枢纽，将带领山东迎来海洋高质量发展新阶段。供应链作为将上、下游企业整合为一体的网链结构，在海洋产业发展进程中扮演不可或缺的角色，供应链能够打破时间、空间的界限，实现物品的交付转移，因此，蓝色供应链的构建迫在眉睫，通过构建蓝色供应链，将海洋产品与服务在各个链节间实现转移，将海域、陆域连为一体，实现海陆域经济一体化、协同化发展。海洋产业蓝色供应链协同创新建设是海洋经济持续发力的"关键变量",将成为海洋经济发展的着力点,青岛、烟台、潍坊、威海、日照五市要避免无序竞争,形成以合作为主战场、竞争为辅战场的博弈态势,推动各区域协同创新,占据海洋经济制高点。

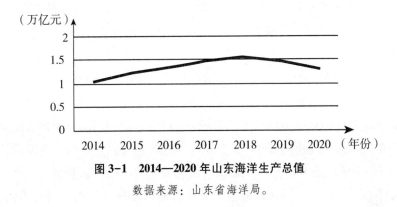

图 3-1　2014—2020 年山东海洋生产总值

数据来源:山东省海洋局。

第一节　胶东经济圈现代海洋产业蓝色供应链协同创新的发展阶段及条件

一、海洋产业蓝色供应链协同创新的发展阶段

(一)山东半岛海洋产业蓝色供应链的发展演进

海洋产业发展历程大致划分为四个阶段:一是改革开放初期(1978—1990 年),山东遵循改革开放的发展理念,重新迈向发展海洋经济的行列;二是"海上山东"战略构想阶段(1991—1997 年),山东从海洋资源着手,寻粮于海,率先提出构建"海上山东";三是"海上山东"全面建设阶段(1998—2010 年),海洋强省战略逐渐得到广泛关注;四是山东半岛蓝色经济区高质量发展建设阶段(2011—2018 年),海洋经济逐渐由高速增长转化为高质量发展。[①] 现代海洋产业是传统海洋产业的延伸,更注重新兴技术的利用以及对海洋的保护,现代海洋产业有三大门类,包括第一产业、第二产业及

---

① 张舒平. 山东海洋经济发展四十年:成就、经验、问题与对策〔J〕. 山东社会科学,2020(7):153-157,187.

第三产业。其中，第一产业包括海洋渔业、海洋种植业等；第二产业包括海洋油气业、海盐业等；第三产业包括海洋交通运输业、海洋旅游业等。蓝色供应链作为一个新兴概念，学界尚未给予其明确的定义，本文在蓝色经济以及海洋产业供应链的定义基础上，为海洋产业蓝色供应链下了一个定义，即构建一个以海洋经济形态为依托，以海洋产业为主体，以陆海域合作为辅助，促使供应链上、中、下游组织链条的协调合作、协作分工及协同创新的网链结构体系。

（二）胶东经济圈现代海洋产业蓝色供应链协同创新的理论内涵

协同创新是以知识技术创新为主体、协同合作为途径的价值创造过程，是供应链提升核心竞争力的新型动力源①；供应链协同创新主要用于配套企业与核心企业产品创新协同合作②；供应链协同创新包括企业间、企业内协同创新。③ 综合上述观点及认知，一般认为蓝色供应链协同创新是指海洋产业上下游、海洋一二三产业、海洋产业供应链与政府以及科研机构之间的协同创新，以战略性新兴海洋产业——海洋装备制造业供应链为例，大致分为海洋装备制造业供应链横向协同创新、纵向协同创新两大类，海洋装备制造业供应链横向协同创新包括不同区域之间的海洋装备制造业供应链协同创新、海洋装备制造业与其他海洋产业之间的供应链协同创新、供应链内部与不同组织机构之间的协同创新④，海洋装备制造业供应链纵向协同创新包括供应链上、下游之间的协同创新，如图3-2所示。

---

① 常洁，金波．协同创新思维下数字化供应链运营体系构建及实现路径［J］．商业经济研究，2021（17）：121-123.

② 吕璞，马可心．基于相对风险分担的集群供应链协同创新收益分配机制研究［J］．运筹与管理，2020，29（9）：115-123.

③ 魏洁云，江可申，牛鸿蕾，等．可持续供应链协同绿色产品创新研究［J］．技术经济与管理研究，2020（8）：38-42.

④ 孟炯．生物制药供应链三维立体协同创新模式［J］．技术经济，2015，34（10）：34-41.

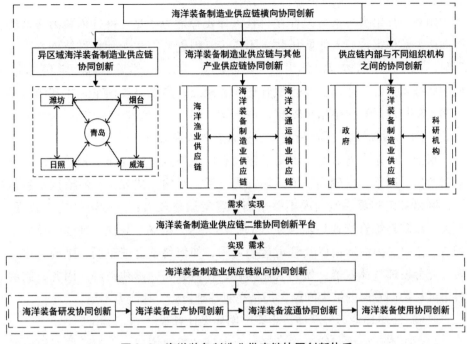

图 3-2 海洋装备制造业供应链协同创新体系

二、海洋经济发展面临的问题

四十年来山东省海洋经济发展走在了全国海洋经济发展前列，但在看到这些成绩的同时，也必须清醒地认识到尚存的一些突出问题需要去破解。

（一）产业结构层次偏低，重工业比例较高

与山东省整体经济结构一样，山东半岛沿海各地方仍是传统产业多、初级产业多、低端产业多、资源消耗型产业多，而新兴产业少、高端产业少、高附加值产业少。比如，2016 年海洋第三产业占海洋生产总值比重仅为 51%，低于全国平均水平，在全国排第 8 位；传统产业所占比重较大，海洋生物、海洋高端装备制造等战略性新兴产业规模总体偏小、产业链条偏短、关联度不高、精深加工比例偏低、高附加值产品不多。山东省海洋生物产业虽然总量全国第一，但增加值仅占海洋生产总值的 1.4%。产业结构层次偏低，消耗了大量的能源资源，加重了环境污染，在某种程度上，这也是山东海洋经济发展总体质量效益不够高、竞争力不够强的重要原因。

（二）科技创新能力不够强，高层次人员缺乏

山东半岛沿海各市普遍存在科技人才支撑能力不足、科技创新力量薄弱等问题。总体来说，人才队伍数量不算少，但创新人才尤其是科技创新人才明显不足，人才结构以海洋生物、海洋地质、海洋化学等基础性学科为主，应用型技术开发人才以及复合型管理人才匮乏，高端科技领军人才和团队不够多，科技成果转化率相对较低。

（三）交通运输体系亟待完善，综合规划势在必行

目前，山东半岛沿海城市交通建设有以下特点：建设起步较早，但标准相对落后；网络密度较高，但运输能力不强；运输方式齐全，但衔接不够紧密；网络骨架初具，但发展不够平衡；客货运量较大，但运输结构不合理。最大的缺陷是综合交通运输体系规划仍不完善。机场、高铁、高速公路、省国道、港口、内河运输以及管道运输之间，如何科学合理布局、协调有序运转，充分发挥整体效能，做到人流其畅、物流其畅，亟须破解。因此，制约各市区域协调发展的最大问题，仍是交通基础设施支撑能力不足。

（四）海洋环境形势严峻，生态文明建设任务艰巨

海洋生态环境是制约海洋经济社会发展的重要因素。生态环境对海洋经济发展的影响主要有两个方面：一是海洋生态环境恶化对海洋渔业发展造成严重威胁；二是海洋生态环境对滨海旅游资源造成破坏，严重降低旅游资源经济价值。《中国海洋发展报告（2019）》显示，"中国海洋生态系统健康状况和海洋保护区保护对象基本保持稳定，海洋功能区环境状况基本满足使用要求。重点监测的典型海洋生态系统中，处于亚健康状态和不健康状态的有16个，占总数的80%"。虽然山东半岛海洋生态修复工作成效显著，但海洋生态环境依然严峻，如何在开发与保护中寻求平衡将是发展海洋经济所面临的重要挑战。

（五）融合发展缺乏实质性突破，统筹协调力度亟须加大

山东半岛沿海各市应是一个纽带，将区域内各个城市或经济实体有机地连接起来，科学开发利用海洋资源，培育海洋优势产业，使沿海经济与腹地经济优势互补，互为依托，共同发展。前几年各市之间竞争多、合作少，竞争性超过互补性，特别是在产业协作方面，由于缺乏有效分工与整合，产业结构趋同，重复建设明显，发展特色缺乏。究其原因主要是缺乏全省整体区

域战略层面的利益协调机制，区域统筹协调的文章做得还不够。①

三、胶东经济圈现代海洋产业蓝色供应链协同创新的发展条件

（一）横向协同创新条件

首先，从胶东经济圈5市协同创新来看，胶东经济圈5市各具有独特的海洋优势，正处于海洋科技创新建设的关键窗口期，山东海洋经济团体联盟的成立为5市海洋产业的交流合作、协同创新搭建了平台，有利于推动山东海洋经济高质量发展，胶东经济圈5市目前已构建起一体化交流合作机制，形成以青岛为核心，辐射带动烟台、潍坊、威海、日照4市发展的局面，但是辐射带动作用有待进一步提升，5市之间的海洋产业协同创新体系建设也不够健全，发展海洋蓝图尚面临诸多挑战。

其次，从胶东经济圈海洋第一、第二、第三产业协同创新来看，其协同创新体系的建设尚处于初步的探索阶段，胶东经济圈海水淡化与综合利用产业联盟于2020年8月4日在胶东5市海洋经济主管部门的共同协作下成立，联盟成立的目的在于构建胶东经济圈五市海水淡化与综合利用产业"政、产、学、研、金、服、用"一体化创新平台，产业联盟以海水淡化装备成套集中为发展核心，集聚关键设备制造核心技术，致力于实现大型海水淡化成套装置的自主制造，推进了海水淡化与综合利用业和海洋装备制造业的协同创新发展。

最后，从政府、海洋产业蓝色供应链、科研机构三者协同创新来看，政府为胶东经济圈现代海洋产业蓝色供应链协同创新提供了诸多政策导向，如表3-1所示。青岛正加快建设海洋试点国家实验室、国家深海基地、中科院海洋大科学研究中心等国字号的创新平台，在透明海洋、蓝色药库领域产生了一批重要科研成果，促进了海洋企业与科研机构的协同合作，实现了政府、科研机构、胶东经济圈海洋产业供应链三方的协同创新，但创新成果转化率有待提高。

① 张舒平.山东海洋经济发展四十年：成就、经验、问题与对策［J］.山东社会科学，2020（7）：153-157，187.

表 3-1 山东供应链协同创新政策

时间	政策名称	具体内容
2018 年 12 月	《山东省人民政府办公厅关于推动供应链创新与应用的通知》	积极培育专业供应链技术和设备研发企业，支持供应链核心企业、高校、科研院所深化合作
2019 年 1 月	《关于开展供应链创新与应用试点的实施意见》	研究出台支持供应链创新发展的政策措施，优化公共服务，营造良好环境，推动完善产业供应链体系，探索跨部门、跨行业、跨区（市）的供应链治理新模式
2020 年 9 月	《威海市人民政府关于推进产业链供应链创新链协同发展的实施意见》	以企业为主体，以平台为支撑，通过垂直整合、配套协作、双招双引、平台赋能等措施，全力保障产业链供应链创新链关键环节安全稳定
2021 年 8 月	《胶东经济圈"十四五"一体化发展规划》	推进胶东经济圈一体化发展，有利于向海图强，做强做优做大"海"的文章，努力在发展海洋经济上走在前列，加快建设世界一流的海洋港口、完善的现代海洋产业体系
2021 年 8 月	《关于推动供应链金融创新规范发展的实施意见》	要加强创新推动，提高供应链金融服务质效；积极推动金融机构与供应链核心企业对接，创新供应链金融产品和服务方式

（二）纵向协同创新条件

胶东经济圈现代海洋产业蓝色供应链形成了将海洋产业上、下游连成一体的网状结构，基础设施建设相对较完善，但是国际形势的动荡复杂以及疫情的反复暴露了蓝色供应链潜在的弱项，尤其是在进行海洋产业国际循环时，海洋产业蓝色供应链的不稳定致使蓝色供应链上、下游极易出现断链的风险，而且蓝色供应链上、下游仍以简单的交易关系为主，建立合作伙伴利益共同体、命运共同体的意识较薄弱。因此，《胶东经济圈"十四五"一体化发展规划》指出，以"四新"经济为引领，构建新动能为主导的现代产业体系，提高产业链供应链、创新链竞争力，逐步提升胶东经济圈供应链创新能力，打造胶东经济圈海洋产业蓝色供应链协同创新体系，促使胶东经济圈海洋产业稳定、健康发展。

第二节　胶东经济圈现代海洋产业蓝色供应链
协同创新的障碍分析

一、海洋经济管理体制滞后，资源开发利用不合理

在影响海洋经济长足发展的诸多因素中，体制改革是不容忽视的因素，海洋经济管理体制的健全能够有效约束涉海团体与组织的行为，但是目前海洋经济管理体制有待加强①，主要表现为：第一，海洋管理法律法规体系不健全，海洋管理具体政策缺失，部门对海洋经济管理体制的建设缺乏必要的重视，部分从事海洋行业的人员尚未达到海洋管理的基本要求；第二，胶东经济圈各区域缺乏统一的海洋管理标准，未建立有效的区域协调管理体系，呈现条块分割的状态，致使海洋管理任务并未切实执行，海洋经济管理体制滞后导致涉海人员不合理的开采海洋资源，造成严重的海洋污染，经常以牺牲海洋生态环境为代价来获取短期海洋效益；第三，随着海洋经济对区域经济发展的带动作用日益显著，各海洋利益个体纷纷争先发展海洋经济，致使海洋经济管理的难度加大，为海洋经济管理体制的改革带来巨大阻力。

二、协同机制、激励机制、碳汇机制、产业融合机制、对外合作机制
建设不完善

胶东经济圈海洋经济尚未建立起有效的协同机制、激励机制、碳汇机制、产业融合机制、对外合作机制。第一，胶东经济圈海洋经济协同创新理念处于萌芽阶段，区域协同创新机制不成熟，在产业协作领域缺乏有效分工与协作理念，产业布局相似或相同，未建立有效的合作机制导向，各区域重复投资海洋新技术、新产品，浪费了诸多资本要素，而高额的新兴海洋产业前期研发费用倒逼各市更倾向于加大对于传统海洋产业的研发投入，出现传统海洋产业占比仍然过高的现象；第二，海洋产业激励机制不健全，未建立有效的成果激励制度，各研发机构协同创新积极性不高；第三，碳汇机制尚待完

---

① 周剑. 海洋经济发达国家和地区海洋管理体制的比较及经验借鉴〔J〕. 世界农业，2015（5）：96-100.

善，海洋生态环境修复工程需要持续推进；第四，海洋一二三产业融合程度不高，未建立有效的跨产业协同发展理念；第五，在海洋产业协同发展的进程中，胶东经济圈多以省内合作为主，与其他省份的海洋技术合作基础较为薄弱。

三、蓝色供应链关键核心技术、"卡脖子"技术、颠覆性技术存在壁垒

海洋科技创新是海洋发展的原动力，胶东经济圈在参与海洋产业蓝色供应链国际循环时，对全球高端海洋产品的依赖性较强，在蓝色供应链关键核心技术、"卡脖子"技术、颠覆性技术上存在壁垒。长期处于中低端海洋产品供给行列导致我国海洋关键零部件、关键材料的自主创新理念不够强，从低端海洋产品供给行列转向高端海洋产品供给的阶段，受到来自发达国家的技术封锁，从根本上制约了我国海洋核心技术的进步空间。对于海洋关键核心技术的封锁与压制导致海洋产业在发展的进程中极易出现"卡脖子"现象，进而落入发达国家制造的陷阱中，"卡脖子"技术的前期高研发费用给我国经济发展带来重大挑战，同时，生产的海洋高端产品必须保证其性价比高于发达国家的高端海洋产品，否则难以占领市场份额，导致"卡脖子"技术的创新投入风险较大。颠覆性技术作为打破常规的突破性、前瞻性技术手段[1]，近期成为各界广泛关注的焦点，但是对于颠覆性技术的认知还不够成熟，颠覆性技术创新在应用、适应扩张演进的过程中仍面临重重困境。

四、海洋环境形势严峻，生态文明建设任务艰巨

在开发利用海洋资源的同时，不可避免地会对海洋生态产生一定的破坏，制约社会进步和海洋经济高质量发展。海洋生态破坏主要从以下两个维度影响海洋经济的发展：一是海洋资源的污染会减少海洋生物物种多样性，破坏渔业的发展进程；二是海洋生态的破坏会降低海洋旅游者的体验感，进而降低海洋旅游者的数量，影响滨海旅游业的发展。《中国海洋发展报告（2020）》显示，"2019年，中央财政支持10个城市开展'蓝色海湾'整治行动。渤海综合治理攻坚战深入实施，海岸带保护修复工程启动"。在"碳达峰、碳中和"双碳目标理念下，看不见、摸不着的"蓝碳"逐渐转变为"真金白银"。尽管山

---

① 苏成，赵志耘，赵筱媛，等. 颠覆性技术新阐释：概念、内涵及特征［J］. 情报学报，2021，40（12）：1253-1262.

东省各市正在加快海洋管控工作的开展，但是海洋生态保护是长期工作而非短期任务，生态修复任务仍然十分艰巨。

第三节 胶东经济圈现代海洋产业蓝色供应链协同创新发展障碍消除策略

一、加强海洋管理体制创新，促进海洋产业可持续发展

要健全胶东经济圈海洋管理体制，海洋管理存在历史遗留问题，严重阻碍了海洋产业的可持续发展。首先，要通过相关法律体系的健全，依法进行海洋管理体制创新，任何体制的制定都需要有法可依、有章可循，法律的颁布将推动海洋经济管理的法治化、规范化开展①，针对海洋资源过度开发的现象要制定相应的法律法规，加大对破坏海洋生态行为的惩罚力度；其次，要注意海洋管理体制改革顶层设计，继续整合优化海洋管理机构及其职能配置，跳出海洋行业、部门以及区域利益的限制，胶东经济圈五市进行海洋综合管理，建立统一的海洋管理标准，加强海洋管理体制的策略规划并保证开展落实；最后，要善于学习其他国家的海洋管理成功经验，结合海洋产业发展现状加大对于海洋产业的管理力度。

二、建立与健全蓝色供应链协同、激励、碳汇、产业融合、对外合作机制

胶东经济圈作为山东沿海市区，理应成为产业纽带，将各市区海洋经济有机连接，合理开发海洋资源，培育各区域海洋优势产业，使沿海与内陆协同发展，互为依托。第一，要加强胶东经济圈五市的协作理念，改变海洋产业的同质化发展现状，利用各个区域的海洋优势资源，发展本土特色海洋产业，提高胶东经济圈海洋竞争力，实现海洋强省的建设；第二，要加大胶东经济圈海洋协同创新激励力度，通过发放奖金、补贴降低海洋自主创新成本②；第三，完善碳汇机制，树立保护海洋生态的理念，研发新技术、新方法

---

① 史春林，马文婷. 1978 年以来中国海洋管理体制改革：回顾与展望［J］. 中国软科学，2019（6）：1-12.

② 苏妮娜，朱先奇，高力平. 基于前景理论的协同创新机制研究［J］. 经济问题，2020（3）：74-82.

进行海洋生态的修复以提质增效；第四，要搭建海洋协同创新平台，加强海洋一二三产业供应链协同创新，还要加强政府、高校、海洋企业之间的协同创新，保证产学研一体化的顺利开展；第五，要加强山东省与其他省份乃至其他国家的协同创新，整合全国海洋资源，发挥海洋最大优势。

三、全方位攻关蓝色供应链关键核心技术、"卡脖子"技术、颠覆性技术

要改变胶东经济圈处于海洋产品中低端供应队伍的现状，向高端海洋产品供给的行列迈进。第一，运用大数据、人工智能、5G基站完善新型基础设施的建设，促进海洋产业蓝色供应链数字化、智能化转型升级；第二，进行海洋产业蓝色供应链核心技术协同创新，从政策上引导，全方位攻关海洋关键核心技术，持续加大海洋核心技术创新投入，整合全球资源发展海洋关键核心技术，建立海洋供应链企业创新平台，大力扶持几家有高研发水平的海洋企业，鼓励高水平研发企业协同创新，达到"1＋1＞2"的效果；第三，要找出与发达国家的技术差距，列出长期受制于人的海洋技术清单，建立产学研创新综合体，联合各界技术人才破解技术密码，避免对生产、生活产生影响，全面攻克"卡脖子"技术；第四，复杂国际形势下的技术压制及封锁虽然严重阻碍我国技术创新的步伐，但也倒逼我国科技自主创新力度的加强，要打破技术封锁带来的威胁，不仅要以关键核心技术和"卡脖子"技术为着手点，还需要进行颠覆性技术的创新突破，鼓励科研人员开拓性思想的产生，创造更高效的新技术取代现有主流技术。①

四、加快海洋环境协同治理，建设海洋环境命运共同体

要及时对海洋生态进行修复，保证海洋经济与海洋生态的协同发展，切忌以牺牲生态而获得海洋效益。第一，要深入推进蓝色港湾整治行动，将整治行动开展效果较好的区域作为示范区进行推广，要打破陆海限制，跨越部门、区域的限制，实现统筹治理；第二，地方要实时跟进海洋治理计划的完成程度，向公众展示海洋治理成果及现有障碍，实现群众监督治理，保证公众的海洋治理知情权，也可以提高群众保护海洋的意识；第三，要制订海洋治理计划，明确海洋生态修复的标准体系，对治理成果进行评价，提升我国

---

① 张亚莉，蒙琬婷，张海鑫.技术封锁事件对科研人员颠覆性技术创新投入行为的影响［J］.科技管理研究，2022，42（7）：18-23.

海洋治理能力现代化水平；第四，加大海洋治理工程投资力度，为海洋生态提供充足的资金支持，同时，要多渠道吸收海洋治理资金，建立利益分配制度，鼓励企业、个体进行海洋修复工程投资。

五、提升供应链企业自身竞争力，促进供应链企业间协同创新

提升供应链企业自身柔韧性及稳定性是吸引供应链合作伙伴、建立供应链合作伙伴协同创新体系的前提条件。首先，优化供应链企业的组织结构、经营方式，强化企业获取海洋资源要素的能力，供应链企业处于动态变化的环境中，要实时根据外部环境的变化进行制度创新、技术创新、管理创新、文化创新，提升企业应对外部风险的能力；其次，树立蓝色供应链上、下游协同创新的理念，战略契合、文化契合是进行供应链企业协同创新的前提，因此，选择目标一致的供应链协同创新合作伙伴尤为重要，通过供应链上、下游合作伙伴协同创新有益于实现利益共享、风险共担，进而维持稳定的供应链合作伙伴关系，提高供应链整体竞争力。

第四节　本章小结

协同创新逐渐成为各行业增强供应链综合竞争力的新抓手，协同创新体系的建立有益于提升胶东经济圈海洋产业蓝色供应链在全国乃至全球的话语权，本章对协同创新体系平台的构建从横向维度、纵向维度两个视域展开探讨，通过剖析胶东经济圈现代海洋产业蓝色供应链的发展现状可以发现胶东经济圈现代海洋产业蓝色供应链存在诸多瓶颈，运用复合系统协同度模型探讨胶东经济圈现代海洋产业蓝色供应链协同度，最后给予胶东经济圈现代海洋产业蓝色供应链的障碍消除策略。

第四章

胶东经济圈现代海洋产业蓝色供应链协同创新的测度指标设计

现代海洋产业蓝色供应链协同创新体系的构建有利于突破我国海洋经济高质量发展的瓶颈，为海洋产业供应链的可持续发展提供有效科技供给，进而实现从海洋大国到海洋强国的转变。根据胶东经济圈现代海洋产业蓝色供应链协同创新的目标需求，本章主要对其协同创新的测度指标体系进行探讨，以作为对其衡量与评价的依据。首先，剖析现代海洋产业蓝色供应链协同创新体系的理论基础和运行机制；其次，从协同投入产出能力、协同抵御风险能力、协同环境支撑能力、区域协同创新能力、协同创新政策导向等五个层面构建胶东经济圈现代海洋产业蓝色供应链协同创新的测度指标体系，运用SPSS22.0检验指标选取的合理性、科学性；最后，对胶东经济圈现代海洋产业蓝色供应链协同创新水平进行综合评价。研究发现，胶东经济圈现代海洋产业蓝色供应链协同创新水平处于一般与较好之间，各级部门需要采取相关措施提升胶东经济圈现代海洋产业蓝色供应链的协同创新水平。

引　言

随着人类经济社会发展空间的日趋挤压和客观环境约束，人们逐渐打破重陆轻海的思想，经略海洋适度开发海洋资源成为一个国家或地区经济发展的新动能。山东省作为国家创新驱动战略实施的新旧动能转换试验区，发展海洋经济有得天独厚的政策导向和资源禀赋，实现从海洋大省到海洋强省的转变迫在眉睫。对现代海洋产业蓝色供应链进行技术创新，是引领海洋经济高质量、高增速、高效率发展，特别是海洋新兴产业发展的不竭动力，也是山东海洋产业弯道超车、腾笼换鸟的关键所在。中央政府决策实施"海洋强国"战略，赋予山东海洋产业更多的发展机遇和契机，要紧抓海洋发展机遇，运用现代先进技术手段寻粮于海、制粮于陆，打破陆海域边界，促进海陆域有机融合发展。现代海洋产业蓝色供应链协同创新是提升山东海洋产业在全国地位的有力引擎，通过海洋一二三产业供应链协同创新、产学研协同创新、海洋产业供应链上、下游协同创新，实现创新要素的共享、流动、互补、整合和转化。胶东经济圈作为山东发展海洋产业重要战略区域，在山东海洋产业发展进程中扮演重要的角色，实现胶东经济圈五市间的现代海洋产业蓝色供应链协同创新是创新成功的关键，然而山东海洋产业存在产业结构传统化、新兴产业占比低、创新技术薄弱等诸多弱项，严重阻碍胶东经济圈现代海洋产业蓝色供应链协同创新的进程。

第一节　理论依据及创新分析

一、供应链协同创新的理论依据

立足于交易成本理论，管理者通常会为了降低交易成本通过多种途径开展组织变革，交易成本理论探索了基于不同治理结构的交易成本差异，管理者会选择交易成本最低的治理结构，保证组织以一种最优的形式运行，构建海洋产业蓝色供应链协同创新利益共同体是海洋产业供应链企业节约交易成本的有效途径。

立足于广义价值共创理论，依据"价值共创系统主体界定→价值共创系统功能与特征分析→价值共创机制探究"的逻辑，基于"供应链企业—政府—科研机构"多元驱动视角，设计"核心企业主导、多元主体参与"的海洋产业多主体价值共创框架，探究海洋产业多主体协同创新机制，为中国实际情境下探索海洋产业长效、可持续的治理范式提供理论指导，为海洋产业未来发展路径提供实践指南。

立足于资源整合理论，资源整合是对不同区域、不同产业、不同组织机构的资源进行识别与选择、汲取与激活、有机融合，使现代海洋产业蓝色供应链具有较强的创新性、柔韧性、价值性，并创造出新资源的一个复杂的动态过程。

二、供应链协同创新的运行机制

（一）创新激励机制

在推动海洋产业供应链协同创新发展的过程中，政府占据主导地位，供应链上、下游企业的协同创新发展离不开政府的激励与引领。政府通过颁布财政政策、税收政策、金融政策、知识产权保护政策、培养与吸引人才政策和其他创新政策来激励和引领供应链上、下游企业进行协同创新发展，通过相关政策提高企业协同创新的积极性。要保证政府颁发的协同创新政策落实到海洋产业供应链企业层面，需要通过建立追踪反馈系统，时刻监测政府出台的创新政策在开展的过程中是否落实到位，政策效果达到何种水平，是否达到预期目标，筛选并剔除没有发挥作用的政策。同时，创新政策对供应链上、下游企业创新发展产生的影响与作用，创新政策与供应链上、下游企业创新需求是否匹配等问题也影响相关协同创新政策的落实效果。[①] 随着协同创新理念的应用，能够实现共担创新风险，但是可能会产生机会主义行为，要杜绝机会主义行为的产生，就要对相关利益分配机制进行完善，进而消除合作伙伴的顾虑，激励企业投入协同创新行列，促进海洋产业供应链上、下游企业相互信任、协同创新。

（二）区域协同机制

区域间产业多采用竞争战略来提升自身优势，区域间竞争虽然能够促进组织改革、激发创新活力、带动经济发展，但也带来了区域间行业发展的壁垒问题。随着社会主义市场经济体制的建立和完善，如何打破市场壁垒，促进资源在区域间的自由流动和有效配置，实现区域一体化协同发展，进而提升国内竞争力，成为我国行业发展亟待解决的难点问题。建立区域协调发展新机制，必须以破解区域间竞争的负面效应为问题导向，在跨域公共服务、跨域公共基础设施建设、跨域环境保护等问题上实现区域协同治理。[②] 知识共享、技术共享是区域协同创新的重要手段，也是协同研发的基础。知识共享平台的建设为海洋产业供应链跨区域协同创新的知识共享提供了途径，协同过程中知识深度交互和不断学习机制均建立在来自不同区域创新主体的知识

---

① 党文娟，罗庆凤．政府主导下的中小型企业创新激励机制研究：以重庆为例［J］．科研管理，2020，41（7）：50-60.

② 杜运泉．区域协同治理：区域协调发展的新机制［J］．探索与争鸣，2020（10）：4，143.

共享基础之上。知识共享并非多方知识的简单相加，而是深度融合并在学习机制的作用下，剔除阻碍协同创新的因素后，在协同创新知识池产生的非线性效应，是取其精华、去其糟粕的过程。技术共享平台将有形和无形的归属于不同创新区域或主体的技术在创新平台这一载体上得以充分协调和有效配置，避免区域技术重复投资增加成本。[①]

（三）对外合作机制

对外合作机制包括区域合作的原则、主管机构、领域、政策措施等固定的系统化、制度化范式，合作机制通过沟通、决策、运行、协调、监督、反馈等一系列行为来保障区域合作的高效推进。[②] 对外合作机制是中国以构建者身份主动建立的、旨在加强国际的合作关系，构建人类经济命运共同体。人类命运共同体理念以人类相互依存为前提、以共同发展为动力、以平等合作为路径、以公正国际秩序建设为目标，而保障性政策和贸易政策的建立是人类命运共同体理念的保障，保障性政策包括国家安全政策、贸易政策、区域政策、产业政策以及财政金融政策等。国际形势动荡复杂，国家安全政策是国际合作的保障和基础，为国家间区域合作营造稳定条件，减少利益冲突带来的威胁。贸易政策是区域合作保障性政策的重要组成部分，通过贸易与投资促进产品和要素流动，形成区域明确分工，增强"贸易创造"和"贸易转移"效应。[③] 国际政策主要解决国际间贸易协调和发展问题，为各方合作提供保障，避免国际政策突变带来贸易损失。

第二节　测度指标构建

一、测度指标体系构建原则

在构建指标体系时，应当充分考量各个方面的因素，才能保证评价的科

---

① 吴和成，顾裕玲，钱俊. 跨行政区域协同创新平台构建及其运行机制研究［J］. 技术经济，2020，39（3）：66-73.

② 张可云，邓仲良，赵文景. 中国对外区域合作体系构建：政策框架与驱动机制［J］. 郑州大学学报（哲学社会科学版），2017，50（4）：65-71，159.

③ 刘传春，刘宝平. "一带一路"倡议下的中国对外合作机制建设：进展、问题与对策［J］. 西安交通大学学报（社会科学版），2019，39（2）：134-141.

学性。指标体系应当具备科学性、真实性、重要性、可操作性、系统性、定量和定性相结合、动态灵活性 7 个特性。

1. 科学性是指选择的指标要符合现代海洋产业供应链的客观规律，指标概念精确、简单明了，便于收集、计算和评估。

2. 真实性要以科学性为前提条件，在选定指标时，应首先掌握相关科学知识，在进行评价时应当符合各个组成部分在供应链协同中的具体作用，对其做出真实而客观的系统评价。

3. 重要性是指突出影响海洋产业供应链协同创新的指标，忽略与本书关联度不大的指标。

4. 可操作性即指标的数据是容易获取的，而且应当是企业可以实施的，是可以以最小成本获取、不妨碍企业正常运行的。

5. 系统性是指指标选取应尽可能体现整体性、动态性，从多个角度反映备选海洋供应链企业的综合情况。系统性要求选定的指标应当涵盖供应链协同系统中各个组成部分的各个方面，对其进行全方位的考察，保证能够为供应链协同的建立和企业的进一步发展提供全面、适合的参考。

6. 定量和定性相结合则指基于知识能力的海洋供应链企业部分情况只能以定性指标来衡量，同时，有些评价需要用定量指标来衡量，两者相辅相成。由于目前企业发展需要根据外部环境的变化而随时调整，因此，评价指标的选取也应当是动态的、变化的、能够根据企业战略的变化进行调整，这样才能保证指标最大限度地发挥其作用。

二、测度指标体系构建依据

张英华等[①]从信息协同、业务协同、财务指标、客户服务、协同抵御风险能力五个层面构建供应链协同创新绩效评价指标体系；王婉娟等[②]从自主创新能力、协同投入产出能力、协同关系管理能力、协同环境支撑能力 4 个层面构建国家重点实验室协同创新能力评价指标体系；齐旭高等[③]指出企业间合作

---

① 张英华，彭建强. 供应链协同创新绩效评价指标体系构建［J］. 社会科学家，2016（10）：71-75.

② 王婉娟，危怀安. 协同创新能力评价指标体系构建：基于国家重点实验室的实证研究［J］. 科学学研究，2016，34（3）：471-480.

③ 齐旭高，周斌，吕波. 制造业供应链协同产品创新影响因素的实证研究［J］. 中国科技论坛，2013（6）：26-32.

关系、产品技术知识壁垒、激励机制完善程度对供应链创新协同效应均产生显著影响；解学梅等①指出影响供应链创新协同的因素包括内部因素和外部因素，内部驱动因素包括管理团队驱动、内部员工驱动和上、下游企业驱动，外部驱动因素包括政策驱动、市场驱动和社会驱动。

三、指标初建及其体系说明

在前期学界关于供应链协同创新测度指标研究的基础上，结合海洋产业供应链的发展特点以及国家有关海洋产业供应链协同创新的政策，探究影响现代海洋产业蓝色供应链发展的多维因素。

选取协同投入产出能力、协同抵御风险能力、协同环境支撑能力、区域协同创新能力、协同创新政策导向为一级指标，以及上述一级指标下 17 个二级指标构成。其中，协同创新投入产出能力表示海洋产业供应链协同创新的自身内部条件，协同创新投入用 R&D 人员数量、R&D 经费内部支出表示，用来衡量政府对海洋创新的重视程度，海洋生产总值占 GDP 的比重表示海洋的生产能力，发表海洋发明专利数量、科研机构应用研究数量表示投入大量创新资金后的创新产出；第三产业占海洋生产总值的比重表示海洋产业结构是倾向于传统产业结构还是新兴产业结构，海洋灾害防控监测设备、海洋生态监控区则用来衡量为应对突发海洋灾害而建立的预警平台的完善程度；直排入海污水总量、一般工业固体废物产生量用于衡量经济发展过程中产生的海洋污染物的数量，海洋类型保护区数量则表示为修复海洋生态而建立的基础设施；区域协同创新能力包括各海洋产业供应链上、下游协同创新、海洋一二三产业之间协同创新、山东与沿海以及粤浙苏等地区的协同创新、山东与日韩俄、东盟 10 国中新加坡等国家海洋产业供应链的协同创新，用供应链上、下游企业协同程度、陆海域协同创新度、跨国协同创新度来衡量；协同创新政策导向用来表示胶东经济圈海洋产业蓝色供应链协同创新的政府支持力度以及政策数量，用海洋供应链政策法规数量、政府服务质量、海洋国家标准数量来衡量。如表 4-1 所示。

---

① 解学梅，罗丹，高彦茹. 基于绿色创新的供应链企业协同机理实证研究 [J]. 管理工程学报，2019，33 (3)：116-124.

表 4-1 海洋产业蓝色供应链协同创新测度指标体系

一级指标	二级指标	单位	指标性质	性质
协同投入产出能力 X_1	R&D 人员数量	千人	定量	正
	R&D 经费内部支出	亿元	定量	正
	海洋生产总值占 GDP 的比重	%	定量	正
	发表海洋发明专利数量	件	定量	正
	科研机构应用研究数量	项	定量	正
协同抵御风险能力 X_2	海洋灾害防控监测设备	个	定量	负
	第三产业占海洋生产总值的比重	%	定量	正
	海洋生态监控区	个	定量	正
协同环境支撑能力 X_3	直排入海污水总量	万吨	定量	负
	一般工业固体废物产生量	万吨	定量	负
	海洋类型保护区数量	个	定量	正
区域协同创新能力 X_4	供应链上、下游企业协同程度	—	定性	正
	陆海域协同创新度	—	定性	正
	跨国协同创新度	—	定性	正
协同创新政策导向 X_5	海洋供应链政策数量	个	定量	正
	政府服务效率	—	定性	正
	海洋国家标准数量	个	定量	正

第三节 现代海洋产业蓝色供应链协同创新评价

一、测度指标检验

(一)检验模型

多元线性回归主要是运用数学模型及软件操作分析一个被解释变量与多个解释变量间的相关关系,即剖析胶东经济圈现代海洋产业蓝色供应链协同创新水平与 5 个一级指标之间的相关关系,多元回归与一元回归原理类似,区别在于多元回归中解释变量不止一个,即影响被解释变量的因素不止一个指标或元素。多元回归方程模型为当 $p=1$ 时为一元回归方程，其中，代表随机误差，随机误差必须满足服从正态分布、无偏性假设、同共方差性假设、独立性假设四个条件，多元线性方程才有意义。

多元回归分析遵循以下的步骤。首先判定拟合优度，由多重判定系数表示，但随解释变量个数的增加，被解释变量中被估计的回归方程所解释的变量数量将会受到影响。当解释变量增多时，会使预测误差变得较小，进而残差平方和 SSE 将减小，SSR 将变大，从而导致 R^2 相应的变大。这就会影响结果的准确性，为了避免这个问题，提出了调整的多种判定系数（adjusted multiple coefficient of determination），R^2 的平方根称为"多重相关系数"，它衡量了被解释变量同 p 个解释变量间的相关程度。其次进行显著性检验，在多元回归中，线性关系的检验主要是验证被解释变量同影响解释变量的多个解释变量之间的线性关系是否显著，要明确只要有一个解释变量与被解释变量的线性关系显著，F 检验就能通过，因此，F 检验通过不代表每个解释变量与被解释变量的关系都显著。回归系数检验则是对每个回归系数分别进行单独的检验，它主要用于检验每个解释变量对被解释变量的影响是否都显著。回归系数检验步骤为第一，提出假设：H_0：$\beta_1 = \beta_2 = \cdots = \beta_p = 0$，$H_1$：$\beta_1$，$\beta_2$，$\cdots = \beta_p$ 至少有一个不等于 0。第二，计算所要检验的统计量。第三，做出统计决策。下一步计算回归系数的置信区间以及标准误差，第四，计算标准回归系数得到标准回归方程并分析计算结果。

（二）结果分析

根据上述数据，运用 SPSS22.0 对胶东经济圈现代海洋产业蓝色供应链协同创新水平进行多元回归分析，结果如表 4-2 所示，得到的 $R=0.993^a$，$R^2=0.987$，R^2 越接近 1，表明拟合程度越高，调整后的 R^2 为 0.954，标准估算的错误为 0.019，由此可知，我们选取的评价指标间具有高度相关性，可用以解释胶东经济圈现代海洋产业蓝色供应链协同创新水平 98.7% 的变差。

表 4-2　模型概述

模型摘要				
模型	R	R^2	调整后的 R^2	标准估算的错误
1	0.993^a	0.987	0.954	0.019
a. 预测变量：（常量），VAR00005，VAR00003，VAR00004，VAR00002，VAR00001				

下一步进行方差分析，结果如表 4-3 所示，可知回归平方和为 0.052，回

归均方为 0.010，残差平方和为 0.001，总平方和为 0.053，显著性检验的统计量 F 为 29.741，是平均的回归平方与平均剩余平方和之比，F 越大显著性越好，得到的 P 值小于 0.050，表明差距具有统计学意义。

表 4-3 方差分析

ANOVA						
模型		平方和	自由度	均方	F	显著性
1	回归	0.052	5	0.010	29.741	0.033[b]
	残差	0.001	2	0.000		
	总计	0.053	7			
a. 因变量：VAR00006						
b. 预测变量：（常量），VAR00005，VAR00003，VAR00004，VAR00002，VAR00001						

由残差直方图来看，略呈左偏，由图 4-2 所示可见，点离直线较近，有较好的正态性，进一步表明研究的可信度。如图 4-1、4-2 所示。

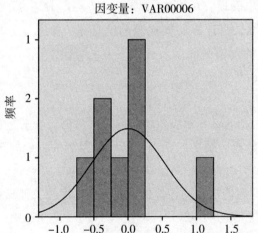

直方图
因变量：VAR00006

平均值=-3.93E-16
标准值=0.535
$N=8$

图 4-1 残差直方

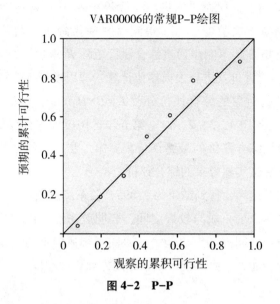

图 4-2　P-P

二、现代海洋产业蓝色供应链协同创新的测度指标评价

采用模糊综合评价法评价胶东经济圈现代海洋产业蓝色供应链协同创新水平。选取模糊综合评价法的原因在于模糊综合评价法遵循隶属度理论，可以将边界不清、难以衡量的定性指标转化为定量指标，有利于案例指标的衡量评价，评价结果科学、合理、贴近现实，是对研究对象进行综合评价的一种较为常用的方法。

第一步构建评价指标集，评价指标集是由影响评价对象现代海洋产业蓝色供应链协同创新的各指标组成的指标集合，用 $X = (X_1, X_2, X_3, X_4, X_5)$ 表示，其中 X_1 表示协同投入产出能力；X_2 表示协同抵御风险能力；X_3 表示协同环境支撑能力；X_4 表示区域协同创新能力；X_5 表示协同创新政策导向。第二步建立评价集，评价集是评价者对评价对象的评价等级的集合，通常用 V 表示，$V = (v_1, v_2, v_3, v_4)$，v_1，v_2，v_3，v_4 分别表示好、较好、一般、不好。第三步进行单因素模糊评价，获得评价矩阵。评价指标集中的第 i 个元素对评价等级 V 中第 1 个元素的隶属度为 r_{i1}，则对第 i 个元素单因素评价的结果用模糊集合表示为 $R_i = (r_{i1}, r_{i2}, \cdots, r_{in})$，以 m 个单因素评价集 R_1，R_2，$\cdots$，

R_m 为行组成矩阵 R_{m*n}，称为"模糊综合评价矩阵"[①]；再将现代海洋产业蓝色供应链协同创新相关数据带入，得到反映现代海洋产业蓝色供应链协同创新水平的评价矩阵。第四步通过综合评价矩阵 R 求模糊综合评价集 B，即 $B = W \times R$，之后，对评价及进行去模糊值计算，即用模糊综合评价集 B 和测量标度 H 计算出评价对象的综合评价分数 $E = B \times H$，其中，式中 $H =$ （好，较好，一般，不好） = （4，3，2，1）。第五步运用模糊综合评价法，得到智能决策实施效果模糊综合评价的最终评价集。第六步对最终评价集进行去模糊计算，得到智能决策实施效果的综合评价。

通过数据相关运算，得到结果为 2.895，胶东经济圈现代海洋产业蓝色供应链协同创新水平介于一般与较好之间，表明胶东经济圈现代海洋产业蓝色供应链在协同创新协同投入产出能力、协同抵御风险能力、协同环境支撑能力、区域协同创新能力、协同创新政策导向方面仍存在弱项。

第四节 结语及建议

以协同创新作为胶东经济圈现代海洋产业蓝色供应链发展的根本动力，有利于优化海洋经济空间布局，加快构建现代海洋产业体系，提升海洋科技自主创新能力。在构建胶东经济圈现代海洋产业蓝色供应链协同创新体系的进程中，也暴露了胶东经济圈现代海洋产业蓝色供应链发展的诸多缺点，需要采取相关措施加以改善。第一，要增加 R&D 人员数量以及 R&D 经费内部支出，提高将创新投入转化为创新产出的能力，使创新资源能得到高效利用；第二，加快海洋灾害防控检测设备的建设步伐，提高海洋产业供应链抵御风险的能力；第三，建立海洋生态保护区，减少生态破坏，在不可避免的海洋生态破坏发生后，及时采取应对措施，尽量降低生态破坏带来的损失；第四，加快供应链上、下游节点企业的协同创新，促进海洋第一、第二、第三产业的协同发展，同时，树立海陆域协同创新发展理念，还要加强与国外海洋产业供应链的协同创新；第五，政府要颁布相关政策引领海洋产业供应链的发展，同时，提高政府解决问题的效率。

---

① 邢权兴，孙虎，管滨，等．基于模糊综合评价法的西安市免费公园游客满意度评价 [J]．资源科学，2014，36（8）：1645-1651.

实践探索篇

第五章

胶东经济圈现代海洋产业蓝色供应链协同创新的实证分析

在经济全球化和共享经济的背景下，协同创新逐渐成为现代海洋产业蓝色供应链发展的压力舱和动力挡。本章在上述各章探讨的基础上，针对胶东经济圈海洋产业蓝色供应链的实际状况对其进行实证分析。首先，剖析现代海洋产业蓝色供应链的理论内涵，构建协同创新系统模型；其次，运用熵权TOPSIS法对胶东经济圈现代海洋产业蓝色供应链协同创新指标进行权重衡量以及综合评价；最后，运用三阶段 DEA 模型对山东以及其他沿海省市的现代海洋产业蓝色供应链协同创新效率进行测评。研究发现，胶东经济圈 5 市的现代海洋产业蓝色供应链协同创新水平均处于一般层次，供应链仍存在诸多短板亟须补齐；沿海 11 个省、自治区、直辖市的现代海洋产业蓝色供应链协同创新效率存在差异，山东省处于 11 个沿海省、自治区、直辖市的中上游水平，创新效率有待进一步提升。要发挥政府、市场的引领作用，注重海洋生态保护，通过企业协同创新、技术协同创新、科研协同创新提升胶东经济圈现代海洋产业蓝色供应链的协同创新水平。

山东海岸线总长 3345 千米，位列全国第二，各种海域资源富集，寻粮于海、傍海而生已成为山东经济高质量发展的重要驱动力，山东已具备由海洋大省向海洋强省转变的海洋经济实力和政策引领，要树立与海洋共生共存的发展理念，建立海洋合理开发机制，发展海洋产业新模式、新技术，促进海洋产业可持续发展。山东省响应国家海洋强国的战略需求，出台《山东海洋强省建设行动方案》，为山东海洋产业的发展提供思想罗盘和计划方针，引领海洋产业可持续发展。党的十九大报告中指出，供应链领域培育经济新增长点和新动能，作为新旧动能转化的核心要素，亟待持续推动供应链进行战略调整与布局优化。然而近年来，世界正经历百年未有之大变局，云谲波诡的国际形势威胁全球供应链的稳定性，加之波及全球的新冠疫情和俄乌局势导致国际供应链危机四伏，尽管中央政府实施海洋强国战略，通过新旧动能转换大力发展海洋经济及其供应链，但外部环境的诸多不确定性直接影响到我们走向星辰大海的战略目标，适时构建海洋产业蓝色供应链体系是海洋经济由量增到质变的前提条件。而胶东经济圈作为山东半岛高质量发展现代海洋产业蓝色供应链的增长极和新高地，通过协同创新手段助推其建立与健全全球海洋产业蓝色供应链的利益共同体，高效整合其内部成员（如供应商、制造商、分销商和客户等）及外部关联体（如政府、科研机构等）资源，既要完成区域内资源整合，还要对沿海地区的海洋资源全面整合，因而对胶东经济圈与沿海地区海洋产业蓝色供应链的资源禀赋、基础条件及发展态势等进行横向分析、比较研究，从实证分析出发，力求得出胶东经济圈高质量发展海洋产业蓝色供应链的先发及后发优势，以及目前尚存的短板、弱项及堵点等基本状况，进而为其协同创新寻求新思路、新方向及新路径。

第一节　现代海洋产业蓝色供应链
协同创新系统模型设计

一、理论内涵与协同创新模式

（一）蓝色供应链理论内涵

随着高新技术的广泛应用与海洋生态环境保护观念的社会共识，高质量发展海洋产业逐步成为发展现代海洋经济的核心关键，而传统海洋产业原有的手段、技术及方法，成本居高、效率低下及效益偏低，对于可持续海洋开发、资源开采及综合利用等已不适应时代的要求，加之海洋环保意识相对较弱，致使海洋经济发展及海洋开发受阻；而在现代海洋产业高新技术的赋能与加持下，高效率开采海洋资源及创新海洋产品及服务，以达到降本升级、增效增值的目的，在综合开发利用海洋资源的同时加强对于海洋环境及资源的保护与修复，为大力发展海洋经济与推动海洋产业升级营造良好的发展环境，而现代海洋产业链供应链将成为发展海洋经济的新动能及新增长点，有助于构建现代海洋产业链、供应链上下游的众多节点企业形成一体化、集约化、集成化休戚与共的网链结构。蓝色经济是海洋经济发展的高级阶段，是基于低碳减排理念的背景下产生的新概念。因而，蓝色经济背景下的现代海洋产业供应链理论内涵，更多地赋予其"蓝色"的基因和内涵，故我们认为现代海洋产业蓝色供应链是指围绕海洋第一、第二、第三产业资源开发的战略布局及空间优化等，通过搭建现代海洋产业纵向一体化合作及横向一体化协同形成的利益共同体和命运共同体，既包括纵向一体化的现代海洋产业上下游蓝色供应链的协同创新体系，也涵盖处于不同区域、不同类别及不同组织机构相互协作与协调分工的海洋产业蓝色供应链横向一体化的协同创新体系，如图 5-1 所示。

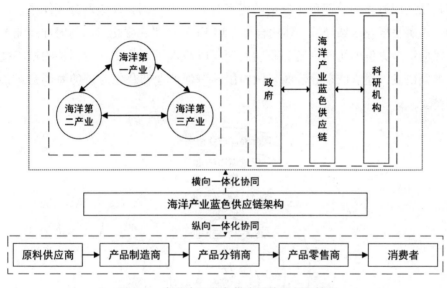

图 5-1　海洋产业蓝色供应链协同创新框架

（二）协同创新的多维层面范式分析

海洋产业蓝色供应链协同创新模式可分为 5 个层次，表现出由内而外、由微观至宏观的特征，如图 5-2 所示。第一，构建胶东经济圈现代海洋产业蓝色供应链上下游之间的协同创新体系，通过促使海洋产业供应商、制造商、分销商、最终客户等协同创新，促使上下游资源共享、利益共赢的合作关系；第二，构建海洋第一、第二、第三产业之间的协同创新体系，通过加强各类产业间的相互依存、相互促进及协同共进的氛围与环境，尤其是以强化海洋装备制造为基础，促进海洋农业及海洋服务业的协同创新平台；第三，构建山东半岛陆域、海域产业供应链协同创新体系，实现陆域经济向海域经济的梯度转移及高效对接，建构陆海产业联动、海洋产业联动及陆域产业联动的互动机制；第四，构建胶东经济圈与东部沿海地区之间的海洋产业蓝色供应链协同创新体系，联合开发海洋资源，协同研发海洋技术、海洋产业链供应链延伸与扩展，构筑跨区域海洋产业蓝色供应链上下游的价值链和创新链，构建国内海洋经济及产业市场大循环的新发展格局，加速国内海洋产业蓝色供应链的地域空间布局及资源优化，建立与健全海洋产业蓝色供应链高质量发展的"一盘棋"良好的发展环境及氛围；第五，搭建胶东经济圈与周边国家和地区的海洋产业蓝色供应链协同创新体系，在建立国内统一市场的大循环基础上，构建国内国际双循环的新发展格局，尤其是加强与东北亚、东南亚地区之间海洋产业蓝色供应链的深度合作、协同创新及协调分工体系，借助自由贸易区及区域经济一体化合作（RCEP）的平台强化与国外海洋产业及其供应链全方位的协同创新和联动发展，以高水平开放实现与国外的核心技术共同研发，建立胶东经济圈与国内国际海洋产业蓝色供应链的海洋命运共同体。

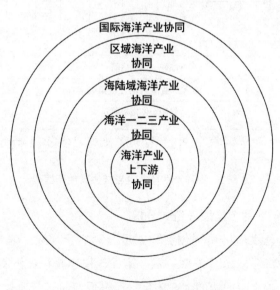

图 5-2　海洋产业链供应链协同创新的多维层面分析

二、协同创新系统模型设计

根据胶东经济圈海洋产业蓝色供应链发展拥有的经济基础、资源禀赋、区位条件，最大限度聚集胶东经济圈的人力、物力、财力资源，结合其海洋产业供应链的知识储备、技术、装备、专业人才等优势资源，实现海洋产业蓝色供应链绩效与产出的最大化和最优化。众所周知，复杂系统论认为，所有复杂系统都是由若干子系统构成的，每个子系统之间相互依赖、互为依托。故本文从复杂系统论的角度出发，将海洋产业蓝色供应链协同创新系统分为环境协同创新子系统、资源协同创新子系统、吸收协同创新子系统、产出协同创新子系统、服务协同创新子系统①，如图5-3所示。良好的外部环境是胶东经济圈海洋产业蓝色供应链协同创新的前提条件，外部环境包括经济、政治、文化、技术、生态环境；丰富的资源条件是海洋产业蓝色供应链可持续运行的物质基础，其复杂系统需全面整合围绕海洋产业蓝色供应链的各类资源，显性与隐性资源，有形与无形资源，软件与硬件资源实现系统集成和系统聚集的最优化；另外，对资源的高效吸收利用是取得高收益的重要路径，吸收协同创新子系统是通过识别机会、吸收机会及运用机会可以提高海洋产业蓝色供应链链条整体效益，通过吸收利用资源而获取的效益是检验供应链运营策略是否成功的有效手段；服务协同创新子系统的构建可以帮助海洋产业供应链更好地维系与链条上所有成员之间的关系，进而挖掘更多资源提升海洋产业蓝色供应链的整体竞争力。

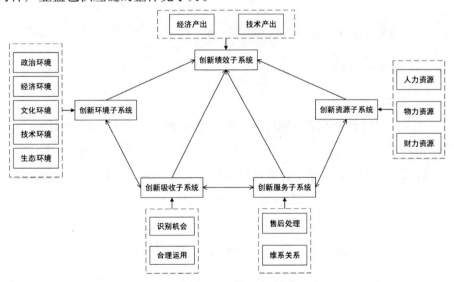

图5-3 现代海洋产业链供应链协同创新系统模型

---

① 刘玉莲，张峥. 我国高技术产业协同创新系统协同度实证研究［J］. 科技管理研究，2019，39（19）：183-189.

第二节　现代海洋产业蓝色供应链协同创新水平评价模型构建

一、综合评价方法

（一）熵权 TOPSIS 法

在此采用熵权 TOPSIS 法对现代海洋产业蓝色供应链协同创新水平进行衡量。首先，运用熵权法测量所构建指标体系中各指标的权重；其次，运用 TOPSIS 法衡量现代海洋产业蓝色供应链协同创新水平。通常某个指标的信息熵值越大，指标值的变异程度越大，则该指标对于研究对象的影响程度越大。以 x_{ij} 表示第 i 个沿海省、自治区、直辖市海洋产业蓝色供应链的第 j 个指标（ $i=1$ ，$\cdots$ ，m ；$j=1$ ，$\cdots$ ，n ）。熵值法衡量指标权重的步骤为：

（1）将各指标同度量化，运用公式 $y_{ij}=\dfrac{x_{ij}}{\sum_{i=1}^{m}x_{ij}}$ 得到规范化后的指标；

（2）计算指标的熵值：$e_j=-k\sum_{i=1}^{m}y_{ij}lny_{ij}$ ，其中，$k=\dfrac{1}{\ln\ (m)}$ ；

（3）计算第 j 项指标的信息效用值：$h_j=1-e_j$ ；

（4）计算指标的权重：$w_j=\dfrac{h_j}{\sum_{j=1}^{n}h_j}$

（二）TOPSIS 法

第一步，将标准化后的指标与对应的权重两者相乘，得到矩阵：$C=\{Y_{ij}\times W_j\}_{m\times n}$

第二步，根据 C 确定正、负理想解 C^+ 、C^- ：

$$C^+=(\max c_{i1},\max c_{i2},\cdots,\max c_{in})$$

$$C^-=(\min c_{i1},\min c_{i2},\cdots,\min c_{i3})$$

第三步，计算各示范区到正、负理想解之间的欧氏距离 d^+ 、d^- ：

$$d_i^+=\Big(\sum_{j=1}^{n}(c_{ij}-c_j^+)^2\Big)^{1/2}$$

$$d_i^-=\Big(\sum_{j=1}^{n}(c_{ij}-c_j^-)^2\Big)^{1/2}$$

第四步，计算各测算示范区的贴近值 Q_i ：

$$Q_i = \frac{d_i^-}{d_i^+ + d_i^-}$$

其中，Q_i 取值范围在 0 到 1 之间，值越大说明现代海洋产业蓝色供应链协同创新水平越高；相反地，值越小说明现代海洋产业蓝色供应链协同创新水平越低，通过得到的数值大小可以对不同区域现代海洋产业蓝色供应链协同创新水平进行排名。

二、分类评价方法

三阶段 DEA 模型是在传统 DEA 模型的基础上改进得到的，传统 DEA 模型忽略了环境因素和随机噪声对效率产生的影响，三阶段 DEA 模型加入了环境因素和随机噪声，能够更准确地对效率进行评价。三阶段 DEA 模型较广泛地应用于宏观经济管理与可持续发展、企业经济、数学等领域，易继承等[1]采用三阶段 DEA 模型对 27 个国家的创新效率进行测评并比较；张振扬[2]应用三阶段 DEA 模型对我国工业企业的科技创新效率进行评价；孟韬等[3]运用三阶段 DEA 模型对我国 64 家独角兽企业创新效率进行评价；魏谷等[4]以高新技术产业为研究对象，运用三阶段 DEA 模型对 83 家创新型产业集群创新效率进行测评；江岩等[5]以医药制造业为研究对象，应用三阶段 DEA 模型对我国 28 个省份的产学研合作协同创新效率进行评价。

第一阶段。对搜集到的数据中的投入、产出变量运用 DEA 效率进行计算。DEA 模型分为 CCR 模型和 BCC 模型，最初美国运筹学家提出了假设规模报酬不变的 CCR 模型，后期 Banker 等对其进行优化，提出了假定规模报酬可变的 BCC 模型。根据现代海洋产业供应链企业效率的特点，本文选择假定规模报酬可变的 BCC 模型，表达式如下：

---

① 易继承，张璐. 基于三阶段 DEA 模型的创新型国家创新效率测度［J］. 统计与决策，2021，37（8）：81-85.

② 张振扬. 基于三阶段 DEA 模型的工业企业科技创新发展效率评价［J］. 工业技术经济，2020，39（12）：94-98.

③ 孟韬，徐广林. 基于三阶段 DEA 的独角兽上市企业创新效率评价［J］. 运筹与管理，2021，30（10）：206-212.

④ 魏谷，汤鹏翔，杨晓非，等. 基于三阶段 DEA 的我国高新技术产业开发区内创新型产业集群创新效率研究［J］. 科技管理研究，2021，41（7）：155-163.

⑤ 江岩，曹阳. 我国医药制造业产学研合作创新效率评价：基于三阶段 DEA 模型［J］. 科技管理研究，2021，41（2）：54-60.

$$\min\theta-\varepsilon(\hat{e}^T S^- + e^T S^+)$$

$$s.t. \begin{cases} \sum_{j=1}^{n} X_j\lambda_j + S^- = \theta X_0 \\ \sum_{j=1}^{n} Y_j\lambda_j - S^+ = Y_0 \\ \sum_{j=1}^{n} \lambda_j = 1 \\ \theta, \lambda_j, s_i^-, s_r^+ \geqslant 0 \end{cases}$$

式中，X_j，Y_j 分别表示投入、产出向量，$j=1$，2，…，n 表示决策单元，θ 为决策单元的效率评价值，s_i^-、s_r^+ 分别表示投入或产出的松弛变量，ε 为非阿基米德无穷小量。若 $\theta=1$，且 $s_i^- = s_r^+ = 0$，则 DMU 为 DEA 有效；若 $\theta=1$，$s_i^- \neq 0$ 或 $s_r^+ \neq 0$，则 DMU 为弱 DEA 有效，表明 DMU 接近资源配置相对最优；若 $\theta<1$，则 DMU 为非 DEA 有效。

其中，BCC 模型计算出来的效率值为综合技术效率（TE），可以运用 DEAP2.1 软件将综合技术效率（TE）分解成规模效率（SE）和纯技术效率（PTE），通过计算原始投入值与软件得到的目标投入值的差为投入值的松弛变量赋值。

第二阶段。利用 SFA 回归模型对投入的松弛变量进行分析。以投入为导向，识别出环境因素、随机干扰项及管理无效率的影响，以此作为第三阶段的测算基础，SFA 回归函数表达见式：

$$S_{ni} = f(Z_i;\beta_n) + v_{ni} + \mu_{ni}; i=1,2,\cdots,I; n=1,2,\cdots,N$$

其中，S_{ni} 为第 i 个决策单元第 n 项投入的松弛值；Z_i 为环境变量，β_n 为环境变量系数；$f(Z_i;\beta_n)$ 为环境变量对投入冗余的影响，v_{ni} 为随机干扰项，μ_{ni} 为管理无效率项；$v_{ni}+\mu_{ni}$ 为混合误差项。式中，$v\sim N(0,\sigma_v^2)$ 是随机误差项，表示随机干扰项对投入松弛变量的影响；μ 表示管理无效率对投入松弛变量的影响，$\mu\sim N^+(0,\sigma_\mu^2)$。

调整之后的投入计算见下式：

$$X_{ni}^A = X_{ni} + \{\max[f(Z_i;\beta_n)] - f(Z_i;\beta_n)\}$$
$$+ [\max(v_{ni}) - v_{ni}] i=1,2,\cdots,I; n=1,2,\cdots,N$$

其中，X_{ni}^A 为调整后的投入，X_{ni} 为调整前的投入，$\{max[f(Z_i;\hat{\beta}_n)] - f(Z_i;\hat{\beta}_n)\}$ 是调整后的外部环境因素项，$[\max(v_{ni}) - v_{ni}]$ 是调整的随机

噪声项。上式中的变量β_n、v_{ni}、μ_{ni}都通过 Frontier4.1 来测算。

第三阶段。运用下式分离管理无效率项：

$$E(\mu|\varepsilon)=\sigma_*\left[\frac{\varphi(\lambda\frac{\varepsilon}{\sigma})}{\varphi(\frac{\lambda\varepsilon}{\sigma})}+\frac{\lambda\varepsilon}{\sigma}\right]$$

$$\sigma_*=\frac{\sigma_\mu\sigma_v}{\sigma},\sigma=\sqrt{\sigma_\mu{}^2+\sigma_v{}^2},\lambda=\frac{\sigma_\mu}{\sigma_v}$$

计算随机误差项：

$$E[v_{ni}|v_{ni}+\mu_{ni}]=s_{ni}-f(Z_i;\beta_n)-E[v_{ni}|v_{ni}+\mu_{ni}]$$

用调整后的投入变量取代第一阶段的投入变量，用 DEAP2.1 软件计算决策单元的效率值。

第三节　胶东经济圈重点海洋产业蓝色供应链协同创新的实证分析

一、测度指标构建

齐旭高等[1]指出，企业间合作关系、产品技术知识壁垒、激励机制完善程度对供应链创新协同效应均产生显著影响；解学梅等[2]指出，影响供应链创新协同的因素包括内部驱动因素和外部驱动因素，内部驱动因素包括管理团队驱动、内部员工驱动和上下游企业驱动，外部驱动因素包括政策驱动、市场驱动和社会驱动。结合国家有关海洋产业供应链协同创新的政策，遵循全面性、实践性、可行性、动态性原则，选取海洋装备供应链企业协同创新、技术协同创新、科研协同创新、协同创新激励机制完善程度、外部环境、绿色低碳为一级指标，在一级指标的基础上选取相应的二级指标。其中，海洋装备供应链企业协同创新包括供应链企业上下游协同程度、企业内部自身优势，

---

① 齐旭高，周斌，吕波. 制造业供应链协同产品创新影响因素的实证研究［J］. 中国科技论坛，2013（6）：26-32.

② 解学梅，罗丹，高彦茹. 基于绿色创新的供应链企业协同机理实证研究［J］. 管理工程学报，2019，33（3）：116-124.

用于衡量海洋装备企业自身竞争优势以及上下游供应链协作能力；技术协同创新用供应链创新效率、申请专利授权数、R&D人才数量表示，用于衡量海洋装备供应链企业投入产出效率；科研协同创新用海洋科研机构数量、海洋科研机构科技活动人员表示，用于衡量海洋装备供应链企业与科研机构协同合作能力；协同创新激励机制完善程度用利益分配机制、要素整合机制表示，用于衡量海洋装备供应链企业的激励制度完善程度；外部环境用政策导向、市场状况表示，用于衡量海洋装备供应链企业协同创新的外部政策、市场环境导向；绿色低碳用污染物排放量、空气质量指数、环保投资金额表示，用于衡量海洋装备供应链协同创新的海洋生态环境，如表5-1所示。

表5-1 胶东经济圈现代海洋产业蓝色供应链协同创新指标体系

	一级指标	二级指标
胶东经济圈现代海洋产业蓝色供应链协同创新系统	海洋装备供应链企业协同创新	供应链企业上下游协同程度 企业内部自身优势
	技术协同创新	供应链创新效率 申请专利授权数 R&D人才数量
	科研协同创新	海洋科研机构数量 海洋科研机构科技活动人员
	协同创新激励机制完善程度	利益分配机制 要素整合机制
	外部环境	政策导向 市场状况
	绿色低碳	污染物排放量 空气质量指数 环保投资金额

二、协同创新水平分析

（一）综合评价

研究数据来源于《山东统计年鉴》，山东海洋局官网海洋经济发展数据，以海洋装备制造业为例，通过熵权TOPSIS法对现代海洋产业蓝色供应链协同创新指标体系的权重进行衡量，可以得到各指标权重，如表5-2所示，在构建的指标体系中，二级指标申请专利授权数、海洋科研机构数量、海洋科研机构科技活动人员、环保投资金额占据更高的权重，可见技术协同创新、科研协同创新对胶东经济圈现代海洋产业蓝色供应链协同创新系统的影响更大，因此，要更侧重现代海洋产业蓝色供应链的技术协同创新、科研协同创新。

表5-2　现代海洋产业蓝色供应链协同创新指标体系的权重

	一级指标	二级指标	权重
胶东经济圈现代海洋产业 蓝色供应链协同创新系统	海洋装备供应链企业协同创新	供应链企业上下游协同程度	0.0044
		企业内部自身优势	0.0855
	技术协同创新	供应链创新效率	0.0027
		申请专利授权数	0.1458
		R&D人才数量	0.0889
	科研协同创新	海洋科研机构数量	0.1002
		海洋科研机构科技活动人员	0.2061
	协同创新激励机制完善程度	利益分配机制	0.0026
		要素整合机制	0.0498
	外部环境	政策导向	0.0296
		市场状况	0.0934
	绿色低碳	污染物排放量	0.0647
		空气质量指数	0.0084
		环保投资金额	0.1180

另外，对胶东经济圈5市现代海洋产业蓝色供应链协同创新分地区进行评价，得到如下结果，如表5-3所示。可以发现，胶东经济圈5市整体协同创新水平均处于一般水平，其中，青岛是胶东经济圈5市协同创新水平最高的区域，烟台、威海其次，日照、潍坊是胶东经济圈5市中协同创新度较低的区域。可见，尽管胶东经济圈5市具备一定的现代海洋产业蓝色供应链创新的基础条件及发展理念，但是协同创新水平均有待提升，需要各区域相关组织树立协同创新及深入合作的意识。

表 5-3　现代海洋产业蓝色供应链协同创新水平评价

区域	青岛	烟台	威海	日照	潍坊
Q_i	0.4026	0.3365	0.3445	0.2977	0.2855

（二）分类评价

前一章探讨影响现代海洋产业蓝色供应链协同创新发展的因素，并对胶东经济圈五市现代海洋产业蓝色供应链协同创新水平进行评价，而在此则对胶东经济圈和其他沿海省市的渔业协同创新效率进行测评并剖析差异。通过剖析前期学者创新效率的相关研究，可以发现影响创新效率的主要因素是劳动和资本，在考虑创新主体之间的关联性后，本节从创新的投入、产出和环境 3 个维度出发，构建现代海洋产业供应链协同创新效率测度指标体系，如表5-4 所示。研究数据来源于《中国海洋统计年鉴》及各省、自治区、直辖市的统计年鉴。

表 5-4　现代海洋产业蓝色供应链协同创新效率指标体系

维度	要素	指标	单位
创新投入	人力投入	R&D 人员数量	千人
	资本投入	R&D 经费内部支出	亿元
创新产出	创新成果	海洋专利授权数量	件
		发表海洋科技论文数	篇
		海洋货物出口总额	亿美元
创新环境	科研机构协同	海洋科研机构数量	个
		海洋科研机构科技活动人员	千人
	高校协同	海洋科研教育管理服务业增加值	亿元
		海洋专业高等学校数	个

第一阶段主要运用 DEAP2.1 软件对我国 11 个沿海省市的现代海洋产业供应链创新效率进行测评，鉴于每年发布的《中国海洋统计年鉴》数据指标存在变动，遵循数据一致性、可获得性原则，选取 2011—2019 年海洋经济发展数据为创新效率测算依据，由于篇幅所限，仅展示 2011 年、2015 年、2019 年的测算结果，如表 5-5 所示。

表5-5　第一阶段结果

地区	2011 年			2015 年			2019 年		
	创新综合技术效率（TE）	纯技术效率(PTE)	规模效率（SE）	创新综合技术效率（TE）	纯技术效率（PTE）	规模效率（SE）	创新综合技术效率（TE）	纯技术效率(PTE)	规模效率(SE)
天津市	0.377	0.621	0.608	0.202	0.561	0.360	0.747	0.845	0.883
河北省	1.000	1.000	1.000	0.535	1.000	0.535	0.360	0.490	0.735
辽宁省	1.000	1.000	1.000	1.000	1.000	1.000	0.756	0.764	0.990
上海市	0.773	1.000	0.773	0.642	1.000	0.642	0.471	0.487	0.968
江苏省	0.779	1.000	0.779	0.771	1.000	0.771	1.000	1.000	1.000
浙江省	1.000	1.000	1.000	1.000	1.000	1.000	1.000	1.000	1.000
福建省	0.718	0.723	0.994	0.536	0.641	0.836	0.505	0.764	0.661
山东省	0.495	1.000	0.495	0.524	1.000	0.524	0.841	1.000	0.841
广东省	0.914	1.000	0.914	0.645	1.000	0.645	1.000	1.000	1.000
广西壮族自治区	1.000	1.000	1.000	0.391	0.966	0.404	1.000	1.000	1.000
海南省	1.000	1.000	1.000	1.000	1.000	1.000	0.752	1.000	0.752

　　通过数据对比分析可以发现，浙江省的海洋产业供应链的创新综合技术效率、纯技术效率、规模效率一直都是1，表示DEA有效，完成协同创新投入要素最优转化；广东省创新综合技术效率、纯技术效率、规模效率也处于相对较高水平，但是在2015年创新综合技术效率下跌，在2019年又恢复到原来水平，2019年创新综合技术效率、纯技术效率、规模效率均为1，表示DEA有效；江苏省创新综合技术效率、纯技术效率、规模效率基本稳定，2019年创新综合技术效率、纯技术效率、规模效率均为1，表示DEA有效；辽宁省在2011年、2015年创新综合技术效率、纯技术效率、规模效率一直为1，然而在2019年创新效率出现下跌趋势；上海市、山东省的创新综合技术效率、纯技术效率、规模效率处于较低水平，通过对2011年、2015年、2019年山东省创新效率数据进行对比可以发现，山东省创新综合技术效率、纯技术效率、规模效率正处于逐步提升的阶段；海南省、广西壮族自治区创新综合技术效率、纯技术效率、规模效率处于相对较高水平；河北省、福建省创新综合技术效率、纯技术效率、规模效率正逐渐下跌；天津市创新综合技术效率、纯技术效率、规模效率正处于上升趋势。鉴于该阶段并未剔除环境噪

声和随机干扰项的影响，得出的效率值并非十分准确，因此还需通过第二阶段进一步优化结果。

第二阶段运用 Frontier4.1 进行运算，以第一阶段的创新投入作为被解释变量，以产学研协同、基础设施建设、政策导向等要素作为解释变量，第二阶段 SFA 回归结果如表 5-6 所示。

表 5-6　SFA 结果

变量	R&D 人员数量松弛变量	T 检验	R&D 经费内部支出松弛变量	T 检验
常数项	−0.1017E+05 ***	−0.1226E+05	−0.4395E+07 ***	−0.4395E+07
海洋专业高等学校数	0.1259E+04 ***	0.8783E+03	0.7134E+06 ***	0.7134E+06
共享硬件设施投资	0.1626E+03 ***	0.5919E+02	−0.2718E+06 ***	−0.2718E+06
政府支持力度	0.2854E+04 ***	0.4994E+04	0.1910E+07 ***	0.1910E+07
σ^2	0.6626E+07 ***	0.6626E+07	0.1810E+13 ***	0.1810E+13
γ	0.9999 ***	0.1062E+07	0.9999 ***	0.4989E+01
LR	7.86		5.04	

注：＊＊＊、＊＊、＊分别表示通过 1%、5%、10%的显著性检验。

由表 5-6 可知，投入指标 R&D 人员数量松弛变量、R&D 经费内部支出松弛变量的 γ 值均趋近于 1 且通过 1%的显著性检验，表明 R&D 人员数量投入和 R&D 经费投入均为管理无效率，对投入冗余产生主要影响；通过 Frontier4.1 得到自由度为 1，R&D 人员数量松弛变量的 LR 通过 1%的显著性检验，R&D 经费内部支出松弛变量的 LR 通过了 5%的显著性检验；R&D 人员数量松弛变量、R&D 经费内部支出松弛变量的系数均通过 1%的显著性检验，表明产学研协同、基础设施建设、政策导向对两种投入松弛变量均有显著影响，这表明进行 SFA 回归的合理性和必要性。

分析发现，海洋专业高等学校数对两种投入松弛变量回归系数均为正；共享硬件设施投资对 R&D 人员数量松弛变量回归系数为正，对 R&D 经费内部支出松弛变量回归系数为负；政府支持力度对两种投入松弛变量回归系数均为正；具体剖析如下。

1. 产学研协同水平

海洋专业高等学校数对 R&D 人员数量和 R&D 经费内部支出存量的投入松弛变量的回归系数均通过了显著性检验，表明海洋专业高等学校数对松弛变量均产生正向影响，海洋专业高等学校数并未显著提升海洋产业供应链创新效率。海洋专业高等学校是储备海洋专业人才的重要途径，通过建设海洋专业高等学校，可以激发各界对于海洋研究的积极性，提升海洋创新能力，但是目前海洋高等学校主要以海洋基础课程为主，对于专业型、实践型人才的培养较为欠缺，对海洋产业供应链创新效率的提升不够显著。

2. 基础设施建设

共享硬件设施投资对 R&D 人员数量和 R&D 经费内部支出存量的投入松弛变量的回归系数均通过了显著性检验，表明共享硬件设施投资的增加会减少 R&D 经费内部支出存量投入冗余，进而提升海洋产业供应链创新效率，但同时会增加 R&D 人员投入冗余，不利于提升海洋产业供应链创新效率。基础设施的建设是海洋产业供应链创新的前提条件，通过共享硬件设施的投资可以为海洋产业供应链的发展提供信息共享平台，有利于快速获取海洋产业信息，提升供应链快速反应能力。

3. 政策导向

政府支持力度对 R&D 人员数量和 R&D 经费内部支出存量的投入松弛变量的回归系数均通过了显著性检验，表明海洋专业高等学校数对松弛变量均产生正向影响，政府支持力度并未显著提升海洋产业供应链创新效率。政策导向能够促进海洋产业供应链的发展，为海洋产业的发展指明方向，有利于合理配置资源，激发海洋供应链企业创新力度。

第三阶段根据第二阶段得到的 SFA 回归结果对投入变量进行处理，将原始的产出变量以及调整后的投入变量再次运用 DEAP2.1 软件进行测算，该阶段剔除了环境噪声和随机干扰项的影响，较第一阶段得到的结果更准确，以2019 年为例，如表 5-7 所示。可以发现创新综合技术效率有 3 个省市上升，2个省市不变，6 个省市下降；纯技术效率有 3 个省市上升，3 个省市不变，5个省市下降；规模效率有 3 个省市上升，2 个省市不变，6 个省市下降，其中，上升幅度较大的是辽宁省、上海市、山东省，下降较明显的是浙江省、福建省、广西壮族自治区、海南省，调整后的辽宁省、上海市、江苏省、山东省、广东省的创新综合技术效率、纯技术效率、规模效率均为 1，表示 DEA有效，天津市、浙江省、海南省的整体效率其次，河北省、福建省、广西壮族自治区的整体效率处于沿海 11 省市较低水平，对于海洋产业供应链的创新意识不够强，需要通过相关政策加以引领。

表 5-7　第三阶段结果

地区	一阶段			三阶段		
	创新综合技术效率（TE）	纯技术效率（PTE）	规模效率（SE）	创新综合技术效率（TE）	纯技术效率（PTE）	规模效率（SE）
天津市	0.747	0.845	0.883	0.494	0.919	0.537
河北省	0.360	0.490	0.735	0.149	0.463	0.322
辽宁省	0.756	0.764	0.990	1.000	1.000	1.000
上海市	0.471	0.487	0.968	1.000	1.000	1.000
江苏省	1.000	1.000	1.000	1.000	1.000	1.000
浙江省	1.000	1.000	1.000	0.708	0.714	0.992
福建省	0.505	0.764	0.661	0.228	0.522	0.436
山东省	0.841	1.000	0.841	1.000	1.000	1.000
广东省	1.000	1.000	1.000	1.000	1.000	1.000
广西壮族自治区	1.000	1.000	1.000	0.381	0.610	0.624
海南省	0.752	1.000	0.752	0.566	0.968	0.585

第四节　本章结论及建议

本章仅探讨了胶东经济圈 5 市海洋产业蓝色供应链的协同创新水平、山东与其他沿海区域海洋产业蓝色供应链的协同创新水平，未探讨山东与其他国家海洋产业蓝色供应链的协同创新水平。通过对胶东经济圈 5 市的海洋产业蓝色供应链协同创新水平进行评价，发现胶东经济圈 5 市的海洋产业蓝色供应链协同创新水平存在差异，应根据各区域海洋特色分别出台相关政策引领当地海洋产业的发展。此外，通过对山东半岛与其他沿海区域的海洋产业供应链协同创新效率进行测评，可以发现，山东海洋产业蓝色供应链协同创新效率处于 11 个沿海省、自治区、直辖市中的较高水平，但仍存在短板亟待补齐。

　　要通过相关措施补短板、强弱项，提高胶东经济圈现代海洋产业蓝色供应链协同创新水平。第一，加大胶东经济圈海洋产业研发创新投入，全面攻关海洋产业核心技术，提升创新成果转化能力，提高现代海洋产业蓝色供应链创新效率；第二，深化供应链上下游协作理念，完善相关激励机制，提高供应链上下游企业协同创新的积极性；第三，加强胶东经济圈与科研机构的协同创新，还要加强政府、高校、海洋企业之间的协同创新；第四，政府要适时颁布相关政策引领海洋产业发展，市场要及时共享海洋产业供需信息；第五，加快海洋环境协同治理，建设海洋环境命运共同体。

第六章

胶东经济圈现代海洋产业蓝色供应链全球合作伙伴关系构建及评价体系

在国家海洋强国战略的引领下，构建现代海洋产业蓝色供应链全球合作伙伴关系成为我国与国际社会在海洋深度合作的主要手段。本章在界定现代海洋产业蓝色供应链内涵的基础上，选取企业竞争力、服务与协作能力、产品竞争力3个一级指标作为胶东经济圈现代海洋产业蓝色供应链全球合作伙伴的评价指标，在一级指标的基础上选取8个二级指标，运用熵值法对胶东经济圈现代海洋产业蓝色供应链全球合作伙伴的评价指标权重进行评价，作为最终路径选择的关键依据。结果表明：创新能力、经营能力、财务状况、信息共享占据更高的比重，为选择胶东经济圈现代海洋产业蓝色供应链全球合作伙伴提供了战略导向。最后，从多维视域提出胶东经济圈现代海洋产业蓝色供应链全球合作伙伴关系构建的路径选择。

引　言

2020年，全国海洋生产总值为80010亿元，与2019年相比，下降5.3%。其中，海洋第一产业、第二产业、第三产业分别占海洋生产总值的4.9%、33.4%和61.7%，与2019年相比，第一产业、第二产业占比呈上升趋势，而第三产业占比呈下降趋势。总体而言，虽然海洋产业发展总量呈下降趋势，但从纵向来看海洋产业结构逐年得到优化，尤其是胶东经济圈作为山东省高水平开放的前沿阵地和海洋产业集聚区及新高地，有着得天独厚的地理位置和极其丰富的海洋资源条件。它既具有海洋产业先发优势，又具备启动海洋经济相对完整的产业链和配套的供应链体系，逐渐成为全国高质量发展海洋产业蓝色供应链的一支不容忽视的骨干力量。将全国海洋资源与山东海洋资源相比较，如表6-1所示。

表 6-1 全国海洋资源与山东省海洋资源类型比较

海洋资源类型		主要优势
全国海洋资源类型	沿海滩涂和浅海资源	沿海滩涂资源丰富，总面积为 2.17 万平方千米（合 3255 万亩）。0~15 米水深的浅海面积为 123800 平方千米，占近海总面积的 2.6 %
	港址资源	基于我国大陆有基岩海岸 5000 多公里，占全国大陆岸线总长的 1/4 以上。砂砾质海岸呈零星分布，岸滩组成以砂、砾为主，岸滩较窄、坡度较陡，堆积地貌发育类型多，常伴有沿岸沙坝、潮汐通道和潟湖，有一定水深和掩护条件
	海岛资源	据不完全统计（港澳台地区所属岛屿暂未列入），我国共有面积大于 500 平方米的岛屿 5000 多个，总面积为 8 万平方公里，约占全国陆地总面积的 0.8%，其中，有人居住的岛屿 400 多个，共有人口约 500 万
	海洋生物资源	中国海域被确认的浮游藻类 1500 多种，固着性藻类 320 多种。海洋动物共有 12500 多种，其中，无脊椎动物 9000 多种，脊椎动物 3200 多种。无脊椎动物中有浮游动物 1000 多种，软体动物 2500 多种，甲壳类约 2900 种，环节动物近 900 种。脊椎动物中以鱼类为主，约 3000 种，包括软骨鱼 200 多种，硬骨鱼 2700 余种
	海洋油气资源	我国近海大陆架石油资源量为 240 亿吨左右，天然气资源量约为 13 万亿立方米
	滨海砂矿资源	我国滨海砂矿的种类达 60 种以上，世界滨海砂矿的种类几乎在我国均有蕴藏
	深海矿产资源	我国多金属结核资源包括中国管辖海域赋存的资源和国际海底享有的资源，热液矿床是深海又一重要的矿产资源
	海水化学资源	海水中含有多种元素，全球海水中含氯化钠达 4 亿亿吨。我国沿海许多地区都有含盐量高的海水资源
	滨海旅游资源	我国沿海地带跨越热带、亚热带、温带三个气候带，具备"阳光、沙滩、海水、空气、绿色"5 个旅游资源基本要素，旅游资源种类繁多，数量丰富
	海洋能资源	我国海洋能资源经调查和估算，海洋能资源蕴藏量约 4.31 亿千瓦
	海洋资源评价	我国的"海洋国土"近 300 万平方公里，就绝对数量而言，在世界沿海国家中名列第 9

海洋资源类型		主要优势
山东省海洋资源类型	海洋渔业	渔业资源修复养护力度继续加大，投放苗种46.3亿单位，建设人工鱼礁区43处，新建渔业资源保护区7处，新改造开发老旧鱼塘6.5万亩。远洋渔业发展迅速，从事远洋作业的渔船达608艘，总功率23.1万千瓦
	海洋生物医药与食品	海洋药用资源丰富。山东省近海海域面积17万平方千米，海洋资源类型繁多、储量丰富；科研实力雄厚，集中了全国主要的海洋科研资源，拥有包括中国科学院海洋研究所、中国海洋大学等55个海洋科研和教学机构；产业基础扎实。山东省高度重视海洋生物医药产业发展，不断加大政策扶持力度
	海洋牧场	5类海洋牧场投礁型、游钓型、底播型、田园型、装备型
	海洋保护区	新建海洋特别保护区7个，各类海洋保护区达到20个，保护区总面积达115万公顷

资料来源：中国统计年鉴、山东省统计年鉴整理而来。

由此可见，山东省海洋资源类型集中在海洋渔业、海洋生物医药与食品、海洋牧场、海洋装备制造及海洋保护区领域。山东省因地制宜，率先在全国建立起适合发展"海洋牧场"和"海上粮仓"集团化、集约化的海洋产业体系与市场主体组织，从一个侧面也反映出山东省在新旧动能转换中抢抓机遇，通过腾笼换鸟实现海洋产业的优化与升级，此外，其他海洋产业也在积极走向星辰大海，既缓解了陆域资源有限的压力，也高效地培育出新动能、新的经济增长点。党的十八大报告提出，提高海洋资源开发能力，发展海洋经济，保护海洋生态环境，坚决维护国家海洋权益，建设海洋强国。在海洋强国战略和供应链战略逐渐上升为国家战略的大背景下，构建现代海洋产业蓝色供应链符合国家战略需求，该问题不论是战略逻辑还是现实逻辑都具备问题探索的时代价值。构建基于现代海洋产业下的蓝色供应链全球合作伙伴关系，从海洋产业高质量发展的新动能、新模式及新业态入手，既要强化国内大循环，还要促进与推动国内国际双循环，即加强陆海产业联动、海洋产业之间联动、海内外产业联动，尽快建立海洋产业的产业互动、中外互动及资源共享的现代海洋产业蓝色供应链系统，尽快形成全国乃至全球海洋产业供应链互利共赢的局面，是我国供应链提质增效、弯道超车的关键性环节。在供应链全球化的态势下，企业间的竞争逐渐转化为供应链之间的竞争，而建立基于现代海洋产业的蓝色供应链合作伙伴关系既实现供应链各运营主体之间的优势互补，联合各企业核心技术分工协作，又利于发挥海洋制造产业间的集成化、链条化和协同化的优势，总之有益于提高整体竞争力。总体而言，在国际形势动荡复杂的背景下，选择稳定及有韧性的供应链全球合作伙伴关系日益成为高质量发展现代海洋产业蓝色供应链体系的必经之路。从战略联盟的高度形成休戚与共、互利共赢的现代海洋产业蓝色供应链合作伙伴关系，乃至蓝色供应链伙伴关系的命运共同体，成为当下亟待探索的关键课题之一。

第一节　现代海洋产业蓝色供应链的内涵及发展现状

一、胶东经济圈现代海洋产业蓝色供应链的发展现状及趋势

胶东经济圈区位优势显著，向东与日韩隔海相望，向西背靠黄河流域广阔腹地，向南连接长三角，向北对接京津冀，是我国对日韩开放最前沿、21世纪海上丝绸之路与新亚欧大陆桥经济走廊交汇的关键区域及沿黄省份和上合组织国家的主要出海口，因而海洋产业门类众多且相对齐全，如表6-2所示。依据海洋产业在其蓝色供应链体系的价值链和产业链的地位及作用，可将其产业市场主体划分为核心层、支持层及外围层。海洋经济核心层是海洋产业，具体包括海洋渔业、沿海滩涂种植业、海洋水产品加工业、海洋油气业、海洋矿业、海洋盐业、海洋船舶工业、海洋工程装备制造业、海洋化工业、海洋药物和生物制品业、海洋工程建筑业、海洋电力业、海水淡化与综合利用业、海洋交通运输业、海洋旅游业等诸多海洋实体产业。海洋产业支持层主要包括海洋科研教育、海洋公共管理服务，其中，海洋科研教育包括海洋科学教育、海洋科学研究的高等院校及科研院所等组织，而海洋公共管理服务包括海洋管理、海洋社会团体、基金会与国际组织、海洋技术服务、海洋信息服务、海洋生态环境保护修复、海洋地质勘查等海洋产业高质量发展的公共服务支持体系，是海洋产业可持续发展的重要保障。海洋产业外围层主要包括海洋上游及下游相关产业组织，海洋上游相关产业包括海洋能源、海洋矿产、涉海材料制造加工，海洋下游相关产业包括涉海食品加工制造、

海水淡化、海洋医药生物、涉海装备制造等产业组织，从而构成涉及海洋产业上下游的蓝色供应链体系。其中，海洋产业中的海洋工程装备产业既是隶属国家"十四五"鼓励发展的海洋战略性新兴产业，也是胶东经济圈海洋经济高质量发展的重要引擎，青岛市以海洋工程装备产业为重要突破口，致力于打造独特的优势产业，形成区域竞争力。2020年，胶东经济圈地区生产总值为3.1万亿元，占全省的42.5%，为山东省的海洋强国建设奠定了重要经济基础。

表6-2　海洋及相关产业分类结构

海洋及相关产业	海洋产业	01	海洋渔业
		02	沿海滩涂种植业
		03	海洋水产品加工业
		04	海洋油气业
		05	海洋矿业
		06	海洋盐业
		07	海洋船舶工业
		08	海洋工程装备制造业
		09	海洋化工业
		10	海洋药物和生物制品业
		11	海洋工程建筑业
		12	海洋电力业
		13	海水淡化与综合利用业
		14	海洋交通运输业
		15	海洋旅游业
	海洋科研教育	16	海洋科学教育
		17	海洋科学研究的高等院校及科研院所等组织

续表

		18	海洋管理
海洋及相关产业	海洋公共管理服务	19	海洋社会团体、基金会与国际组织
		20	海洋技术服务
		21	海洋信息服务
		22	海洋生态环境保护修复
		23	海洋地质勘查
	海洋上游相关产业	24	海洋能源、海洋矿产
		25	涉海材料制造加工
	海洋下游相关产业	26	涉海产品加工制造
		27	海水淡化、海洋医药生物
		28	涉海装备制造

胶东经济圈现代海洋产业发展基础强、产业覆盖面广及科学技术链条相对完整，青岛充分发挥独特的优势及辐射带动作用，烟台、潍坊、威海、日照各扬所长，以青潍日、烟威同城化为突破口，促进青烟威海洋经济，青烟潍临空、临港、临海经济，青潍日循环经济产业协作带及交界地带的融合与协同发展。但以往对于海洋资源的开发利用多是粗放式且低效率的模式，首先，海洋捕捞业未建立有效的监管机制，在发展海洋经济的同时直接或间接地导致海洋环境污染严重，亟待采用新型科技进行捕捞或养殖。其次，发展现代海洋产业创新的资金投入不足，海洋人才机制不够健全，未形成有效的海洋科学产学研一体化平台。因此，构建海洋生态环境保护与海洋产业高质量发展的协调机制，完善海洋开发体制精准施策将成为工作的重中之重。最后，加快促进海洋产业的转型升级，提高海洋新兴产业在海洋经济中所占比重，逐步改变高投入、低产出的发展局面，助推海洋产业向海洋服务业转型，同时，加快海洋产业供应链的技术化步伐，促进智慧海洋经济的发展。借助云计算、大数据、物联网、人工智能、区块链等技术赋能于海域产业、陆域产业、国外陆海域产业的互联互通，搭建海洋产业蓝色供应链全球合作共赢的新高地、新平台及新生态圈，而非博弈主导的竞技场，实现现代海洋产业蓝色供应链上下游合作共赢、协同创新的策源地，贯彻落实国家海洋强国及山东海洋强省战略，助推胶东经济圈海洋经济高质量发展。

二、胶东经济圈现代海洋产业蓝色供应链协同创新的政策导向及科技条件

（一）政策导向

首先，近年来，山东省人民政府工作报告中多次重点强调发挥以青岛为核心的胶东经济圈在海洋科学、技术研发、人才集聚、产业配套及区域协同等方面的优势，大力支持推进海洋装备制造产业的先行引领作用，并取得了显著成效；其次，山东港口围绕"港通四海、陆联八方，口碑天下、辉映全球"的世界一流海洋港口目标，逐渐形成了"以青岛港为龙头，日照港、烟台港为两翼，渤海湾港为延展，各板块集团为支撑，众多内陆港为依托"的一体化协同发展格局，港口能级不断提升；再次，港产城共生共荣的深度融合机制逐步形成，科技赋能建设国际领先的智慧绿色港口；最后，推动海洋科技成果转化、打造海洋科技人才高地、开展海洋生态保护修复、积极发展海洋碳汇，加大海洋新兴产业海洋工程装备、海洋生物医药、海水淡化及综合利用及海洋新能源等领域的高质量发展力度。根据山东省委、省政府的整体部署，将青岛建设成为综合性海洋装备制造基地、东营建设成为海洋石油装备产业基地、烟台建设成为中国海工装备名城、潍坊建设成为海洋动力装备制造基地、威海建设成为海洋装备制造基地、日照建设成为高端海洋装备用钢基地、滨州建设成为海洋新能源装备产业基地。总之，要强化陆海联动，突出青岛市联合社会各界及各类科研机构，打造产学研一体化平台，成立各类海洋研究院，为胶东经济圈海洋产业的发展提供专业人才，着力打造海工装备孵化平台和产业创新集聚区，为胶东经济圈现代海洋产业蓝色供应链体系营造良好的发展环境与氛围，而且胶东经济圈还需建立更广泛的海洋产业全球蓝色供应链合作伙伴关系，乃至战略联盟，深蓝浩瀚的海洋足够广阔，需要构建起蓝色供应链的协同创新、合作共赢、互惠互利、利益均沾的命运共同体。

2022年3月3日，山东省政务网站发布省委、省政府印发的《海洋强省建设行动计划》，计划指出要推进海洋科技创新能力行动、推进海洋生态环境保护行动、推进世界一流港口建设行动、推进海洋新兴产业壮大行动、推进海洋传统产业升级行动、推进智慧海洋突破行动、推进海洋文化振兴行动、推进海洋开放合作行动、推进海洋治理能力提升行动，建立政策保障体系。具体行动计划包括：在青岛、烟台、威海、日照等市发展海洋环保产业；到

2025 年，举办国际海洋节、放鱼节、滨海城市啤酒美食节等活动 100 次以上；推动胶东经济圈打造世界著名的滨海文化创意产业长廊、滨海休闲度假黄金旅游带，支持青岛打造国际海洋旅游名城；培育青岛影视、烟台创意设计等产业集群；支持青岛强化海洋功能和特点，建设现代海洋城市；建立重点港口与中欧班列（齐鲁号）合作联动机制。织密远洋运输航线，重点打造日韩、东南亚、中东、印巴、欧美 5 大优势海运航线组群。该行动计划为进一步营造对外高水平开放，强化与欧美及周边国家地区之间的海洋合作和伙伴关系的建立提供了重要范畴和广阔领域。

（二）海洋科学技术资源禀赋条件

从山东半岛海洋科学技术资源禀赋条件来看，一是高校海洋学科及专业建设及发展状况。山东省拥有优越的海洋资源的地理位置，为高校开设海洋学科及海洋相关专业的建设与完善奠定了良好的发展基础，而高校所设海洋学科专业也成为山东发展海洋经济的重要科技人才和技术支撑，如表 6-3 所示。二是海洋科研机构、科研人才及驻鲁科研机构状况。全国近一半的海洋科技人才，以及全国 1/3 的海洋领域的院士集聚于山东省，拥有 55 所省级以上的海洋科研与教学机构，236 个省级以上海洋科技平台，其中，国家级 46 个，省级以上企业技术中心中涉及海洋产业领域的近 30 个，海洋科技实力居全国前列。山东省先后新增涉海领域博士后科研流动站 2 家，博士后科研工作站 7 家，省博士后创新实践基地 9 家，为集聚海洋人才提供了新高地平台支撑。实施完成"海洋强省"领域国家级、省级高级研修项目 22 项，培训高层次、急需紧缺和骨干专业技术人才 1440 名，培训专业技术人才 6.3 万人次。中船重工 725 所海洋新材料研究院、中船重工 702 所青岛深海装备试验基地、天津大学海洋工程研究院、哈尔滨工程大学船舶科技园等科研机构落户山东。山东并实施泰山学者、泰山产业领军人才、"外专双百计划"等重大引才引智工程，面向全球开展了海洋高层次人才引进活动，搭建高水平富有山东特色的国际交流合作平台。其中，青岛市聚集全国 30% 的涉海院士、40% 的涉海高端研发平台及 50% 的海洋领域国际领跑技术。

表6-3 高校海洋学科专业现状

高校名称	所在地	学科名称	学科数量
中国海洋大学	青岛	海洋科学，水产科学，物理海洋学，海洋化学，海洋生物学，海洋地质，水产养殖，渔业资源，捕捞学，水产品加工及贮藏工程，环境科学，港口、海岸及近海工程	12
中国石油大学	青岛	船舶与海洋工程	1
青岛科技大学	青岛	船舶与海洋工程	1
鲁东大学	烟台	船舶与海洋工程	1
山东交通学院	济南	航海技术、轮机工程、船舶电子电气工程、海事管理、船舶电子、电气工程、航海技术（3+2贯通培养）、轮机工程（3+2贯通培养）、船舶与海洋工程、海洋技术	10
青岛黄海学院	青岛	船舶与海洋工程	1
烟台大学	烟台	海洋科学	1

资料来源：《中国统计年鉴》《山东统计年鉴》整理而来。

（三）海洋科学创新高地及平台

青岛海洋科学与技术试点国家实验室是科技部2006年启动筹建的10个国家实验室之一，于2013年12月获得科技部批复、2015年6月正式运行。由科技部、山东省、青岛市共建，财政部、教育部、农业农村部、自然资源部、中国科学院、国家海洋局提供支持，主要依托中国海洋大学、中国科学院海洋研究所、国家海洋局第一海洋研究所、农业农村部黄海水产研究所、自然资源部青岛海洋地质研究所5家科研机构，是国家海洋科技创新体系的重要组成部分。国家实验室是国家拥有的并赖以解决国家急需的、具有战略意义的重大科学问题的实验室，代表一个国家在某一领域科学研究的最高水平。

2018年6月12日，在出席上海合作组织青岛峰会后，习近平总书记视察了青岛海洋科学与技术试点国家实验室，并发表重要讲话精神。习近平总书记强调，海洋经济发展前途无量。建设海洋强国，必须进一步关心海洋、认识海洋、经略海洋，加快海洋科技创新步伐。习近平总书记的讲话为青岛乃至山东发展海洋经济指出了方向。

而中国科学院海洋大科学中心是由中国科学院、山东省、青岛市共建，以中国科学院海洋研究所为依托，联合烟台海岸带所、南海所、深海所、声学所等 12 家中国科学院涉海院所共建。将打造以山东为总部、辐射全国乃至全球的海洋科技创新平台、人才高地和新兴产业培育基地。中国科学院海洋科考船队是海洋大科学研究中心的核心平台。目前，海洋大科学中心已集聚起一批优势团队，不断开展前沿研究、关键技术攻关和成果转化示范。目前已集聚包括院士、杰青等各类任务团队 77 个，吸引包括两院院士、国家杰青等高层次人才 5000 余人次，利用平台资源，开展了 600 多项课题研究。

不但拥有三大平台这样的"大国重器"，作为国家海洋科技创新城市，青岛拥有约占全国 1/5 的涉海科研机构（约 30 家）、1/3 的部级以上涉海高端研发平台（超 30 家）、全职在青涉海院士约占全国 28%，三项指标均排名全国第一。

鉴于上述内容，无论是政府发展海洋的政策导向，还是山东半岛蓝色经济发展的海洋科技、人才及平台等要素的资源禀赋，不仅为胶东经济圈现代海洋产业蓝色供应链协同创新奠定了坚实的基础，而且为建立广泛的全球蓝色合作伙伴关系提供了重要的支撑与保障。

第二节 胶东经济圈现代海洋产业蓝色供应链全球合作伙伴关系评价模型及应用

一、评价指标体系的选择

供应链合作伙伴的甄选是供应链系统构建的核心环节，通过构建长期稳定的供应链合作伙伴能够降低非必要的成本支出及费用，进而提高整个链条的效率、效益及竞争力。影响胶东经济圈海洋产业蓝色供应链全球合作伙伴的因素众多，我们在吸收借鉴前人研究基础上，对海洋产业蓝色供应链合作伙伴评价指标进行测度分析，结合近年国家政府发布的供应链创新政策及蓝色供应链海洋空间合作伙伴的特点，遵循科学性、动态性、全面性、实践性等原则，选取企业竞争力、服务与协作能力、产品竞争力[1]为一级指标，在此基础上，选取相应的二级指标，如表 6-4 所示。在企业竞争力层面，由创新

---

[1] 余保华，何刚，李恕洲，等．基于 ANP 的供应链合作伙伴选择综合评价［J］．商业经济研究，2017（4）：99-100.

能力、经营能力、财务状况 3 个方面构建二级指标体系，衡量合作伙伴的可靠程度及发展能力；在服务与协作能力层面，从战略一致、反应能力、信息共享三个方面构建二级指标，衡量供应链合作伙伴的合作协调能力；在产品竞争力层面，选取产品开发、质量保障等两个要素构建二级指标，衡量供应链合作伙伴提供的产品质量。

表 6-4　胶东经济圈蓝色供应链全球合作伙伴评价指标

一级指标	二级指标	具体量化
胶东经济圈蓝色供应链全球合作伙伴	企业竞争力	创新能力	创新投入
		经营能力	产品销售量
		财务状况	资本、财务
	服务与协作能力	战略一致	与公司战略的契合度
		反应能力	面对突发事件的快速反应能力
		信息共享	共享设备的完善度
	产品竞争力	产品开发	新产品开发的资金投入
		质量保障	售后服务满意度

二、模型构建及方法

构建胶东经济圈现代海洋产业蓝色供应链合作伙伴发展路径需要探究影响其合作的各因素所占的权重，采取熵值法的思想对胶东经济圈现代海洋产业蓝色供应链全球合作伙伴评价指标的权重进行衡量，可在一定程度上避免主观赋值法的缺陷。通常，某个指标的信息熵值越大，指标值的变异程度越大，则该指标对于研究对象的影响程度越大。以 x_{ij} 表示第 i 个蓝色供应链合作伙伴的第 j 个指标（$i=1, \cdots, m$；$j=1, \cdots, n$）。熵值法衡量指标权重的步骤为：

（1）将各指标同度量化，运用公式 $y_{ij} = \dfrac{x_{ij}}{\sum_{i=1}^{m} x_{ij}}$ 得到规范化后的指标；

（2）计算指标的熵值：$e_j = -k \sum_{i=1}^{m} y_{ij} \ln y_{ij}$，其中，$k = \dfrac{1}{\ln(m)}$；

（3）计算第 j 项指标的信息效用值：$h_j = 1 - e_j$；

（4）计算指标的权重：$w_j = \dfrac{h_j}{\sum_{j=1}^{n} h_j}$。

三、实证分析

海洋工程装备作为战略性新兴产业，具有广阔的发展前景，通过分析胶东经济圈代表性强的海洋装备制造企业为例，剖析其上下游合作伙伴的特点，可为其合作伙伴的选择提供指标导向。鉴于本书数据资料获取有限，仅以青岛的海洋工程装备企业为研究对象，选取海洋工程装备企业 5 个供应链合作伙伴为研究对象，并得出 5 个供应链合作伙伴的各项评价指标如下：

$$X = \begin{pmatrix} 1104 & 10 & 6593 & 0.91 & 0.89 & 2.9 & 175 & 0.85 \\ 1000 & 170 & 1572 & 0.67 & 0.85 & 4.9 & 103 & 0.81 \\ 1120 & 124 & 9291 & 0.75 & 0.91 & 0.5 & 149 & 0.87 \\ 1000 & 128 & 2166 & 0.96 & 0.87 & 3.1 & 122 & 0.84 \\ 4073 & 15 & 9311 & 0.61 & 0.98 & 2.7 & 359 & 0.95 \end{pmatrix}$$

通过熵值法进行指标权重的衡量，得到各指标的权重如下。

（0.209，0.325，0.188，0.015，0.001，0.147，0.111，0.004），可见在影响胶东经济圈现代海洋产业蓝色供应链合作伙伴关系的选择因素中，创新能力、经营能力、财务状况、信息共享占据更高的比重。这表明在选择长期的供应链合作伙伴时，首先，要注意对方的创新能力，能否成为行业的领跑者，能否为企业提供技术先进的产品组合；其次，要注意合作伙伴的经营能力和财务状况，经营能力和财务状况较好的企业能够与供应链其他企业建立长期稳定的合作关系，避免供应链上下游出现断链的现象；最后，建立供应链合作伙伴必不可少的环节就是建立信息共享平台，体系完善的信息共享平台可以快速监测到订单信息以及供应链合作伙伴的经营信息，以便于预测将要面对的突发状况，提前制定应急预案及应对策略，确保海洋产业蓝色供应链伙伴关系的稳定性和竞争力，以降低因突发事件而造成的损失。

第三节　构建胶东经济圈现代海洋产业蓝色供应链全球合作伙伴关系的对策建议

一、多维度、立体化选择蓝色供应链全球合作伙伴

对于胶东经济圈 5 市而言，要相互之间建立具有纵向一体化及横向一体

化的蓝色供应链合作伙伴关系，既要考虑同一产业链上下游的合作关系，还要考虑不同产业间成员的合作伙伴关系。供应链全球合作伙伴关系的建立是现代海洋产业蓝色供应链上游的涉海设备制造、涉海材料制造、涉海产品再加工以及下游的海洋产品批发与零售、涉海经营服务等环节安全稳定运行的必要保障，蓝色供应链纵向一体化全球合作伙伴关系的建立需要进行多维度甄选，通过对胶东经济圈现代海洋产业蓝色供应链全球合作伙伴的评价指标进行构建，可以得出在胶东经济圈现代海洋产业蓝色供应链全球合作伙伴的影响因素中，创新能力、经营能力、财务状况、信息共享占据更高的比重，因此，在选择胶东经济圈上下游供应链合作伙伴时，首先，应从创新能力、经营能力、财务状况、信息共享等方面综合对海洋产业合作伙伴进行初步的筛选。在构建横向一体化的蓝色供应链合作伙伴关系时，要考虑海洋第一产业、第二产业、第三产业之间的关联程度，它们彼此之间的合作意向、价值观、相互认同及价值链的耦合性等都将成为建立合作伙伴关系的选择因素。

二、建立胶东经济圈现代海洋产业蓝色供应链合作伙伴利益共同体

胶东经济圈 5 市在海洋产业的发展方面各有千秋：青岛市作为海上运输枢纽，具有较强的海洋发展优势，青岛市的海洋科研教育是海洋特色产业，是胶东经济圈海洋产业蓝色供应链高质量发展的策源地与增长引擎，能够为胶东经济圈其他区域提供海洋产业供应链创新技术及人才储备，辐射带动周边城市发展；烟台市是新旧动能转换综合试验区核心城市，拥有丰富的海洋港口、旅游、养殖、矿产资源，能够为其他区域提供丰富的海洋资源；潍坊市集聚了山东乃至中国顶端的发动机驱动装备制造供应链体系，具备先进制造业优势，宜重点发展海洋化工、海洋高端装备、海洋生物医药、海水淡化等海洋制造产业；威海市港口发展极具潜力，有丰富的水产品资源，为其他区域的渔业发展提供资源；日照市是新亚欧大陆桥经济走廊主要节点城市、海上丝绸之路战略合作支点，要加快推动港产城融合发展，重点发展海洋新兴产业。5 市要避免出现海洋产业发展的同质化，相互之间做好科学合理的协同、协调及协作，应优化各地区的海洋产业结构，充分发挥各自的资源优势及产业特长，加强区域间合作，进行资源互补，建立稳定的蓝色供应链合作伙伴利益共同体。

三、蓝色供应链合作伙伴关系逐步升级优化为战略联盟

在构建胶东经济圈蓝色供应链合作伙伴时，不要仅仅拘泥于胶东经济圈内部合作伙伴关系的构建，更要加强山东省与国内沿海地区的蓝色供应链合作伙伴关系的建立，甚至扩展至海外寻求更加广泛的合作伙伴关系。我国沿海地区的海洋合作正处于高速发展阶段，海洋产业的协同合作能够实现各区域优势互补，既要加强沿海地区海洋产业的合作，也要加强沿海地区与内陆地区在海洋产业蓝色供应链的合作。跨海通道的建设对海洋经济的作用日益显著，作为衔接山东半岛和辽东半岛的渤海海峡跨海通道，其建成将极大地改善环渤海地区的交通格局①，同时，要利用区位优势构建胶东经济圈与国外海洋产业的合作平台，例如，不仅要加强青岛与朝鲜、韩国、日本的合作，还要加强烟台、威海、日照、潍坊、滨州、东营等地区与韩国、日本、东南亚国家之间的合作，更要在 RCEP 框架下强化与其相关成员最广泛的深度合作。在国际局势日趋复杂情形下，新冠疫情、世界供应链危机、地区冲突、去全球化等事件层出不穷，构建海洋产业蓝色供应链合作关系是避免国际经济脱钩或撕裂的有效途径，建立并强化蓝色供应链合作关系乃至战略联盟是规避各类国际风险的重要环节，蓝色供应链为各成员国提供发展海洋经济及其产业休戚与共、共生同荣的关键保障，明确各方在合作过程中的权利和义务，有利于在长期协作中形成更高层级的战略联盟。

四、构筑胶东经济圈现代海洋产业链、价值链及创新链体系

构筑胶东经济圈现代海洋产业链、价值链及创新链体系是提升自身优势、吸引优质供应链合作伙伴关系的前提条件。首先，完善胶东经济圈现代海洋产业链的建设，其路径是构建海洋要素自由流通机制，增加海洋高端要素供给，构建胶东经济圈区域间产业分工协作机制，打造海洋产业集群的区域特色，延长、做强海洋产业分工协作链条，促进海洋产业链纵向延伸②，胶东经济圈各区域要大力发展战略性海洋新兴产业，促进传统产业现代化、智能化、绿色化转型升级，推动海洋产业结构高级化发展。其次，促进胶东经济圈海

---

①　刘良忠，柳新华. 区域一体化视角下的跨海通道工程项目经济影响评价分析：以渤海海峡跨海通道工程为例 [J]. 社会科学辑刊，2016（3）：180-185.

②　盛朝迅，任继球，徐建伟. 构建完善的现代海洋产业体系的思路和对策研究 [J]. 经济纵横，2021（4）：71-78.

洋产业价值链的再造及提升，胶东经济圈 5 市要协同研发海洋关键核心技术，大力推进海洋产业技术变革、效率变革，由低端海洋产品和服务供给转向中高端海洋产品与服务供给，进而推动胶东经济圈海洋企业迈进价值链的中高端队伍，获得更高的海洋产业效益。最后，构建胶东经济圈现代海洋产业创新链体系，增加胶东经济圈各区域在优势海洋产业上的创新资源投入在短期内可以获得显著成效，中长期更需要注重对于创新转化主体的培育与孵化，以日本、德国、韩国为参考对象进行胶东经济圈各区域协同创新①，根据各区域海洋产业的特点进行创新投资，将冗余部分的创新投入转移到缺口环节上，打好胶东经济圈现代海洋产业创新链攻坚战。

五、提高胶东经济圈海洋产业蓝色供应链的稳定性和柔韧性

国际环境的不确定以及疫情的反复严重阻碍了胶东经济圈海洋产业蓝色供应链高质量发展进程，因此，提高现代海洋产业蓝色供应链的稳定性和柔韧性至关重要，是建立供应链合作关系的基础。从提升胶东经济圈海洋产业蓝色供应链的稳定性层面来看，供应链的不稳定主要表现为断链现象的发生，可以通过建立"链长制"缓解断链的困境，"链长制"能够统筹调度要素资源，实现"延链、补链、强链"，化解突发事件带来的风险②，同时，要完善胶东经济圈海洋产业蓝色供应链基础设施的建设，整合胶东经济圈 5 市的人力、物力、财力资源，补齐海洋产业供应链核心技术研发短板，进而增强胶东经济圈海洋产业蓝色供应链的稳定性。③ 从提升胶东经济圈海洋产业蓝色供应链的柔韧性层面来看，要建立自主可控的蓝色供应链网络，提高海洋产业自主创新能力，要具备预测客户需求的能力，满足客户对于海洋产品和服务的多样化需求，锻造胶东经济圈海洋产业蓝色供应链的鲁棒性，保证在遇到突发事件时供应链链条能够快速反应，建立海洋产业蓝色供应链智能反馈机制、决策机制，通过人与机器一体化协作系统界面实现运作④，预测可能面临的风险，从而提升胶东经济圈海洋产业蓝色供应链的柔韧性。

---

① 毕重人，赵云，季晓南. 基于创新价值链的区域海洋产业创新能力提升路径分析［J］. 大连理工大学学报（社会科学版），2019，40（6）：66-73.

② 张贵. 以"链长制"寻求构建新发展格局的着力点［J］. 人民论坛，2021（2）：41-43.

③ 曹邦英，贺培科，龚勤林. 内陆地区城市群产业链供应链稳定性与竞争力提升研究：以成德眉资同城化为例［J］. 经济体制改革，2021（1）：63-69.

④ 沈小平. 我国供应链脆弱性缓释与自主可控策略研究［J］. 当代经济管理，2021，43（10）：17-23.

第四节　本章小结

随着海洋资源逐渐为人类所认知，为我们高质量发展带来了全新的发展范式，以及资源供给方式，建立与管理现代海洋产业蓝色供应链合作伙伴可以增加海洋产业的生命周期，在开采海域资源的同时，还要强化对海洋生态环境保护和修复，海洋资源的可持续开发，实现海洋产业绿色低碳发展的战略目标。本文创新性地提出了现代海洋产业蓝色供应链新概念，分析胶东经济圈现代海洋产业蓝色供应链的发展现状，通过构建评价指标，为胶东经济圈现代海洋产业蓝色供应链全球合作伙伴的构建提供些许思路，最后提出胶东经济圈构建现代海洋产业蓝色供应链全球合作伙伴关系的实现路径。

蓝碳机制篇

第七章

山东半岛海洋产业蓝色生态治理机制及高质量发展策略

实现山东省海洋经济增量的高质量发展，必须摒弃损害甚至破坏海洋生态环境的发展模式，坚持生态优先原则，以山东省现代海洋产业高质量发展的蓝色生态治理机制。因此，首先，本章从山东半岛海洋产业高质量发展与蓝色生态治理之间的耦合效应分析入手；其次，通过构建山东半岛海洋产业蓝色生态治理机制及蓝色生态评价指标，以此作为海洋产业蓝色生态治理机制与其高质量发展之间寻求平衡；再次，运用 Malmquist 效率指数模型对上述问题进行动态分析，并得出剖析结果；最后，以此为依据提出山东省海洋产业高质量发展的蓝色治理建议及策略，从而实现山东省海洋经济与蓝色生态治理的高质量发展。

2018 年 3 月 8 日，习近平总书记指出，海洋是高质量发展战略要地。要加快建设世界一流的海洋港口、完善的现代海洋产业体系、绿色可持续的海洋生态环境，为海洋强国建设做出贡献。2021 年《山东省国民经济和社会发展第十四个五年规划和 2035 年远景目标纲要》中提出，要加快完善的现代海洋产业体系、绿色可持续的海洋生态环境，推进山东海洋经济高质量发展。要想实现山东省海洋经济增量发展，就要摒弃损害甚至破坏海洋生态环境的发展模式，坚持生态优先的原则，将海洋产业作为新旧动能转换和高质量发展的战略要地，以山东省现代海洋产业发展体系为依托，实现山东省经济结构的进一步优化和升级。高质量发展是推动海洋产业优质发展、促进海洋产业结构有效改善的重要途径，构建海洋资源蓝色生态治理机制则是实现海洋产业高质量发展的基础和前提。由此可见，结合高质量发展理念，在修复和保护海洋生态环境的基础上，山东省海洋经济如何借助海洋蓝碳治理，进一步优化提升海洋产业结构，从而实现山东省海洋经济生态增量的可持续发展，成为当前亟待破解的核心课题之一。

第一节　山东省现代海洋产业现状分析

一、山东省现代海洋产业结构发展状况

山东省海洋产业结构可以按照三次产业分类法，划分一二三产业。海洋第一产业主要是指海洋渔业，第二产业包括海洋盐业、海洋矿业、海洋油气业、海洋生物医药业、海洋化工业、海洋电力和海水利用业、海洋工程建筑业、海洋船舶工业等，第三产业由海洋交通运输业、滨海旅游业、海洋科学研究教育管理服务业组成。根据 2012—2020 年山东海洋三大产业的比重发展情况，其海洋产业结构逐渐向"三二一"分布形式转移，海洋第一、第二产业所占比重大体呈下降趋势，海洋产业发展重心逐渐转移到第三产业，从 2012 年海洋第二、第三产业所占比例相差无几，到 2017 年海洋第三产业比重首次超过 50%，直至 2020 年第三产业所占比重进一步增加，海洋第三产业获得较大增长，说明山东省海洋产业结构逐步趋于调整及优化，着力推动第三产业发展，致力于将传统的"一二三"旧产业结构发展成为"三二一"新型产业结构，促进海洋经济未来发展更加协调科学及合理，如表 7-1 所示。但总体来看，虽然山东省在海洋生物医药、海水淡化等新兴产业领域具有优势，但目前还是以传统型、资源型产业为主，如海洋渔业、海洋盐业等，其海洋产业结构转变之路需要稳扎稳打、循序渐进。

表 7-1　2012—2020 年山东省海洋生产总值构成

类别/%	年份/年								
	2012	2013	2014	2015	2016	2017	2018	2019	2020
海洋第一产业所占比重	6.7	7.2	7.4	7.0	6.4	5.8	4.7	4.2	5.3
海洋第二产业所占比重	49.3	48.6	47.4	45.1	44.5	43.2	42.6	38.7	36.8
海洋第三产业所占比重	43.9	44.2	45.2	47.9	49.2	51.0	52.8	57.1	57.9

二、2012—2020 年山东省海洋生产总值发展概况

山东省作为中国海洋大省及强省，高度重视海洋资源开发及海洋产业的

高质量发展，海洋经济发展前景向好。2012—2020 年，全省海洋生产总值虽有波动但变化幅度不大，整体呈上升趋势，前 7 年持续增长，至 2018 年达到峰值，后两年受疫情影响稍有下降，在地区经济生产总值所占比重前 8 年大致呈上升趋势，从 2012 年的 17.70% 增长到 2019 年的 20.50%，达到峰值。2020 年全省海洋生产总值达 13187 亿元，恢复到上一年的 98.10%，占地区经济生产总值的 18.03%，占全国海洋生产总值的 16.48%。

三、山东省海洋经济发展态势

党的十九大会议将高质量发展的旗帜高高举起，要求加快推进海洋生态强国建设。当前，我国海洋经济已经进入质效转变的关键阶段，实现海洋经济高质量发展是未来我国海洋经济工作的重点内容。山东省将海洋作为高质量发展的战略要地，全力推进海洋强省建设"十大行动"，力求进一步完善现代海洋产业体系，深入挖掘海洋科技创新潜力，搞好海洋生态文明建设，提高海洋可持续发展能力，实现向海图强、经略海洋的美好愿景。一方面，聚焦海洋产业高质量发展，着力提升海洋科技创新水平，优化提升海洋产业结构，在保障传统产业发展优势的基础上发展壮大新兴产业，推动海洋第三产业发展，打造并完善现代海洋产业体系，增强国际竞争力；另一方面，进一步推动蓝色海洋保护与修复，提高海域、海岛和海岸线的集约利用程度，加大海洋环境污染控制力度，促进海洋优良水质面积增加，使海洋生态文明建设水平得到提高，海洋可持续发展能力进一步增强。如图 7-1 所示。

图 7-1　2012—2020 年山东省海洋产业生产总值及其所占比重

第二节　山东省海洋产业高质量蓝色生态治理的实践探索

一、基本目标

山东省海洋产业高质量发展的基本目标是优化完善海洋产业结构布局，加快建设现代海洋产业体系，着力提高海洋科技自主创新能力，把握海洋资源高效、集约、有序开发利用力度，保护修复海洋生态环境，统筹推进海陆域一体化、立体化建设，走依海富国、以海强国、人海和谐、合作共赢的发展战略目标，走出一条特色海洋强国之路。

二、山东省海洋产业蓝色生态治理实践

（一）实施海洋强省战略

积极响应党中央"海洋强国"战略的号召，将海洋经济及其产业作为高质量发展的战略新高地，开展蓝色生态治理工作，做到开发与保护并重、污染防治与生态修复并举，持续改善海洋生态环境质量，维护海洋自然再生产能力，集约高效利用海洋资源，推动海洋生态与海洋产业协同发展，打造水清、滩净、岸绿、湾美、岛丽的蓝色海洋。

（二）坚持海陆域统筹一体化治理

不断完善陆海污染防治体系，实行陆、岸、海生态环境综合防治，以点源治理保流域治理，以流域治理保海洋治理，加大陆源入海污染控制力度、海岸线生态保护、海洋污染防治；高标准推进海洋生态文明建设示范区，划定海洋生态红线区 233 个，建设各类海洋保护区 40 个；积极推进实施"蓝色海湾""退养还湿"等重大项目，累计投入各类资金 50 多亿元，修复整治海岸线 247 公里、海域 2300 多公顷，打造沿海防护林 7.6 万亩，清理垃圾废弃物 100 多万立方米，恢复养护沙滩 40 多公里，近岸海域优良水质面积比例达到 89% 以上，逐步建立起海洋生态修复长效机制。

（三）强化生态保护制度

积极探索加强海洋生态环境保护的制度建设，海洋管理水平不断提高。在全国率先提出集中集约半岛空间规划模式、坚持集中集约节约用海，实施全海域海洋生态红线制度、海洋资源有偿使用和生态补偿等制度；在全国率

先实现沿海市海岸带保护立法全覆盖，实施海岸带分类分段精细化管控，严格保护海洋生态保护区、敏感生态区、自然岸线等海洋生态安全核心区，规范海域开发时序和强度，近岸海域影响生态环境的海水养殖已基本清除；全面实行湾长制，设置省、市、县三级湾长制度，实现省、市、县三级湾长总覆盖，压实各级党委、政府领导责任制；将海洋环保重要指标纳入对沿海各市经济社会发展综合考核体系，提高沿海各市对海洋生态治理工作的重视程度。

第三节　现代海洋产业高质量发展与蓝色生态治理机制构建的耦合关系

一、蓝色生态治理机制的战略内涵

长期以来，凭借丰富的生物资源、便捷的地理条件和优美的生态环境，海洋为人类社会创造了生存和发展条件，而今已逐渐成为人类赖以生存的"第二领域"。但在人类享受海洋带来的机遇和福利的同时，海洋生态问题也随之而生。随着海洋产业经济迎来转型升级的关键阶段，政府大力推进海洋产业高质量发展，海洋生态环境治理问题逐渐被广泛提及。蓝色生态治理机制旨在联动多元主体参与生态治理，打造形成统一协调的海洋生态治理机制，解决海洋生态环境问题，其战略内涵主要包括以下几方面。一是联动各级政府机关与社会各界组织，细化海洋生态治理措施。国家政策规定是海洋生态治理的根本遵循和科学指引，联动各级政府及动员社会各界力量，将宏观层面上的政策要求向下传达，细化落实为实际行动，统筹建立海洋生态治理机制。二是联动高等院校和科研机构，提高海洋产业科技创新能力。招纳海洋高科技人才，推动海洋科技创新平台落地，加快海洋产业转型升级。三是积极开展海洋生态保护修复工程建设及固化工作，建立与完善陆地、海岸和海洋生态环境的综合治理、立体治理制度体系，加大污染防治力度。

二、海洋产业高质量发展与蓝色生态治理机制构建之间的互动关系

实施海洋生态环境保护与修复、构建蓝色生态治理机制，是实现我国海洋产业高质量发展的前提和基础条件，两者相互关联、相互依存、相互影响

及相互作用，前者对后者的发展具有推动作用，后者也能够反过来促进前者进一步高质量发展。保护并修复海洋生态环境，加快蓝色生态治理机制构建，是加快海洋强国建设、实现高质量发展的重点工作内容。当前海洋产业经济发展往往一味追求经济效益，过度开发海洋资源，破坏海洋生物多样性，造成海洋严重污染，忽视了对海洋生态环境的保护，形成了非健康、非可持续的发展模式。要想推动海洋产业转型升级，实现健康可持续的海洋经济发展，则需要从保护修复海洋生态环境，开展海洋生态治理着手。只有海洋生态环境持续向好发展，才能使得海洋逐渐恢复自然再生产能力，才能依靠海洋资源将海洋产业持久、健康及稳定地发展下去，实现海洋产业高质量发展。而海洋产业高质量发展要求在保证当前经济发展速度不变的情况下，实现创新、协调、绿色、开放、共享发展，这也恰恰说明实现海洋产业高质量发展必须以海洋生态环境保护修复为前提，海洋产业的高质量发展能够加快海洋生态治理脚步，从而推动海洋生态环境进一步优化提升。

第四节　基于 Malmquist 效率指数模型的动态分析

一、山东半岛海洋产业蓝色生态评价指标体系构建

为改善提升海洋生态环境，加快海洋经济高质量发展，本文利用生态效率这一概念对山东省海洋产业经济可持续发展展开分析，构建山东省海洋产业蓝色生态指标评价体系。生态效率的核心理念是在生态保护的基础上以最少资源使用来获取最大效益。因此，结合以往研究，根据系统性、科学性、相对独立性、可操作性等指标选取原则，构建山东省海洋产业蓝色生态评价指标体系，对山东省海洋产业生态效率进行评价。如表 7-2 所示，本章选取投入和产出作为一级指标，用资源消耗作为投入指标，用环境损失和经济产出作为产出指标。资源消耗指标用养殖面积和科研投入来表示，包括海水养殖面积、海洋研究与开发机构 R&D 人员两项具体指标；环境污染指标用海洋污染来表现，具体指标为海洋石油勘探开发生产污水；经济产出指标则用海洋生产总值来表示。各项指标数据来源于 2012—2019 年《中国海洋经济统计年鉴》，考虑到数据的可获得性，我们主要针对 2012—2018 年山东省海洋产业经济发展情况进行研究。

表 7-2　山东省海洋产业蓝色评价指标体系

一级指标	二级指标	三级指标	具体指标	指标含义
投入指标	资源消耗	养殖面积	海水养殖面积（公顷）	反映海洋可供养殖的面积
		科研投入	海洋研究与开发机构 R&D 人员（人）	反映海洋科研水平
产出指标	环境损失（非期望产出）	海洋污染	海洋石油勘探开发生产污水（万立方米）	反映海洋生态污染情况
	经济产出（期望产出）	海洋经济生产总量	海洋生产总值（亿元）	反映海洋产业经济发展情况

二、Malmquist 效率指数模型

Malmquist 效率指数这一概念是 1953 年由 Malmquist 首先提出的，发展到 1982 年，Caves、Christensen 与 Diewert 开始利用这个指数来衡量生产效率的变化，他们发现在多投入多产出的条件下，基于投入的全要素生产率指数可以用 Malmquist 效率指数来表示。1994 年，Rolf、Fare 等将这一理论中的一种非参数线性规划法和数据包络分析法结合起来使用，自此以后，Malmquist 效率指数的应用领域逐渐扩大，目前主要针对 t 到 $t+1$ 时期决策单元全要素生产率（TFP）的变动情况展开测算。Malmquist 效率指数的数学表达式为：

$$M(x^t, y^t, x^{t+1}, y^{t+1}) \left[\frac{Dc^t(x^{t+1}, y^{t+1})}{Dc^t(x^t, y^t)} \times \frac{Dc^{t+1}(x^{t+1}, y^{t+1})}{Dc^{t+1}(x^t, y^t)} \right]^{\frac{1}{2}} \tag{1}$$

当 $M>1$ 时，表示从 t 到 $t+1$ 时期全要素生产率水平得到提高；反之，当 $M<1$ 时，表示从 t 到 $t+1$ 时期全要素生产率水平下降。

Malmquist 效率指数可以分解为综合技术效率变化指数（EC）和技术进步指数（TC），综合技术效率变化指数（EC）又可以分解为纯技术效率指数（PE）和规模效率指数（SE），用数学公式表示为：

$$TEP = EC \times TC = PE \times SE \times TC \tag{2}$$

技术进步指数（TC）体现了 t 到 $t+1$ 时期生产技术的变化情况，$TC>1$ 时，说明生产技术水平有所提高，$TC<1$ 时，说明水平下降。综合技术效率变化指数（EC）反映的是 t 到 $t+1$ 时期技术效率的变化，其中，技术效率变化指数（PE）反映了生产管理水平对生产率的影响，$PE>1$ 时，表示生产率提

高，反之表示下降，规模效率指数（SE）反映了生产规模对生产率的影响，SE>1 时，表明有利于效率提升，SE<1 时则相反。

三、数据分析

运用 DEAP2.1 软件，选取 Malmquist 效率指数模型，对于 2012—2018 年山东省海洋产业生态效率发展情况展开动态分析，探究影响山东省海洋产业经济高质量发展的因素，剖析及研究结果如表 7-3 所示。

表 7-3　山东省海洋产业 Malmquist 效率指数及其分解

时间区间	综合技术效率变化指数	技术进步指数	纯技术效率指数	规模效率指数	Malmquist 效率指数
2012—2013 年	1.000	1.035	1.000	1.000	1.035
2013—2014 年	1.000	1.081	1.000	1.000	1.081
2014—2015 年	1.000	1.990	1.000	1.000	1.990
2015—2016 年	1.000	0.661	1.000	1.000	0.661
2016—2017 年	1.000	0.985	1.000	1.000	0.985
2017—2018 年	1.000	0.884	1.000	1.000	0.884
平均值	1.000	1.042	1.000	1.000	1.042

注：平均值表示 2012—2018 年的几何平均值。

根据表 7-3 所得结果，2012—2018 年山东省海洋产业的 Malmquist 效率指数年均增长率为 4.2%；纯技术效率指数和规模效率指数均为 1.000，年均增长率为 0，没有发生变动；技术进步指数发生明显变化，2012—2013 年、2013—2014 年、2014—2015 年三个时间区间内数值均维持在 1.000 以上，进步较为明显，且每年的增长率都在增大，至 2014—2015 年阶段年增长率达到峰值，后续阶段海洋科技创新能力劲头不足，数值未能突破 1.000，反映出海洋科技创新水平提升对于海洋产业生态效率增长具有正面影响，未来加大海洋科研投入力度、提高科技创新水平等对于海洋产业可持续发展及高质量发展具有重要的战略价值及实践意义。

第五节　山东省海洋产业高质量发展的蓝色生态
治理机制构建的策略

一、高质量发展的基本思路

山东省海洋产业实现高质量发展要始终坚持生态优先，着力开展海洋生态环境保护修复系统工程的建设，把海洋生态文明建设作为推动海洋经济高质量发展的助推器和原动力。科学开发利用海洋资源，探索市场化、可持续的生态产品价值实现路径，以创新驱动构筑海洋产业链供应链与蓝色生态治理机制融合发展、协同发展的新经济、新技术、新模式和新业态作为其目标实现的手段及途径，加快构建生态产业化、产业生态化、治理数字化、管理智慧化的现代海洋生态经济高质量发展与海洋环境保护体系，持续提升及维护海洋自然再生产能力，促进海洋经济可持续发展。

二、构建策略

结合学界现有的研究成果，根据 Malmquist 效率指数模型动态分析所得结论，为实现山东半岛海洋产业经济生态增量持续发展，推动海洋产业高质量发展与蓝色生态治理机制构建，主要提出如下对策建议。

（一）加快推动海洋产业转型升级，优化提升海洋产业结构体系

当前山东省海洋产业经济发展仍以传统优势产业为主导，新兴产业发展有待加强，海洋产业结构亟待优化升级。因此，加快推动海洋产业转型升级，优化提升海洋产业结构体系对山东省海洋经济的蓬勃发展具有重要推动作用。一方面，要在夯实海洋渔业、海洋运输业等传统产业发展基础上，升级更新产业技术和生产产品，提高产业经济效益和生态效率，同时，积极推动海洋化工、海洋新能源等新兴产业发展，促进海洋产业提质增效和优化升级；另一方面，在保证海洋第一、第二产业形成高质量发展的情况下，着力提升海洋牧场、滨海旅游、生态康养业等高附加值的海洋生态产业所占比重，发挥海洋生态产业集聚效应，利用生态价值创造经济增长点，实现海洋第三产业发展规模提升，推动海洋经济高质量发展。

（二）提高海洋产业科技创新能力，积极扶持海洋科技研发

科技兴海是发展海洋产业经济的重要策略，推动海洋产业科技发展水平提升，积极扶持海洋科技研发，能够有效推动海洋产业经济高质量发展。其一，政府应当积极鼓励和促进海洋产业科研投入与研发，出台相关福利政策支持当地海洋科技型企业发展，给予财政、税收等方面的帮助，同时，政府对内要主动对接、服务当地各类海洋科研机构和科研平台，加大对当地涉海院校的建设力度，对外要积极吸引各类科研平台前来当地落户或者设立分支机构，建立健全与外地涉海院校和科研院所的合作机制，提高当地海洋产业科技自主创新能力；其二，要进一步完善人才引进制度，适时修订人才引进优惠政策（包括落户、科研和人事），积极培育和吸纳高素质高水平涉海专业技术人才在当地就业创业，扩充海洋产业经济人才储备库，继续发挥科研教育的作用，致力于促进科技成果产业化。

（三）推动海陆污染联合防治，加强海洋生态保护修复

当前山东省面临的海洋生态环境问题，一方面是由于陆源污染流入海洋，海洋生态遭到损害；另一方面是由于环境保护不到位，湿地、海湾等海洋生态系统遭到破坏。因此，推动海陆污染联合防治，加强海洋生态保护修复是促进海洋生态环境向好发展的有效途径。首先，加大海陆污染同步监管力度，严格管控陆源污染入海，减少陆域经济活动对海洋环境造成的污染，积极探索打造海洋环境资源产权制度、排污权交易制度等，政府和市场两主体相辅相成，协调发挥调节管控作用。其次，针对重点海域开展生态治理工作，结合各区域实际情况制定保护修复策略，遵循自然修复为主、人工修复为辅的基本准则，着力修复河口、海湾和滨海湿地等重要海洋生态系统的生态功能，逐步实现海洋自然再生产能力的恢复提升。

（四）构建海洋数智化蓝碳生态机制，促进海洋产业低碳化

实施海洋产业蓝碳战略，建立山东省海洋"蓝碳"标准体系。保护和修复现有的蓝碳生态系统，根据海岸带生态系统的分布情况和当地情况，通过生态红线、海洋保护区、环境影响评价等手段严格控制海洋资源开发强度，维护蓝碳自然生态系统的结构和功能的完整性。继续开展海洋生态系统修复工程。加强科学研究和监测，完善蓝碳标准体系。通过实地调查和监测，开展基线研究，明确沿海区域蓝碳生态系统的分布、状况和增汇潜力。建立蓝碳研究网络和数据网络，促进数据共享与标准化建设。利用市场手段推动蓝碳发展，在山东半岛海洋地区试点蓝碳交易，探索蓝碳交易市场的运行模式

和机制，并着手构建蓝碳交易市场政策法规体系。结合海洋蓝碳的特点，建立蓝碳项目的监测、报告和核查体系及蓝碳核证核查队伍。

第六节　本章小结

海洋生态环境保护与修复是实现现代海洋产业高质量发展的基础和条件，是海洋生态系统固碳能力提升的抓手和依据，也是实现蓝色生态治理的前提条件。加快山东省海洋经济蓝色治理体制建构，顺应建设海洋强国的需要，提升海洋产业高质量发展，促使海洋经济发展与海洋生态环境两者协调及相互促进，成为山东半岛新旧动能转换的创新点和新动力。

第八章

胶东经济圈海洋产业蓝色供应链与碳汇机制协同创新及策略选择

　　倡导深耕"蓝色国土"发展理念及实现"双碳"目标对高质量发展现代海洋产业提出了新要求。本章以上述两者协同发展为主旨，在海洋产业蓝色供应链与碳汇机制内涵及两者之间协同机理分析的基础上，以胶东经济圈具有代表性的船舶制造供应链为研究对象，通过复合系统协同度模型实现船舶制造供应链生态系统、生产系统与碳汇机制等子系统协同的分析，结果显示：首先，船舶工业供应链生产系统与碳汇机制各子系统之间存在协同关系但协同效应较弱且存在不协同发展状况；其次，截至2020年，船舶工业供应链生态系统与碳汇机制各子系统之间的协同度高于生产系统和生态系统之间的协同度，但最高仍处于一般协同水平；再次，船舶工业供应链系统与碳汇机制系统之间的协同发展水平虽处于上升趋势，但处于一般协同发展水平；最后，依据测算结果从船舶制造供应链与碳汇机制系统两者相互协同的角度提出若干建议，作为在国家"双碳"目标引领下，指导胶东经济圈海洋产业蓝色供应链绿色化发展提供协同模式及路径借鉴。

第一节　胶东经济圈海洋产业蓝色供应链和碳汇机制协同关系分析

一、现代海洋产业蓝色供应链概述

　　海洋产业蓝色供应链是陆域经济发展到一定阶段的产物，是对陆域产业供应链向海域产业供应链的空间延伸与拓展，表现为以蓝色经济发展为载体，以海洋产业组织群体为依托，从纵向与横向两维出发，借助政府政策的导向力、号召力，以及产业组织企业的责任感、使命感及科技硬实力，整合与链接海洋产业中的供应商—制造商—分销商—客户等运营主体、海洋各产业门

类以及各海洋经济区域，通过经济关联、产业互动、资源共享及业务依存等方式，形成现代海洋产业纵向一体化的上下游协同组织及横向一体化协作的蓝色供应链利益共同体与命运共同体。其中，纵向一体化意味着构成海洋产业蓝色供应链的运作关联体和业务协作体的战略、战术、操作层面协同达成一致的经营理念、顺畅衔接的业务体系及资源共享的发展模式，发挥协同模式下资源利用效率的最大化、价值创造链条的集成化、创新链条的共享化及成本控制最小化等优势；横向一体化表示蓝色供应链中的供应商、制造商、分销商及零售商等成员水平一体化协作的横向协调合作关系，为海洋产业蓝色供应链高质量发展提供诸如技术、资金、研发、专业咨询、人力资本等综合服务体系的协作组织，为海洋产业供应链提供持续创新发展的动力与支持，是海洋产业供应链跨地区、跨行业及跨领域的合作与协调平台。例如，海洋科研部门与海洋企业联系频繁以促进产、研匹配度的提升，政府部门以实地勘察方式与海洋企业进行交流、以政策等方式形成对海洋产业组织的政策倾斜及支持；海洋生态系统与海洋企业协调共生以保证海洋产业的可持续发展。

二、海洋碳汇机制赋能海洋生态环境保护

（一）政策引领机制

政府引领机制是各类新型产业不断探索新模式、新路径的支撑与动力。基于国家政策的导向性、强制性及权威性，以积极贯彻低碳发展理念为基础，以资金投入、政策扶持、机制建立为主要手段，为形成海洋碳汇经济及实现海洋生态环境保护和修复等宗旨提供必要的基本保障、有效指导与关键动力。

（二）技术驱动机制

以碳汇智慧化、数字化为理念，通过政策导向、各海洋经济主体、海洋生态环境监测、政府相关主管部门间等建立相互协同、协调、协作的合作关系，并借助现代技术与手段实现并形成包括海洋碳汇资源可测、碳排放量可追踪、碳排放监测等构成的技术驱动机制，建立与健全技术引领、政策赋能、资源匹配的高效、精准及成熟的碳汇市场。确保以技术驱动方式实现海洋产业蓝色供应链体系的稳定性和综合竞争力，充分发挥碳汇市场在资源调节、奖惩有度、公平交易的海洋碳汇技术驱动机制。

（三）生态补偿机制

海洋碳汇的内涵是实现海洋生态文明与海洋经济发展高度统一的双重目标，其中，生态保护是动力也是底线。海洋碳汇的主体是滨海湿地、红树林、

海草、海藻等，人类对其掌控能力远低于陆域范围，加之海洋资源的非竞争性、非排他性，在进行海洋碳汇资源利用及开发过程中，因过高追求经济效益从而极易产生负面效应溢出，并影响海洋经济及产业的可持续发展和高质量发展。因此，特别需要政府政策引领的调节功能，率先发挥政府在海洋碳汇制度的顶层设计特殊作用。首先，通过政策导向、制度约束、法律规范及严密规则等成为对各海洋经济主体科学合理地利用碳汇资源的标尺及圭臬，包括对海洋制造业废水入海等陆域产业管控；其次，最大限度调动政府主管部门监管监测、海洋产业组织履行、社会各界监督等主观能动性和积极性，科学合理地组织扩充扩充海草、海藻及近海植物等蓝碳资源的育种、培育、推广、种植或养殖的面积与建设规模；最后，通过海洋碳汇市场的调节作用，建立生态保护激励机制，以规范的市场交易建立与健全海洋生态补偿机制，借此以鼓励全社会形成生态先行的科学发展理念。

（四）蓝碳市场交易机制

赋予蓝碳经济属性，通过建立蓝碳交易标准，以政府统筹规划为先导，吸收与借鉴国际经验及教训，结合中国国情，以蓝碳提供组织及蓝碳排放组织为主体，搭建蓝碳交易市场，将蓝碳作为海洋经济新增长点及国际合作的桥梁和中介。首先，政府就蓝碳交易价格、交易主体及交易规模等形成完备的标准体系；其次，在政府施行碳配额、提供交易标准等便利条件下，各碳排放主体之间、碳排放主体与蓝碳提供组织之间进行蓝碳交易，并逐步将成熟的蓝碳交易作为本地市场、国内外市场及国际市场之间合作的衔接点，强化交易往来的公正性、公平性及规范性，以带动与促进海洋生态文明建设；最后，搭建基于大数据、云计算、物联网等技术加持下政府统筹规划的蓝碳交易联盟式区块链平台，区块链内各海洋经济主体在政府授权下从事蓝碳交易活动，依法交易、规范操作、有法必依，对政府及海洋生态环境负责，严禁出现以牺牲生态文明为代价的不法行为。

三、海洋产业蓝色供应链与碳汇机制协同机理分析

海洋产业蓝色供应链的范畴囊括了海洋第一、第二、第三产业，其中相较于海洋第一、第三产业而言，海洋第二产业的海洋制造业作为海洋经济高质量发展的基础核心板块，海洋经济发展的核心关键，其发展潜力空间巨大，既是现代海洋经济发展支柱性、先导性产业，也是新旧动能转换的重点领域，更是一国海洋经济发展的重要引擎和助推器，然而，对海洋生态环境易造成破坏而影响经济高质量发展的步伐。因此，其协同创新成为我国认识海洋、经略海洋的重要支撑，强化对其海洋生态文明与经济增长协同创新的持续探索，对于实现"双碳"目标与建设海洋经济强国乃至强省都具有极为重要的理论指导意义和现实应用价值。因此，在现有数据受限情况下，本文仅以隶属于海洋第二产业中的船舶制造为例，通过船舶制造产业蓝色供应链与碳汇机制协同机理进行纵深分析及实证探究，以获取船舶制造供应链系统与碳汇机制系统互利共生、相辅相成的关联性，对其从海洋碳汇机制系统内部各机制与船舶供应链各环节的协同发展方面展开分析。海洋碳汇机制系统各主体通过资金关联、动力支撑等形成协作共同体，进而实现碳汇机制系统的建设与完善，随之从船舶制造蓝色供应链多环节及全流程，通过政策引领、技术驱动、生态补偿机制及蓝色碳汇市场建设，探索其协同创新的发展动力。此外，船舶制造供应链上下游全过程共同参与绿色技术研发、高污染物合理处置等主动降低碳排放量，促进船舶制造产业供应链可持续发展和高质量发展。与此同时，为海洋碳汇机制及其系统的建立及完善提供相应的人力、技术、资金等要素支持，以作为海洋碳汇机制系统发挥市场规律及综合功能的支撑体系。

第二节　海洋产业蓝色供应链与碳汇机制协同模型构建

一、海洋产业蓝色供应链系统与碳汇机制系统有序度模型

（一）子系统有序度模型

复合系统协同度模型是对协同对象之间的协同效果进行定量分析的有效方法，其主体包含复合系统、子系统及序参量。以 $S= \{S_1, S_2, S_3, \cdots, S_k\}$ 代表构成复合系统 S 个 k 子系统，对于任意子系统 S_j，$j= [1, k]$，存在序参量 $e_j = (e_{j1}, e_{j2}, e_{j3}, \cdots, e_{ji})$，其中，$n \geqslant 2$，$\beta_{ji} \leqslant e_{ji} \leqslant \alpha_{ji}$，$i \in [1, n]$，$e_{ji}$ 是描述子系统发展状况的各项指标。令 α_{ji} 和 β_{ji} 为 e_{ji} 的上下限，学界关于 e_{ji} 的上下限取值暂无标准，其中，将各序参量最大值上浮 10% 及最小值下浮 10% 来确定上下限的方法居多。根据各序参量的特性，序参量分为正向指标及负向指标两类：若序参量 e_{j1}，e_{j2}，$\cdots$，e_{jm} 为正向指标，表示对其所属子系统有序度呈现正相关性；若序参量 e_{jm+1}，e_{jm+2}，$\cdots$，e_{jm+n} 为负向指标，表示对其所属

子系统有序度呈现消极影响。由此，子系统 S_j 的序参量 e_{ji} 的有序度可表示为式（1）。其中，系统有序度意涵系统内部各组成部分从空间、时间及运动转化中呈现出合规性的程度，即系统内部各要素各司其职并有效配合提升实现系统功效最大化。

$$u_j(e_{ji}) = \begin{cases} \dfrac{e_{ji} - \beta_{ji}}{\alpha_{ji} - \beta_{ji}}, i \in [1, m] \\ \dfrac{\alpha_{ji} - e_{ji}}{\alpha_{ji} - \beta_{ji}}, i \in [m+1, n] \end{cases} \quad (1)$$

基于式（1）计算得到各序参量有序度后，通过线性加权求和方式各子系统有序度计算，其数学表达式如式（2）。其中，各序参量权重通过熵权法进行确定。

$$u_j(e_j) = \sum_{i=1}^{n} \omega_i u_j(e_{ji}), \omega \geq 0, \sum_{i=1}^{n} \omega_i = 1 \quad (2)$$

（二）海洋产业蓝色供应链系统与碳汇机制系统有序度评价指标体系

综合考虑生态文明与海洋经济发展双重目标，建立包含生态系统及生产系统的船舶工业供应链系统。对生态系统的考虑集中在降低及消除污染源两个渠道，形成了船舶污染事故数量、船舶工业绿色技术、船舶工业污染物量降低水平三项序参量。对人力、物力、财力进行生产系统综合考量，造船完工量、船舶工业从业人数、造船完工量全球占比、船舶工业生产总值增加额四个序参量。结合上述碳汇机制的分析，将政策引领系统、技术驱动系统、生态补偿系统、蓝碳市场交易系统等视作碳汇机制系统的子系统，并根据相应机制解释建立各系统序参量。具体内容如表8-1所示。

表8-1　海洋产业蓝色供应链系统与碳汇机制系统评价指标

目标层	子系统	序参量
船舶工业供应链系统	生态系统	船舶污染事故数量
		船舶工业绿色技术
		船舶工业污染物量降低水平
	生产系统	造船完工量
		船舶工业从业人数
		造船完工量全球占比
		船舶工业生产总值增加额

续表

目标层	子系统	序参量
碳汇机制系统	政策引领系统	资金投入
		政策便利
		协调效果
	技术驱动系统	海洋碳汇相关 R&D 经费支出
		人力资源可供给性
		产学研一体化程度
	生态补偿系统	自然保护区建设面积
		直排入海污水量
		一类海水面积比重
	蓝碳市场交易系统	碳汇监测能力
		碳汇计算能力
		碳汇标准完善度
		交易平台完善度

二、海洋产业蓝色供应链与碳汇机制复合系统协同度模型

（一）复合系统协同度模型

结合上述对复合系统中子系统有序度的测算，假设在初始时刻 t_0，复合系统子系统有序度为 $u_j^0(e_j)$，在 t_1 时刻，复合系统子系统有序度为 $u_j^1(e_j)$，那么复合系统协同度 C_m 可以表示为式（3）。

$$C_m = \lambda_k \sqrt{\prod_{j=1}^k \left[u_j^1(e_j) - u_j^0(e_j) \right]}, \lambda = \begin{cases} 1, u_j^1(e_j) \geq u_j^0(e_j) \\ -1, u_j^1(e_j) \leq u_j^0(e_j) \end{cases} \tag{3}$$

λ 的取值表示，当且仅当所有子系统在 t_0 时刻有序度大于 t_1 时刻有序度时，其取值才会出现正值；反之，系统有序度为负值或者 0。C_m 增加时间意义后，即表示复合系统从 t_0 演变到时刻 t_1，复合系统的协同度达到的水平。对于复合系统协同水平的评价标准，在此借鉴相关学者的划分标准①，形成表8-2所示的评价标准。

---

① 张近乐，章柯. 军民融合科技创新系统协同度研究：基于秦巴山脉区域省市航空航天制造业的实证分析 [J]. 财经理论与实践，2020，41（2）：115-120.

表 8-2　复合系统协同水平评价标准

协同度	系统协同状态
(-1, 0)	不协同
(0, 0.3)	低度协同
(0.3, 0.7)	一般协同
(0.7, 1)	高度协同
1	协同一致

（二）海洋产业蓝色供应链与碳汇机制复核系统协同度模型

从 3 个层面构建胶东经济圈海洋产业蓝色供应链（船舶制造业供应链）与碳汇机制协同度模型并实现各层面协同度分析，如图 8-1 所示。

（1）由船舶制造业供应链中的生产系统分别与碳汇机制 4 个子系统组合形成 4 个复合系统，分析 4 个复合系统之间协同度以解释船舶供应链与碳汇机制的协同发展状态。

（2）以船舶工业供应链中的生态系统与碳汇 4 个子系统组合形成 4 个复合系统，探究 4 个复合系统之间的协同发展状态。

（3）以船舶工业供应链系统及碳汇机制系统为复合系统，探析两者之间的协同关系。

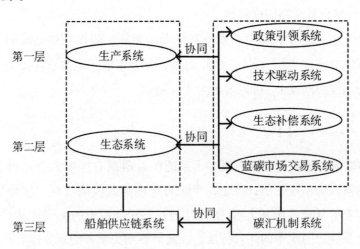

图 8-1　海洋产业蓝色供应链与碳汇机制复核系统协同度模型

第三节　实证分析

在实现各子系统有序度及复合系统协同度分析之前，基于从《中国船舶工业统计年鉴》《中国科技统计年鉴》《中国低碳年鉴》《中国海洋环境公报》2016—2020年部分指标获取的客观数据和5位专家打分后，去掉最高值及最低值后的平均值形成的原始数据，利用熵权法进行序参量及子系统各指标权重赋值，结果如表8-3所示。专家对各指标的评价分为5个等级，依次为非常好、好、中等、差、非常差，应对分值依次为100、80、60、40、20。

表8-3　系统指标权重

目标层	子系统	权重	序参量	权重	目标层	子系统	权重	序参量	权重
X	X_1	45.04%	X_{11}	13.22%	Y	Y_2	22.85%	Y_{21}	11.43%
			X_{12}	11.88%				Y_{22}	5.71%
			X_{13}	19.94%				Y_{23}	5.71%
	X_2	54.96%	X_{21}	22.03%		Y_3	21.23%	Y_{31}	6.47%
			X_{22}	7.54%				Y_{31}	9.58%
			X_{23}	16.56%				Y_{33}	5.18%
			X_{24}	8.83%		Y_4	33.59%	Y_{41}	5.71%
Y	Y_1	22.30%	Y_{11}	5.98%				Y_{42}	11.56%
			X_{12}	5.71%				Y_{43}	5.71%
			Y_{13}	10.61%				Y_{44}	10.61%

一、碳汇机制及船舶工业供应链子系统有序度

基于式（1）及式（2）实现碳汇机制及船舶供应链子系统有序度测算，结果如表8-4所示。数据结果显示，自2016年以来船舶工业供应链生态系统有序度总体呈现上升趋势，可能的原因在于陆域发展的经验、国家对绿色发展的重视及雄厚经济实力的支撑促使全社会绿色化发展意识增强、绿色技术投入扩大并取得相应的成效；同样地，船舶工业供应链生产系统有序度也呈现上升趋势，表明生产系统内部的协调配合程度逐步提升；碳汇机制各子系统有序度整体呈现上升状态，说明社会各主体对生态环境的关注程度上升并

逐步采取有力措施减源增汇与实现各子系统内部各职能的协调配合。

表8-4 子系统有序度

项目 年份	X_1	X_2	Y_1	Y_2	Y_3	Y_4
2016 年	0.36	0.21	0.26	0.31	0.45	0.28
2017 年	0.38	0.24	0.55	0.23	0.61	0.39
2018 年	0.43	0.24	0.31	0.38	0.35	0.33
2019 年	0.53	0.29	0.62	0.62	0.45	0.61
2020 年	0.60	0.56	0.76	0.79	0.69	0.72

二、船舶工业供应链生产系统、生态系统与碳汇机制各子系统协同度

依据式（3）对船舶工业供应链生产系统、生态系统与碳汇机制各子系统的测算结果，2017—2020 年 4 年时间里，生产系统、生态系统与碳汇机制各系统的协同度整体都呈现上升趋势。如表 8-5 所示，其中表明，船舶工业供应链生产系统、生态系统与碳汇机制各系统之间协调配合水平在逐步提升，然生产系统与碳汇机制各系统的协同度基本处于低度协同或更甚，最高达到一般协同，甚至个别年份出现非协同的状态，表明船舶工业供应链经济发展与"双碳"目标的实现仍存在矛盾，船舶工业供应链的生产系统与碳汇机制各系统之间并未达到高效的有益互动。船舶工业供应链生态系统与碳汇机制各系统的协同度直至 2020 年均达到一般协同的水平。对于生产系统、生态系统与碳汇机制各系统 2021 年及 2022 年协同度的预测显示，各系统之间的协同度均呈现出上升的趋势，这可能与 2020 年我国提出"双碳"目标的承诺密切相关。"双碳"目标的国际承诺对各行业绿色化发展提出了更高要求，随之而来的是更加完善的法律法规、规章及规范性文件的约束、保障、引导与激励，其中，技术驱动对包括海洋船舶工业供应链在内的其他各类海洋产业绿色化发展产生积极影响。

表8-5 生产系统、生态系统与碳汇机制各子系统协同度

项目 年份	$X_2\&Y_1$	$X_2\&Y_2$	$X_2\&Y_3$	$X_2\&Y_4$	$X_1\&Y_1$	$X_1\&Y_2$	$X_1\&Y_3$	$X_1\&Y_4$
2017 年	0.08	-0.04	0.06	0.05	0.18	0.15	0.12	0.18
2018 年	0.06	0.07	-0.08	0.06	0.25	0.17	0.19	0.26

续表

项目 年份	X_2&Y_1	X_2&Y_2	X_2&Y_3	X_2&Y_4	X_1&Y_1	X_1&Y_2	X_1&Y_3	X_1&Y_4
2019 年	0.25	0.23	0.00	0.24	0.36	0.29	0.28	0.32
2020 年	0.35	0.34	0.24	0.32	0.43	0.35	0.37	0.40
2021 年 （预测）	0.53	0.51	0.42	0.49	0.56	0.49	0.51	0.49
2022 年 （预测）	0.72	0.68	0.66	0.65	0.72	0.65	0.70	0.61

注：鉴于数据获取的局限性，选择 GM（1，1）方法对 2021 年及 2022 年的协同度进行预测。

三、船舶工业供应链系统与碳汇机制协同度

基于式（1）及式（2）对各子系统有序度测算结果汇总，得出船舶工业供应链系统及碳汇机制系统有序度，结果显示 2018—2020 年船舶工业供应链系统有序度依次为 0.28、0.31、0.32、0.40、0.70，碳汇机制系统有序度依次为 0.27、0.37、0.39、0.60、0.71，据此结果结合式（3），计算得出船舶工业供应链系统与碳汇机制系统组成的复合系统协同，2017—2020 年该复合系统协同度依次为 0.12、0.19、0.20、0.35，利用 GM（1，1）模型对 2021 年及 2022 年两者的协同度进行预测，结果依次为 0.47、0.67。结果显示，船舶工业供应链系统与碳汇机制系统之间自 2017 年来由低度协同发展逐渐转变为一般协同发展，表明两者之间"零和博弈"效应逐渐减弱。表层原因在于船舶供应链系统有序度整体呈现上升状态，即生产系统与生态系统之间逐步形成较为有效的协同式发展，与此同时，碳汇机制系统有序度也呈现上升趋势，两者协调一致的发展状态促使两者的协同度呈现不断上升的态势。但两者之间的协同仍处于一般协同状态，表明未来山东船舶工业供应链需要充分发挥各方力量落实《山东省"十四五"海洋经济发展规划》中对建设可持续海洋生态环境的要求，实现船舶工业供应链与碳汇机制系统向更高程度协同迈进。深层原因可能在于我国海洋船舶生产能力的提升、科学技术进程的推进、海洋生态环境污染的劣势、国家对海洋生态文明建设的高度重视及具体要求、"双碳"目标的承诺等对各海洋产业与生态环境协同发展提出了高标准管制，也为两者的协同发展奠定了一定的政策导向基础。

第四节 海洋产业蓝色供应链与碳汇机制
协同创新发展的对策建议

一、提升海洋产业蓝色供应链能力，促进其可持续发展

（一）强化海洋产业蓝色供应链生态保护能力

提升海洋产业蓝色供应链生态保护能力为其与碳汇机制协同发展水平提升提供了动力。一方面，以技术创新实现新旧动能转换，推进产业绿色化进程，从源头降低碳排放量。绿色技术虽由于机器设备更新成本、研发成本、推广应用成本、时间成本、员工培训成本等形成短时间对经济增长的抑制作用，但从长远及全局战略角度而言，技术创新对经济增长将显示出正向促进与推动作用，短暂的抑制作用不会改变绿色技术对"双碳"目标实现正向反馈的本质。另一方面，通过多主体共同参与以改善海洋生态环境。首先，完善海洋生态环境监测追踪系统，精准追踪污染源头、污染类型及污染量，将污染行为责任具体到海洋产业供应链各环节的成员企业当中；其次，以政府规制为主导，发挥其统筹能力、权威性及强制性，以柔性理念宣传及刚性奖惩机制相结合的方式，加强海洋污染防治及海洋资源合理利用，为海洋产业蓝色供应链生态保护能力及两者协同发展效率提升奠定政策与制度基础；最后，各海洋产业主体深化可持续发展理念，将生态环境保护作为产业发展的首要考虑原则，通过企业规章约束先破坏后治理非经济行为现象的发生。

（二）提高现代海洋产业蓝色供应链生产能力

提高海洋产业供应链生产能力，发挥其对碳汇机制系统的资源支撑作用。以山东半岛特别是胶东经济圈海洋船舶工业为例，海洋船舶工业蓝色供应链的短板在于生产能力与业务水平的产业积淀不足，技术驱动机制尚需持续健全与完善，否则将影响其生产能力与碳汇机制系统的协同水平。因此，胶东经济圈船舶制造业供应链应当注重其全链条的生产能力、业务水平的提升，以及两者之间的协调发展，进而形成有序的海洋产业供应链生产系统与碳汇机制系统间协调、协同的互促、共进良好发展局面。

二、加强多部门联动，完善海洋碳汇机制的集成功能

（一）以政府为主导，链接各技术研发部门实现碳汇资源精准计算技术的研发

以政府为主导，链接各技术研发部门实现碳汇资源精准计算技术的研发。重点做好海洋生态系统固碳能力的全面提升，尤其是对盐沼湿地、海草床、海藻场、贝藻养殖等典型海洋生态系统进行调查监测、评估分析，探索国内外先进技术、发展模式，为胶东经济圈海洋碳汇机制提炼和汲取相关的借鉴与启示，动员社会各界力量共同探讨海洋碳汇能力的综合评价体系，并作为其海洋产业蓝色供应链协同创新的理论及政策依据。

（二）政府联合相关部门制定碳汇交易标准

政府联合相关部门制定碳汇交易标准，包括交易价格、碳额、碳税及其交易规模等，依据海洋碳汇机制的经济属性，遵循海洋碳汇的法理原则，充分发挥海洋碳汇对于资源的调节功能及作用，避免碳汇过度交易造成资源利用的排他性、非合理性等组织行为的发生。

（三）搭建碳汇交易平台

搭建碳汇交易平台，适时引入现代科技，诸如大数据、云计算、区块链、物联网等技术，将其作为碳汇信息库、碳汇交易价格指导中心及碳汇交易媒介的现代化手段和工具，将海洋产业蓝色供应链高质量发展与海洋生态环境保护有机结合起来，最终实现海洋碳排数智化监管、监控、监测及监督等职能高效化和精准化，以及碳汇交易制度规则的科学化及公平化。

（四）构建多维度、立体化监测平台

统筹对陆、海域协同创新的海洋产业蓝色供应链全流程、全环境、多地域碳汇资源实施立体化及多维度监测，适度开发资源利用不充分海域，以及形成对碳汇资源过度利用主体的经济、法律等多维度约束。

（五）政府协助搭建海洋产业供应链与碳汇机制协同发展的桥梁

政府通过建立海洋产业与碳汇机制协同发展高新技术示范区或海洋生态科创园区，引导海洋产业其相关产业或区域形成对碳汇机制的充分利用及海洋产业供应链对碳汇机制系统的资本支撑。

（六）政府对建立碳汇市场的资金支持

政府形成对碳汇市场建立的资金支持。山东碳汇市场处于初步建立阶段，对海洋资源的未知性及盈利能力的不确定性将不利于企业进入碳汇市场，政

府对碳汇市场的建立进行资金支持可以增强企业积极参与碳汇市场交易的愿望及积极性。如果以政府资本做依托，企业进入碳汇市场的风险会很容易转移到政府，借助于蓝碳交易补偿机制，企业从事碳汇业务的能力及愿望将得到更大提升。需要进一步考虑的是，政府对于扶持碳汇市场建立资本的使用条件需做出严格限制，降低碳汇市场建立过程中的无效投资及低效益投入。

第五节　本章小结

在关于"双碳"目标的国际承诺及"绿水青山就是金山银山"理念的倡导下，如何实现海洋经济增长与海洋碳排放协调共生成为当下中国发展进程中的重点及难点。本章以山东半岛胶东经济圈海洋船舶工业供应链为例，通过探究其与碳汇机制协同发展之间的关系发现：①船舶工业供应链生产系统与碳汇机制各子系统存在协同关系，但协同效应较弱且存在不协同发展状况；②到2020年，船舶工业供应链生态系统与碳汇机制各子系统之间的协同度高于生产系统和生态系统之间的协同度，但最高仍处于一般协同水平；③船舶工业供应链系统与碳汇机制系统之间的协同发展水平虽处于上升趋势，但未突破一般协同发展水平。通过对各系统在2021年及2022年协同度的预测分析发现，各系统之间的协同度都呈现上升趋势，并逐渐趋向高度协同但仍处高度协同的最小值0.7的边缘。因此，为实现海洋产业蓝色供应链可持续发展，落实国家"双碳"目标的承诺，还需在海洋产业蓝色供应链系统与海洋碳汇机制及系统完成各自能力提升的同时，加快促进两者协同发展，在赋予碳汇资本价值的同时，为提升海洋产业蓝色供应链可持续发展创造条件。

空间优化篇

第九章

山东半岛船舶工业蓝色供应链协同创新空间体系构建及策略

在政府"海洋强国"战略的全面部署下，经略海洋、开发海洋的发展理念深入人心，海洋经济、海洋产业作为推动蓝色供应链协同发展的"蓝色引擎"，尽快建立与健全海洋产业蓝色供应链协同创新体系，有助于海洋产业空间协同与集聚效应优势的发挥。现代海洋产业供应链协同发展已成为蓝色经济高质量发展的核心内容，船舶制造工业作为我国海洋产业的支柱性、战略性及关键性产业，在蓝色供应链协同发展中具有典型的代表性，从某个层面反映一个国家的海洋经济及其供应链的发展水平或标志。由此，本章从海洋产业的微观视角，以山东半岛船舶制造工业为研究对象，试图搭建有内部结构及外部环境构成的协同系统，并对其协同发展的必要性进行分析，最后分别从战略、业务、信息等维度提出内部结构协同的对策，以及各主体共同营造外部环境协同的建议。以期为山东半岛船舶工业供应链协同发展提供实践参考。

第一节　山东半岛船舶工业供应链协同发展的动因分析

一、山东半岛船舶供应链协同发展的内部动因

（一）船舶工业供应链内部结构协同发展优势

1. 形成成本优势

首先，供应链内部结构协同发展将有效缩短供应链成员之间的"距离"，

降低谈判交易成本。其次，供应链内部结构协同系统成员之间通过信息交流将即时传递客户需求，降低供应链各环节之间信息不对称导致的沉没成本。最后，供应链成员之间协同发展的理念将促进供应链资源得到合理配置与利用最大化，进而实现与非协同式发展同等投入时的超额收益，间接降低供应链协同系统成本。

2. 创造利润优势

供应链内部结构协同带来的供应链成员之间的高黏度将有效保证对市场需求的响应，增强消费者对产品的信赖，进而拓宽销售市场以增加利润；供应链内部结构协同战略下各主体为供应链整体目标服务的模式及整体目标在各主体之间的分配将有利于各环节集中精力专注于自身优势，从而提高最终产品性价比，拓宽利润空间与销售市场。

3. 构建竞争优势

在非协同发展状态下，供应商、制造商与船东等都是相对独立的利润中心，通常存在利益博弈关系，供应商与制造商之间的交易注重讨价还价，试图在价格上占到优势，通过价格转移利润，船东也往往采用低价策略试图将成本转移给制造商。这种成本的转嫁及利润的转移表面上似乎维护了自身利益，然而将严重丧失通力合作在及时知悉销售市场、降低库存损耗等方面的优势，供应商、制造商、船东之间的有益联系明显降低，供应链的稳定性、柔韧性、智慧性及灵敏性也将随之降低。供应链内部结构的协同将扭转非协同化发展带来的成本转嫁等不正当竞争的劣势，通力合作形成对产品质量、供应链响应性、供应链智慧化进程、供应链稳定性、供应链结构合理化的高度保证及快速提升，从而提升供应链整体竞争力。

（二）供应链外部环境协同发展优势

1. 增强人力资源及资本支撑

供应链外部环境协同将形成政府主管部门、科研结构对供应链整体发展进程推进的资金资本及人力资源的支持，降低供应链成员在科研等方面的后顾之忧。反过来，供应链整体能力的提升将通过纳税等方式形成对政府工作、科研机构的经济支撑。

2. 营造优良环境

首先，外部环境中的政府等有关机关将形成对供应链发展的保护，营造公平公正的市场；其次，外部环境中政府等权威机构将助于拓宽国际市场；最后，外部环境中对海洋生态环境的考虑将有助于供应链可持续发展能力的提升，形成"低碳"船舶工业供应链。

（三）山东半岛船舶工业供应链发展需求

山东船舶工业历经 70 多年的发展，整体水平大致达到了 20 世纪 80 年代中期的国际水平，生产方式由劳动密集型向设备密集型过度，少数先进船厂造船技术达到了 20 世纪 80 年代后期的国际水准①，逐步建立了完善的全球船舶供应链体系。在肯定山东船舶工业发展成就的同时，需要关注的是当下船舶工业面临的问题。首先，船舶工业价值链的提升，山东船舶工业企业掌握的造船技术集中在设计与开发第二代化学品船舶、中小型 LPG 船等，对于高技术标准的复杂船型，山东造船企业尚未完全掌握核心技术，技术瓶颈成为制约山东船舶工业国际地位提升的障碍；其次，山东船舶工业企业规模虽不断壮大，但分布呈现零散化，供应链协同的优势未得到有效发挥；再次，山东船舶工业制造环节市场份额和生产能力与日本、韩国之间存在较大差距；最后，船舶配套设施生产企业与船舶制造能力匹配度低，船舶配套实施的生产跟不上船舶制造能力的提升，拖慢了山东船舶工业的进程。有鉴于此，通过构建船舶工业供应链协同体系，以增强企业之间的有益联系、形成研发合力、协作提升造船能力、构建产业集聚区，进而消除船舶工业发展障碍，提升价值链国际地位。

二、山东半岛船舶供应链协同发展的外部动因

（一）主动适应国际环境

1. 供应链"去中国化"的趋势

山东船舶工业在复杂船型涉及的高新技术领域尚未形成自主研发的能力，在以美国为首的国家实施供应链"去中国化"时，极易出现供应链中断的风险。而协同供应链在研发方面的优势将有效集中研发力量，推进山东高端船型的研发进程，提升船舶工业供应链价值创造能力，在掌握船舶工业高新技术的国家遏制技术向中国出口时做出及时有效应对。

2. 技术比较差异

自中国加入 WTO 后，山东船舶工业销售市场规模也逐步扩大，然山东船舶在技术层面仍落后许多国家，在山东对外贸易政策逐步放松的情形下，山东船舶工业面临着其他国家利用自己本身的技术优势及山东的劳动力资源直

---

① 徐佳宾. 中国船舶工业发展的战略思考［J］. 中国工业经济，2002（12）：48-56.

接在山东设厂生产船舶来降低成本、增加市场份额的威胁。在此种情形下，山东船舶工业更需要借供应链协同的优势来推进研发进程，尽快改变当下依赖外部高新技术的被动局面。

（二）积极响应国家政策

党的十九大报告指出，将现代供应链作为新的增长点，现代供应链区别于传统供应链，要求以客户为导向，以数据为核心要素，运用现代信息技术和现代组织方式将供应链上下游企业及相关资源进行高效深度整合、优化、协同，实现产品设计、采购、生产、销售等全过程高效协同的组织形态。现代供应链对协同发展的强调表明各产业供应链实现协同化发展的必要性，而海洋产业作为我国及世界各国近些年来关注的重点及未来世界各国提升竞争力的核心关键，加速其供应链协同发展进程将实现对国家要求的及产业有效发展，而船舶工业作为海洋产业的重要分支，以船舶工业为切入点通过模式指导有利于带动整个海洋产业的协同发展。且早在 2015 年习近平总书记就指出将协调发展理念作为经济高质量发展的指导原则，进一步表明各产业供应链实现协调发展的必要性。更重要的是，我国近几年相继发布《智能船舶发展行动计划（2019—2021 年）》《关于促进海洋经济高质量发展的实施意见》等政策文件，对船舶工业高质量、高技术、高水平、高价值等方面提出了要求，这就需要船舶工业供应链各成员之间协调配合、深化合作、加强交流，以实现山东船舶工业供应链整体高质量发展、现代化发展，为完成山东经济高质量发展及推进现代供应链建设进程贡献属于船舶工业的力量。

第二节　山东半岛船舶工业供应链协同发展空间体系构建

船舶工业供应链的协同发展是内部供应链结构协同①②与外部环境协同③④

---

① 程敬云，张圣坤，陆蓓. 基于智能体的造船供应链 [J]. 船舶工程，2000 (6)：5-8.

② XIE G，YVE W，WANG S Y. Energy efficiency decision and selection of main engines in a sustainable shipbuilding supply chain [J]. Transportation Research Part D，2017，53.

③ DIAZ R，SMITH K，LANDAETA R，et al. Shipbuilding supply chain framework and digital transformation：a project portfolios risk evaluation [J]. Procedia Manufacturing，2020，42（C）.

④ 王宝英. 供应链复杂系统企业社会责任的自组织演化 [J]. 经济问题，2013 (9)：93-96.

综合作用的结果①，其中，内部结构协同意味着供应端、制造端与船东之间的协同，同一级供应商、制造商或者船东之间的协同；外部环境协同即船舶工业供应链与其依赖的外部环境之间的协同。鉴于数据、资料的局限性，本节在搭建协同发展体系时仅考虑内部结构协同的第一项与第三项外部环境协同。

一、内部结构协同系统

本节综合考虑学界关于供应链协同的影响因素探究、船舶工业供应链内部结构的内涵、协同概念的解释，结合学者对供应链意味着物流、商流、信息流、资金流集合的理解，建立包含战略协同、业务协同、财务协同、信息协同、研发协同的海洋船舶工业供应链内部结构协同体系②，如图9-1所示。

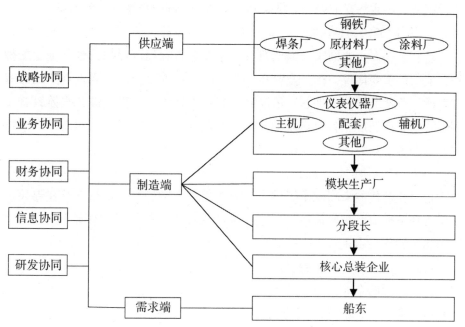

图9-1　山东船舶工业供应链纵向协同发展体系

（一）战略协同是基础

构成船舶工业供应链的各主体由于所处供应链环节、社会位置、企业所

---

① 高志军，刘伟，朱卫平．造船供应链与物流服务供应链的对接研究［J］．船舶工程，2012，34（6）：97-100.

② 张琦，邵彦敏．智慧校园背景下信息协同评价与推进策略研究［J］．情报科学，2019，37（8）：102-107.

处生命周期阶段、企业使命等不同，竞争战略极可能千差万别并有别于供应链的竞争战略。在此种状况下，各主体如果忽视供应链全局竞争战略专注于自身竞争战略，那么各主体之间发生零和博弈的可能性会被放大。由于供应链各主体之间的关联性，这种不良竞争对各主体长期利益的损害将严重超过短期利益的获得。因此，山东海洋船舶工业供应链内部结构协同必须建立在各主体战略协同的基础上。

（二）业务协同是核心

业务协同是指，构成供应链的计划环节、采购环节、生产环节、销售环节的协调配合。计划、采购、生产、销售业务之间彼此发生联系，4个环节之间的高效协调运作是供应链稳定性、灵敏性、柔韧性及产品高质量的重要保障。因此，山东海洋船舶工业供应链内部结果协同应当考虑业务协同。

（三）财务协同是保障

盈利是众多企业的重要经营目标，企业正常运转的保障，也是企业抵御风险能力的重要体现，在企业资金并非无限的条件下及山东需重点关注的海洋船舶工业耗资大、周期长、风险高的特点的影响下，供应链各主体只有实现资金的灵活调度，各节点企业才具备持续经营的经济基础。因而，本文将财务协同考虑为海洋船舶工业供应链内部结构协同的评价内容之一。

（四）信息协同是手段

信息化时代的来临赋予了供应链更多信息化的特征，信息交流在连接供应链各环节形成有机整体的过程中发挥着更加关键的作用。有鉴于此，本文将信息协同作为山东海洋船舶工业供应链内部结构协同的评价内容之一。

（五）研发协同是必要趋势

供应链上的企业具有一荣俱荣、一损俱损的特点，企业间有着十分密切与直接的联系，彼此都是对方的利益相关者，也是最好的合作伙伴。因此，一旦供应链上的某一企业研发成功，将会带动供应链上其他企业效益的提升。而研发本身投入大、周期长、风险高的特点提高了实施研发的门槛。所以，只有集合供应链上的部分企业共同开展研发活动，实现研发投入、风险的分散，研发成功的可能性才能有所改善。对于船舶工业，山东整体的竞争力远不如美国、日本等国家，复杂船舶的技术研发成为关键"卡脖子"环节，如果集中供应链上的企业实现研发协同以提升研发成功的可能，将有效提升山东海洋产业供应链智慧化程度，形成在国家海洋产业供应链中较强的竞争力。因之，将研发协同视为山东海洋船舶工业供应链内部结构协同的内容。

二、外部环境协同系统

船舶供应链运转的外部环境繁杂，实践中存在众多需要协同的主体，本文依据重点原则，将外部环境考虑为科研环境、政府主管环境、海洋生态环境三类，其中，科研环境以科研机构为代表，外部环境协同相应表现以海洋船舶工业生产经营子系统为核心，以海洋船舶工业科研机构、政府主管部门、海洋生态环境为外围的协同发展网络。科研机构为海洋船舶工业提供创新技术支撑，政府主管部门通过直接作用于海洋船舶工业生产经营管理子系统，或者以海洋科研机构及海洋生态系统为中介间接作用于海洋船舶工业生产经营管理子系统为其发展提供政府力量，海洋生态系统为海洋船舶工业可持续发展提供保障，形成海洋船舶工业科研机构、政府主管部门、海洋生态环境，为海洋船舶工业生产经营提供不竭动力与支撑的协同发展体系，海洋船舶工业生产经营管理子系统反过来作用于为其发展提供服务的主体。概括表现为海洋船舶工业生产经营管理子系统与海洋船舶工业科研子系统协同、海洋船舶工业生产经营管理子系统与政府主管部门子系统协同、海洋船舶工业生产经营管理子系统与海洋生态环境子系统协同三个维度的协同，如图9-2所示。

（一）海洋船舶工业生产经营管理子系统与海洋船舶工业科研子系统协同

由于山东海洋经济起步晚、对海洋资源的未知空间巨大、技术研发进度与成果落地实施进程慢及其供应链复杂程度远高于成熟的陆域供应链，加快技术研发与落地实施对人类充分掌握并运用海洋产业有重要意义。另外，在价值链中起关键作用的第二产业，对技术的严要求及高标准要求山东海洋产业必须高效加快海洋科研技术进程。而船舶工业作为海洋第二产业的重要支柱、山东的战略性产业，在高端船型方面仍处于依赖外部技术进口的被动局面。综合上述考虑，将海洋船舶工业生产经营子系统与科研子系统协同作为外部环境协同的一项内容是现实对船舶工业发展的紧急需求，借此实现山东船舶工业技术创新与技术落地实施的双重目标并推广至其他海洋产业以促进山东海洋产业整体科技水平的提升。

（二）海洋船舶工业生产经营子系统与政府主管部门子系统协同

政府是产业发展的统筹者、引领者、支持者，做好政府与产业之间的协调工作，将充分发挥政府在产业发展中的积极作用，这对尚未完全进入成熟阶段的海洋船舶工业来说尤为重要。有鉴于此，将海洋船舶工业生产经营子系统与政府主管部门子系统的协同考虑为外部环境协同系统的内容，是缓解船舶工业压力及提供船舶工业发展动力的重要举措。

（三）海洋船舶工业生产经营管理子系统与海洋生态环境子系统协同

海洋船舶工业生产经营与生态环境的协同代表实现产业发展和环境保护的双重目标。"双碳"目标的承诺与"绿水青山就是金山银山"理念的倡导要求船舶工业的发展必须是绿色的。加之船舶工业更多的是与海洋生态环境发生交流，本节故将海洋船舶生产经营子系统与海洋生态环境系统的协同作为外部环境协同重点关注的内容。

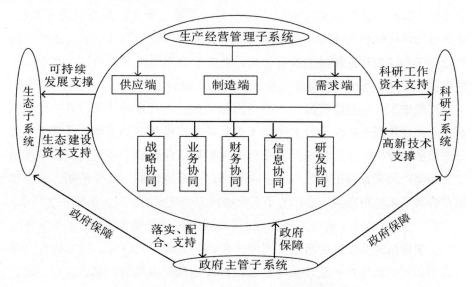

图9-2　山东船舶工业横向供应链协同发展体系

第三节　山东半岛船舶工业蓝色供应链协同创新的策略选择

一、内部结构协同

（一）加强顶层设计，引领协同发展战略

战略协同是船舶工业供应链内部结构协同的思想引领及行动指导。首先，山东省政府明确各地船舶工业的发展目标，利用各级行政机关及供应链中的链主将总体目标分解到供应链各环节，并建立目标协商机制与选择机制，保证船舶工业供应链各节点最大限度地认可自己的战略目标以确保战略目标实现的可能性。与此同时，政府联合企业及有关部门建立目标执行评价机制，调动船舶工业供应链各主体完成目标的积极性，并形成对个别主体完成分目标的强制力。其次，建立供应链内部结构协同的标准，以保证海洋产业供应链各节点企业能力匹配，降低因能力不匹配产生的无效协同问题。再次，山东省政府应充分考量地区资源条件、船舶工业发展现状、船舶工业发展潜力、地区发展船舶工业的积极性等因素，为山东船舶工业供应链各主体高效配置资源。最后，供应链的链主充分了解各主体所能提供的专业服务范围，选择匹配度最优的各主体搭建协同链，为高效完成供应链整体目标提供最优保障。

（二）增强业务响应，引导高质量业务协同

山东船舶供应链协同水平对计划与销售协同及生产协同提出急切需求。其一，发挥大数据技术对信息收集与处理的高效用，将其重点应用于计划与销售协同环节，减少上游需求不确定性带来的成本增加或利润丧失；其二，通过技术加持、应急能力培训等方式提高山东省船舶工业供应链的响应能力以应对预料之外的市场变化；其三，基于计划与销售协同及生产协同，合理设置库存量、提前订货期、最佳订货量，使得采购成本、库存成本、短缺成本、采购成本及资金占用成本综合最小化。

（三）推进供应链数字化建设，促进高效信息协同

1. 倡导信息共享发展理念

将信息共享理念内化于心是信息共享得以进行的必要条件。山东省应以规范性文件及信息共享企业实例宣传信息共享对企业发展的优势，形成各主体进行信息共享的精神支撑。

2. 驱动信息共享技术研发

信息共享的推进需要强大的信息共享技术做支撑，汇聚青岛等地的科研力量，协作研发信息共享技术。

3. 推动信息共享平台建设

搭建船舶工业供应链共享服务平台，集合相关信息，为山东船舶工业供应链各节点企业提供咨询、建议、融资等一站式服务。

4. 建立健全信息共享机制

设定进入船舶工业供应链内参与信息共享的标准及违反信息共享原则的处罚标准，保证共享信息的安全性，最大限度降低试图参与信息共享主体的顾虑。

（四）协调各方力量，推进研发协同进程

山东船舶工业供应链研发协同的关键是确定核心企业，由核心企业向各主体提出研发需求，各主体收到研发需求后以自由资源积极响应的同时进行研发资源交流，补齐各自研发的短板，达到研发工作最优的目标。此外，研发工作开展的前提是充分了解市场需求，以市场需求进行研发定位，保证研发工作的有效开展。

二、外部环境协同

（一）创新驱动船舶工业供应链智慧化发展

船舶工业生产经营系统与船舶工业科研系统表现出的海洋科研滞后式的协调或者失调要求一方面要加快海洋科研进程，另一方面要进一步实现科研工作对船舶工业生产经营系统的有效支撑及生产经营系统对科研系统的支持。

1. 加大科研投入，提升科研创新绩效

第一步，吸纳政府、企业、社会资本并集聚科研人才为科研工作储备雄厚的人力资源及资本资源。第二步，依据《山东省"十四五"海洋经济发展规划》① 进行科研资源的分配，形成重点高新技术且发展有明显发展潜力的产业优先配置资源、重点高新技术产业但发展潜力微弱的产业减少资源分配、次重点高新技术产业但有明显发展潜力的产业劣后配置资源等资源配置格局，发挥高效资源配置形成的资源效益最大化的优势。第三步，建立对科研成果的评价机制，及时阻断成本过高的科研项目进程，并形成对科研工作进程的监督，以防止滥用企业、政府资金造成科研工作形式化的消极影响。第四步，建立科研工作奖惩机制，增加海洋科研工作动力，降低因为相关科研人员不作为带来的沉没成本。

2. 推动科研—生产一体化进程，促进科研工作与海洋生产的有效融合

通过实地调研、问卷调查、搭建信息平台等方式加强山东船舶工业企业与船舶工业科研机构之间的有效沟通，使得海洋科研机构了解船舶工业企业对科研技术的要求，为科研工作在船舶工业领域的落实奠定基础；另外，促进科研机构人员与船舶工业企业科研人员之间的交流，让船舶企业科研人员适当参与科研机构工作，进一步保障海洋科研工作产业化率。

---

① 山东省人民政府. 山东省"十四五"海洋经济发展规划［EB/OL］.（2021-10-26）［2022-12-19］. https：//www.163.com/dy/article/GOD7K8FD0511KMS0.html.

（二）政府引导船舶工业供应链高质量发展

海洋政府子系统与海洋生产子系统近年来表现出来的以海洋政府工作滞后的失调或者协调要求海洋山东政府完善政府工作，并形成对船舶工业发展的实质支持。

1. 发挥政府的宏观调控作用

首先，发挥政策的统筹作用，根据各地资源、发展潜力等合理产业布局，例如，将烟台作为远洋渔船的建设重点，将济南与日照作为海洋工程装备备用钢的建设重点等；其次，建立高效完备的山东海洋事物组织协调机构，为山东船舶工业供应链横向及纵向协同系统提供政府咨询、建议、监管平台。

2. 构建完善政策支撑体系

其一，完善财政政策。例如，针对山东预重点突破的颠覆性技术产业在本身掌控范围内采取税收减免政策，增加各主体尝试进入该领域的愿望。其二，建立完善的非财政政策体系。此外，将船舶类政策与法律法规相结合，增强相关政策的强制性与对相关主体的约束力。

3. 保障政府的有效供给

一方面要形成对山东船舶工业生产系统的资金支持。人类对船舶工业的认识欠缺、作为海洋竞争力主导的船舶工业投入大、回报周期长等特性对资金供给提出了更高要求，企业处于风险考虑极易放弃相关产业的进一步发展规划或者进入相关产业的愿望，政府资金投入恰好能分担企业的风险，推进相关产业发展进程。另一方面要形成对船舶工业生产系统的人力支持。政府对船舶工业生产系统的人力支持主要体现在提升人才质量、扩充人才数量、改善人才结构与激发相关从业人员积极性4个层面。

4. 形成对政府工作的支撑

政府为船舶工业的发展提供服务也需要船舶工业积极配合政府工作，并通过合理纳税等方式为政府工作的保持与完善提供资金等资源基础。山东船舶工业生产经营子系统各主体应当加快落实省政府发展战略、发展目标、发展要求，适时为政府工作提供有效发展建议及资本支持。

（三）生态共生促进海洋供应链可持续发展

海洋生态系统与船舶工业生产经营系统近年来表现出来的海洋生态滞后的协调或是失调状态，要求山东船舶工业在发展过程中要充分关注海洋生态保护问题，加快海洋生产由粗放型向循环型的转变，建立海洋生态系统与海洋生产高度协调发展的状态，实现山东海洋生产的可持续发展。

一方面，以技术创新实现新旧动能转换，推进产业绿色化进程，落实山东省政府的"新旧动能转换"战略思想，从源头降低污染量。绿色技术虽由于机器设备更新成本、研发成本、推广应用成本、时间成本、员工培训成本等形成短时间对经济增长的抑制作用，但从长久战略角度来看，技术创新对经济增长将显示出正向促进作用，短暂的抑制作用不会改变绿色技术对"双碳"目标实现正向反馈的本质。另一方面，通过多主体共同防治改善海洋生态环境。首先，完善海洋生态环境监测追踪系统，精准追踪污染源头、污染类型及污染量，将污染行为责任到具体企业；其次，以政府为主导，发挥其统筹能力、权威性及强制性，以柔性理念宣传及刚性奖惩机制相结合的方式，加强海洋污染防治及海洋资源合理利用，为船舶工业蓝色供应链生态能力及两者协同发展效率提升奠定基础；最后，各船舶工业主体深化可持续发展理念，将生态环境作为产业发展的首要考虑原则，通过公司规章约束先破坏后治理的不经济行为。

（四）推进山东碳汇机制建设进程

（1）以政府为主导，链接各技术研发部门实现碳汇资源精准计算技术的研发。

（2）政府联合相关部门制定碳汇交易标准，包括交易价格、碳税、规模等，发挥碳汇的经济属性，避免碳汇资源过度交易造成资源利用不合理的不经济行为。

（3）搭建碳汇交易平台，将其作为碳汇信息库、碳汇交易指导中心及碳汇交易媒介。

（4）对各地域碳汇资源实施监测，适当开发资源利用不充分海域及形成对碳汇资源过度利用主体的经济、法律等多维度约束。

（5）政府协助搭建船舶工业供应链与碳汇机制协同发展的桥梁。政府通过建立船舶工业与碳汇机制协同发展示范区或示范产业，引导其他产业或区域形成对碳汇机制的充分利用及船舶工业供应链对碳汇机制系统的资本支撑。

（6）政府形成对碳汇市场建立的资本支持。山东碳汇市场处于初步建立阶段，对海洋资源的未知性及盈利能力的不确定性将降低企业进入碳汇市场的愿望。如果以政府资本做依托，企业进入碳汇市场的风险就会转移到政府，企业从事碳汇业务的能力及愿望将会得到较大提升。需要进一步考虑的是，对于政府用于扶持碳汇市场建立的资本的使用条件需做出严格限制，降低碳汇市场建立过程中的无效投资及低效益投资。

第四节　本章小结

　　本章构建了包含战略协同、业务协同、信息协同及研发协同的山东船舶工业供应链内部结构协同体系，及包含海洋船舶工业生产经营管理子系统与政府主管部门子系统协同、海洋船舶工业生产经营管理子系统与海洋船舶工业科研子系统协同、海洋船舶工业生产经营管理子系统与海洋生态环境子系统协同的外部环境协同体系，随之对其必要性进行了深入分析，并从内部结构及外部环境两维度提出相应的发展建议。

第十章

胶东经济圈现代海洋产业蓝色供应链地理集聚及空间优化

历经海洋经济的萌芽与成长，海洋产业蓝色供应链空间格局的优化已逐渐成为其高质量发展的核心内容。本章在第九章微观视角探索的基础上，从宏观角度对其地理集聚及空间优化问题展开探讨，主要是基于胶东经济圈蓝色经济发展背景下在我国海洋经济的占比与发展潜力，以其海洋产业蓝色供应链为研究对象，在分析胶东经济圈现代海洋产业发展现状及发展目标的基础上，就其现有的地理空间集聚进行综合评判，结果显示：胶东经济圈海洋产业整体集聚水平适中，海洋第二产业相较于第一、第三产业地理集聚水平较高。有鉴于此，胶东经济圈在集中力量发展海洋第二产业时应兼顾海洋第一、第三产业的空间拓展，为其高质量、高水平发展提供经济基础、技术基础等资源便利。为此，本文从省内、国内以及国际三个地理空间范畴提出相应的优化与延展策略，最终为胶东经济圈现代海洋产业蓝色供应链地理集聚的整体均衡且高质量发展提供理论依据及实践应用的参考和借鉴。

引　言

21 世纪以来，随着各国对国际范围内海洋"国土化"意识不断加强，海洋资源争夺日趋激烈，特别是在陆域资源开发利用达到极限的背景下，深耕"蓝色国土"是各国突破资源瓶颈约束，谋求可持续发展，形成核心竞争力与提升国际影响力的必经之路。[①] 在党的十八大报告中提及，中国应时代与实践之需，提出实施海洋强国战略。随后多年，我国海洋生产总值一直保持9%的增速，且呈现出产业结构不断调整及优化的趋势。而山东作为我国海洋经济

---

① 王燕，刘邦凡，栗俊杰. 构建海洋产业发展新格局 推动海洋治理现代化 [J]. 中国行政管理，2021（7）：151-153.

发展的典型代表之一，拥有优越的海洋资源区位优势及人才支撑体系等综合条件，尤其是胶东经济圈蓝色经济是其经济转型的重要依托和对外开放的重要窗口，也是我国海洋强国建设和促进经济高质量发展的关键区域。山东半岛城市圈发展规划强调，发挥城市群的辐射带动作用、协同发展及共同繁荣，围绕海洋资源及空间集聚推动海洋产业高质量发展，坚持陆海统筹战略，加快海洋强国建设的进程。在区域经济一体化加持、供应链稳定性及竞争力提升的大背景下，调整海洋产业供应链空间布局日渐成为现代海洋产业转型升级的全新发展模式，将成为加速海洋经济高质量发展跃升的新动能和新方向。海洋产业供应链空间布局即充分考虑地区资源优势与发展潜力，进行资源合理调配，区域主体、产业主体、企业主体等进行协调协作，通过地理集聚及协同发展两种模式实现海洋经济区域一体化发展，并借陆域经济存量增量释放及辐射至海洋经济，乃至繁荣激活海洋经济，反之，海洋经济潜在或现实活力又会促进陆域经济触角的无限延伸乃至成倍放大，从而实现陆海域经济统筹互促、互融、互荣及互赢的新发展格局。现阶段，胶东经济圈海洋产业相对完整且结构合理，海洋经济总量丰盈，然而，与广东等国内具有相似资源的省份仍存在一定差距。从全球海洋产业现状来看，海洋可再生能源中海上风电发展较为成熟，2013 年，全球海上风电新增装机总量 1624 兆瓦，其中欧洲总量高达 1567 兆瓦，全球占比居绝对优势，海洋工程装备制造的先进技术主要掌握在欧美等发达国家手中，其他产业高新技术进程仍落后于发达国家。此外，胶东经济圈海洋产业空间布局虽表现为一定程度的空间集聚，然空间集聚更多还是囿于一隅、限于一业，具有明显的区域海洋资源指向，"强者恒强，弱者更弱"的路径锁定较为明显，未形成空间集聚优势。可能限于利益分割、部门驱动等因素，协同效应也并不明显，未形成核心发达地区对周边区域的辐射带动作用，抑或是带动作用未明显显现出来。因此，窥察分析胶东经济圈海洋产业供应链地理集聚的特征，将有助于熨平胶东经济圈海洋经济发展的"洼地"，为现代海洋经济发展提供新模式、新动能及新指导。

第一节 胶东经济圈现代海洋产业发展现状及发展目标

一、胶东经济圈海洋产业发展现状

青岛是山东半岛蓝色经济发展的领航者，代表山东半岛蓝色经济发展的最高水平。青岛海洋资源丰厚，沿海滩涂面积 375 平方千米，海岸线 816.98 千米，海岛、海湾数量充足，海洋生物、植物、矿产等资源多样，为建设海洋超大都市，借新旧动能转换之势加速海洋产业转型发展及实现海洋经济高质量发展提供了充足的物质基础。几十年来，青岛利用优良的资源禀赋，围绕国家海洋强国战略矢志不渝加速海洋经济提质增效步伐，实现了海洋装备制造业、船舶制造业、海洋化工、渔业等多产业同步提升，海洋产业结构合理。2020 年年底，青岛海洋产业生产总值达 3580 亿元，保持连续多年增长之势。截至 2021 年一季度末，青岛 33 个海洋产业中有 30 个实现正增长，其中，海洋工程装备制造业取得新成绩，承建多个大型装备项目；海洋生物医药取得新突破，多家生物医药企业进入 A 股市场，获取及利用海洋生物医药资源能力进一步提高；海水淡化领域、现代渔业、滨海旅游业等也同步跨上新台阶。逐渐形成以青岛为引领，与烟台、潍坊、威海、日照共同打造的滨海旅游休闲度假区，重点发展海洋高新技术产业的董家口集聚区、龙口湾海洋装备制造业集聚区及重点进行海岸整治、湿地修复、游艇产业、海洋高科技产业发展的丁字湾海洋新城的产业格局。

烟台海洋经济整体尽管稍逊于青岛，但仍表现出强劲的发展态势。2015—2020 年，海洋生产总值实现连续增长，2020 年年底，海洋经济生产总值仅次于青岛，居全省第二位。各海洋产业均实现不同程度或性质的提升，海洋第一、第二、第三产业结构合理。渔业是烟台的核心产业，也是海洋经济提升的基础支撑，在 2019 年烟台就实现了海洋牧场建设、陆海接力养殖、"海工+牧场"联动建成"可视、可测、可控、可预警"的综合管理大数据智能平台等成就。海洋生物制药产业在国家及地方政府的政策加持下呈现出巨大的发展活力，截至 2022 年年底在巩固海洋生物创新药核心优势产业、实施顶尖人才领航计划、建立生物医药创新研发体系等全方位助力产业赛道转换，在胶东经济圈海洋生物制药供应链的地位日渐提升，成为海洋产业蓝色供应链的重要组成部分。烟台西部承担海工制造业，海洋装备制造业在国家大力倡导下开始走集聚之路，海洋文化产业、海水淡化产业等也展现出提升之势。依据国家"十四五"发展规划，烟台市海洋发展局提出以烟台 7 大湾为载体，突出湾岛集聚、海陆一体的经济发展模式，同时，各重点海洋产业互补联动形成产业融合发展之势，逐渐形成莱州海洋新能源产业集聚区。

潍坊海洋资源远不如青岛，海洋经济整体发展水平低于青岛与烟台，但海洋生产总值自 2017 年以来呈现不同程度增长的趋势，体现出潍坊发展海洋经济的决心。近几年来，包括海洋装备制造业、海洋化工业、海洋生物医药业、海水淡化及综合利用业、海洋渔业、滨海旅游业展现出良好的发展态势，海洋产业结构日趋合理，逐渐形成以发展海洋化工业、先进制造业为主的潍坊海洋新城，然相较于青岛与烟台，潍坊"重陆轻海"思想相对固化，建设海洋强市的战略意识需要进一步增强。《潍坊市"十四五"海洋经济发展规划》指出，优化海洋经济空间布局，以海洋动力装备、海洋工程装备、海洋配套装备为主体培育海洋新兴产业，突出发展高端装备制造业和现代服务业并形成优势产业，潍坊各地区之间通过核心引领、一体化发展等模式实现整体海洋经济提质增效。

威海市海洋资源位居全国第一，但是海洋经济发展差强人意。威海海洋经济发展重在海洋渔业、海洋交通运输业、滨海旅游业及船舶制造业，第二产业发展动力明显不足，海洋产业结构相较于青岛、烟台表现出不尽合理的状况。海洋科技受海洋经济影响，创新进程缓慢，竞争力明显不足，区域一体化协调发展意识薄弱。《威海市"十四五"海洋经济发展规划》指出，优化海洋产业布局，实现与周边地区诸如烟台、青岛及潍坊等地区一体化协调发展，包括优化第一产业、激活第三产业、强化第二产业。增强第二产业发展动力就意味着提高船舶产业地区集中度，着力发展海洋生物医药、海洋新能源产业及海洋仪器装备制造产业。

日照市海洋经济发展在胶东经济圈的影响力相对薄弱，受以往陆域经济发展水平的影响，发展海洋经济缺乏基础性沉淀，在胶东经济圈中处于相对滞后的位置。其发展重点相对集中于海洋航运及港口物流业，海洋工业基础及发展实力薄弱，海洋经济结构失衡且单一。日照市发展重点在于海洋第一及第三产业，其中，海洋交通运输业及海洋旅游业发展较为迅猛，受海洋经济及产业供应链地理空间集聚的发展环境的约束和影响，海洋第二产业发展动力明显不足。需进一步优化海洋产业结构，借助毗邻青岛的优势，在推动海洋第一、第三产业发展基础之上，尽快培育第二产业的核心竞争力，重点是对海洋制造产业供应链的上游钢铁产业及其供应链的延伸及扩展。

二、胶东经济圈海洋产业蓝色供应链发展目标

胶东经济圈以青岛为核心策源地和动力源，以烟台、潍坊、威海、日照等地为重要增长极的山东半岛海洋经济发展的地区执行载体，囊括 14 个产业门类，形成了涵盖海洋经济第一、第二、第三产业的完整海洋产业体系，并倾力打造威海（前岛）机械制造业集聚区，青岛（龙口湾）海洋装备制造业集聚区，烟台（莱州）新能源产业、船舶制造等集聚区，青岛（董家口）海洋高新技术科技产业集聚区 4 个核心海洋产业集聚区，以及潍坊海洋动力装备制造基地、日照高端海洋装备用钢基地的整体布局。

第二节　胶东经济圈现代海洋产业供应链
地理集聚的横向比较实证分析

一、方法介绍

区位熵也称"地方专业化指数"，实际上区位熵同区位基尼系数拥有共同的性质，不同之处在于区位熵更加强调从地区视角考虑，用区位熵表示地区专业化程度更加一目了然。因此，本书借助区位熵对胶东经济圈海洋产业地理集聚状况进行量化分析。[①]

区位熵是相对数，是比值的比值，通常借区位熵也能衡量区域要素的空间分布状况，[②] 如公式（1）：

$$Q = \left[\frac{d_i}{\sum_{i=1}^{n} d_i} \right] \bigg/ \left[\frac{D_i}{\sum_{i=1}^{n} D_i} \right] \tag{1}$$

其中，Q 代表某区域 i 部门相对于上一级区域的区位熵，$Q \geqslant 0$；d_i 代表某

---

① 李青，张落成，武清华. 江苏沿海地带海洋产业空间集聚变动研究 [J]. 海洋湖沼通报，2010（4）：106-110.

② 谢杰，李鹏. 中国海洋经济发展时空特征与地理集聚驱动因素 [J]. 经济地理，2017，37（7）：20-26.

区域 i 部门的相关指标；D_i 代表上一级区域 i 部门中与某区域相对应的指标，n 为所研究产业涵盖的部门数量。

利用公式（1）即可测算胶东经济圈整体海洋产业的区位熵及各海洋产业的区位熵。$Q>1$ 表示相应区域是海洋产业的集聚区，海洋产业地理集聚效应突出；Q 值越小于 1，海洋产业地理集聚效应越相对稀松。

二、沿海 11 省、自治区、直辖市区位优势测算结果

本文通过《中国统计年鉴》《中国海洋经济统计年鉴》《中国海洋统计年鉴》、各地区政府海洋经济公报、各地区统计年鉴、各地区海洋经济统计年鉴及各地区海洋经济发展规划获取分析区位熵所需数据的汇总，但是有极个别数据缺失，本文利用平均增长率法对个别年份数据补齐，以确保相关分析的完整。鉴于数据局限性及数据可比性，本文在进行胶东经济圈整体海洋产业及海洋三大类产业集聚度分析时，选取 2015—2018 年 4 年间数据进行分析，利用收集到的 2017—2020 年的统计年鉴数据（部分数据采取平均增长率方式进行补齐），对胶东经济圈 5 市整体海洋产业集聚度进行分析。

首先，对胶东经济圈整体海洋产业区位熵测度进行分析。鉴于胶东经济圈对山东海洋产业的典型代表性，本文借助山东省海洋产业的相关数据代表所需胶东经济圈海洋产业的相关数据。利用公式（1）对我国沿海 11 个地区海洋产业区位熵进行测算，得出如图 10-1 所示的结果。

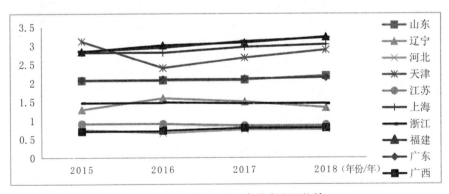

图 10-1　沿海 11 地区海洋产业区位熵

其次，对胶东经济圈各海洋产业区位熵进行测量。为实现对胶东经济圈海洋产业区位熵的细致分析，本文对沿海 11 地区海洋三大类产业区位熵分别测算，以实现更加精准有效的分析。同样地，借助山东省海洋产业相关数据代表所需胶东经济圈海洋产业相关数据。鉴于获取所有海洋产业门类相关数据的难度，本文选择分别测算沿海 11 个地区海洋第一产业、海洋第二产业及海洋第三产业的集聚程度，如图 10-2 至图 10-4 所示。

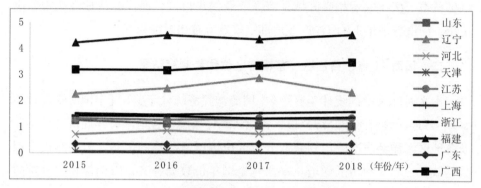

图 10-2 沿海地区海洋第一产业区位熵

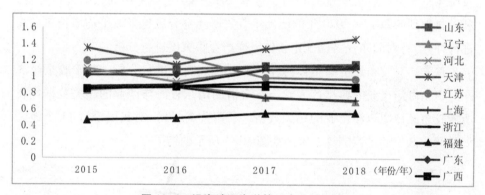

图 10-3 沿海地区海洋第二产业区位熵

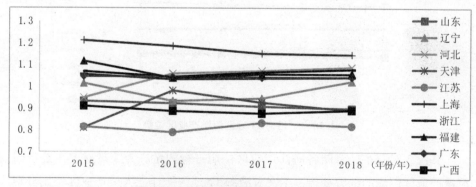

图 10-4 沿海地区海洋第三产业区位熵

为对胶东经济圈海洋产业集聚度进行更加细致的分析，本章利用有限数据对胶东经济圈五市海洋产业集聚度进行测算，得出如图 10-5 及表 10-1 所示的结果。

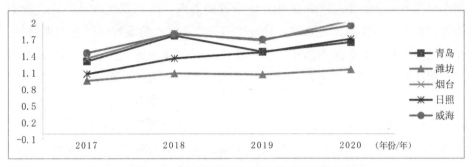

图 10-5　胶东经济圈五市海洋产业区位熵

表 10-1　胶东经济圈五市海洋产业区位熵数值

市别	2020 年	2019 年	2018 年	2017 年
青岛	1.65	1.48	1.77	1.31
潍坊	1.16	1.07	1.09	0.96
烟台	2.04	1.68	1.81	1.36
日照	1.71	1.47	1.36	1.08
威海	1.95	1.70	1.80	1.46

三、特征分析

依据图 10-2 结果，发现山东海洋产业即胶东经济圈海洋产业区位熵在2015—2018 年稳定在 1 左右，表明胶东经济圈海洋产业表现出较高水平的集聚度，发展海洋经济相对成为胶东经济经济圈的重点或方向，与国家实施海洋强国战略的思想高度一致，但是相比福建、广西、辽宁、浙江，胶东经济圈整体海洋产业集聚度仍有待提高，需进一步加快海洋产业集聚发展的步伐，夺取海洋产业竞争优势的制高点，以实现海洋强省的战略目标。

基于图 10-2、图 10-3、图 10-4 显示结果发现，福建相对成为海洋第一产业集聚区，上海相对成为海洋第三产业集聚区，胶东经济圈在第一产业及第三产业的集聚度未显现出较大优势，处于中等偏下位置，然其第二产业的集聚度仅次于天津，展现出较高水平的专业化程度。结合图 10-1 结果分析得知，胶东经济圈虽在海洋产业总体集聚度方面展现出相对优势，但海洋第一产业及第三产业集聚度并未体现为高水平，表明胶东经济圈发展海洋经济发展规模目前尚存在短板或弱项，需在继续保持第二产业集聚优势的基础上，加大对海洋第一、第三产业在各方面投放的力度，既要发挥海洋第一产业的资源禀赋及开发优势，还要加大对海洋第三产业投入的现有存量及未来增量，优化调整乃至转型升级海洋第一、第三产业，为海洋第二产业提质增效而保驾护航或起到压舱石的基础作用。借此通过战略、战术、操作层面的努力突破海洋第二产业在世界海洋第二产业供应链中低附加值、弱技术实力的被动局面及现实状况，这也与我国实施海洋强国、科技兴海战略高度吻合。更需关注的是，胶东经济圈在着力发展海洋第二产业的同时切忌忽视海洋第一产业及第三产业，这两类产业作为海洋经济的基础产业，虽在国际海洋经济竞争中无法展现出较高的竞争优势，但是作为海洋基础保障产业，这两大类产业为海洋第二产业的发展集聚了经济要素、科技赋能及综合服务保障，对海洋产业整体协同发展体制机制具有极为重要的战略价值和支撑作用，它是海洋第二产业高质量发展的根基。因此，集中力量提升海洋第二产业整体竞争力时兼顾海洋第一产业及第三产业同步发展是包括胶东经济圈在内所有试图发展海洋经济地区的明智选择。

基于图10-5分析得知，除潍坊在2017年区位熵稍小于1外，其他地区各年份的海洋产业区位熵均大于1，且总体呈现出上升趋势。表明相较于山东半岛整体，胶东经济圈5市几乎均表现出更高的海洋产业集聚度，海洋产业专业化程度更高，这也充分表明，以山东海洋产业相关数据代表胶东经济圈海洋产业数据的适当性及准确性。其中，青岛、烟台、威海海洋产业区位熵总体水平略高于日照及潍坊。青岛作为山东蓝色经济区的典型代表，经济实力雄厚，科技实力强劲，海洋资源丰富，为其达到更高程度的海洋产业集聚度提供了便利条件；烟台及威海经济发展速度虽略低于青岛，但仍表现出较高水平的海洋产业集聚度，表明两市高度重视海洋产业发展，充分利用海洋资源打造海洋经济强市，与当下陆域资源日益缺乏，通过海洋资源的开发和充分利用实现核心竞争力的获取与提升的现状高度相符。潍坊市及日照市海洋经济集聚度虽略低于其他3市，但仍呈现出大于1的趋势，表明两市尤其是日照市虽然海洋经济实力不强，产业机构不太合理，但两市都在全力发展海洋经济，均做出前瞻性的战略规划和谋篇布局，希冀将海洋产业作为地区经济崛起的新产业、新动能及新模式。

第三节　胶东经济圈构建现代海洋产业蓝色供应链
协同地理集聚优化目标及方向

一、持续优化产业结构，升级与优化山东半岛海洋产业蓝色供应链的空间集聚

（一）自我完善强化产业供应链实力

胶东经济圈各海洋产业供应链自身实力的持续强化是形成省内产业联动、打造省间产业联盟及省际合作框架的根本条件。胶东经济圈一方面要充分利用行政、权力机关等外部力量的帮扶，另一方面要注重技术、结构、质量、效率等维度的自我提升。以胶东经济圈船舶工业为例，首先，组建分析小组深度挖掘各级机构对该产业建立的标准、提供的支持或者形成的限制以精准把握有关该产业的最新动向，落实国家要求的同时，形成船舶工业发展的高效率支持，同时，对接各级行政机关进行信息的双向沟通，避免因为信息不对等造成政策制度流于形式的恶性问题。其次，就核心技术短板而言，以船舶工业中的次关键环节的基础条件、基础工艺等为落脚点，通过技术研发、产业合作、经济支持、政府帮扶逐步增强船舶工业供应链在关键技术、关键流程等方面的自主性，完成从劣势到优势的跃升。最后，在注重技术提升的同时充分关注质量、结构等维度，切勿陷入技术提升陷阱，造成质量、效率等低下的局面。

（二）产业联动发挥协同优势

胶东经济圈的海洋第二产业集聚程度相较其他省份有明显优势，但是庞大的经济体量并不能掩盖其技术劣势的短板，尤其是海洋矿业、海洋盐业、海洋生物医药业。首先，借助已较为成熟的第一产业及第三产业，通过政府政策的激励手段、企业投资、业务合作等方式，在保证第一、第三产业稳定发展的基础上，实现三个产业经济之间彼此的关联及带动性，为第二产业的发展提供雄厚的资金基础和发展动力。其次，完善信息共享机制。搭建以政府为主导的信息共享平台，借助政府的权威性，在安全得到保护的前提条件下，鼓励海洋产业、企业组织及市场中介等服务机构在平台上公布相关有效

信息或强化信息平台的交互性和综合服务性，供应链各环节上下游组织可根据自身实际发展状况和企业战略需求，选择合适的信息进行业务操作，以达到多方共赢。山东目前虽有类似的信息平台，如山东公开数据网，但是收录的信息十分有限，时效性较低，直接影响到其效率。最后，完善空间溢出机制。相关研究发现，相较于政策对经济发展的驱动效应，空间溢出会发挥更大的作用。① 鉴于此，政府激励与保障措施并行，推动企业之间、地区之间、产业之间实现技术、人才等要素的高速及高效流动。

二、突破行政区域限制，构建国内海洋产业蓝色供应链大循环的空间集聚格局

构建现代海洋产业蓝色供应链产业联盟，一方面要求区域之间形成合理的海洋产业布局，另一方面要求区域之间发生海洋产业供应链要素流动。各区域充分利用地区资源等条件打造海洋产业集聚区，发挥产业集聚在创新等维度的优势，弱化区域产业同质化产生的不利影响。与此同时，实现海洋产业供应链资源在区域间的高效流动，形成高速发展区域对周边区域的辐射带动作用，促进我国现代海洋产业蓝色供应链发展水平整体向前推进。如表10-2所示。

表10-2　胶东经济圈以外国内海洋产业蓝色供应链地理空间优化的主要方向

区域空间优化	地区	主要合作产业
大湾区	广东	海洋航运、海洋生物医药、海洋装备制造、海洋基建业、海洋渔业、海洋文化与旅游业
	香港	海洋生物与制药业、海洋环境监测、海洋文化及滨海旅游业、海洋新兴产业
	澳门	海洋环境监测及修复产业、海洋文化及滨海旅游业、海洋基建业

---

① 刘彦军. 我国沿海省区海洋产业集聚水平比较研究［J］. 广东海洋大学学报，2015，35（2）：22-29.

续表

区域空间优化	地区	主要合作产业
长三角及福建	上海	海洋装备及船舶制造、海洋能源、海洋港机制造、海洋生物制药、海洋化工、海洋航运
	江苏	海洋化工、海洋食品加工、海洋油气、滨海装备制造、海洋工程建筑、海洋渔业及牧场
	浙江	海洋化工、海洋环境监测及修复、海洋渔业、海洋交通运输、海洋油气、海洋工程建筑
	福建	海洋化工、海洋装备制造、海洋渔业、海洋旅游
京津冀及辽东半岛地区	天津	海洋石油与天然气、船舶工业、滨海旅游
	河北	海洋装备制造业、海洋可再生能源、海洋装备制造业、海洋石油及矿产业
	辽东半岛	船舶制造业、海洋化工、海洋航运业、港口物流业、海洋渔业及海洋旅游业
海南及广西地区	海南	海洋环境监测业、海洋生物与制药业、海洋文化旅游业、海洋渔业、海洋工程建筑业
	广西	海洋旅游、海洋渔业、海洋食品加工业

三、扩大高水平开放与合作力度，构筑国内国际双循环的蓝色供应链合作方向

加强与国际社会在海洋开发、科研、保护及港口物流等方面的深度合作，可以引申理解为建立健全蓝色供应链伙伴关系或伙伴联盟，共享海洋合作的红利。为此，首先，胶东经济圈要建立蓝色经济合作机制，推动产业对接与产能合作，如表10-3所示。共同制定并推广蓝色经济统计分类国际标准，建立数据共享平台，编制发布蓝色经济发展报告，分享成功经验。其次，开展海洋规划研究与应用。共同推动制定以促进蓝色增长为目标的跨边界海洋空间规划、实施共同原则与标准规范，分享最佳实践和评估方法，推动建立包括相关利益方的海洋空间规划国际论坛。再次，加强智库交流合作，发挥山东教育大省的优势，推动科研机构与日本、韩国等开展技术交流活动，实行学生联合培养为海洋经济发展提供人才力量，共同探索未知的海洋世界，挖

179

掘海洋资源的潜在经济价值。最后，开展文化交流与合作，总结归纳山东的文化理念并制订好"走出去"的计划，通过文化的先进性以及优越性形成对其他国家的吸引，并增加国家海洋经济合作的稳定性。

表 10-3　胶东经济圈海洋产业与全球蓝色供应链地理空间优化方向

国际合作联盟	国家	主要合作产业
东北亚	韩国	海洋装备制造业、海洋可再生能源业、造船工业、海洋生物医药、海洋能源、海洋渔业
	日本	海水淡化、海洋化工、海洋生物与制药业、海洋装备制造、滨海旅游、海洋新兴产业
	俄罗斯	海洋能源、海洋航运、海洋渔业、海洋航运、海洋矿产勘测及开发
东盟	新加坡	海洋航运及中转、港口物流业、海洋产业金融服务业、滨海旅游、海洋工程建筑
	马来西亚	海洋渔业、海洋交通运输、海洋油气、海洋工程建筑及海洋旅游业
	泰国	海洋食品加工业、海洋渔业、滨海旅游
	越南	海洋油气勘探及开采业、海洋渔业及海洋旅游业
	菲律宾	海洋油气资源开发业、海洋航运业、海洋渔业及海洋旅游业
	印度尼西亚	海洋油气资源开发业、海洋基建业、海洋渔业、海洋旅游业
南太平洋	澳大利亚	海洋石油与天然气开发业、海洋装备制造业、海洋环境监测业、海洋渔业、滨海旅游
	新西兰	海洋装备制造业、海洋渔业、海洋综合服务业、海洋旅游业
南亚	印度	海洋装备制造业、海洋基建业、海洋生物制药业、海洋渔业、海洋旅游
	斯里兰卡	航运中转、海洋工程建筑、海洋渔业、海洋旅游
	马尔代夫	港口物流业、滨海旅游、海洋渔业

续表

国际合作联盟	国家	主要合作产业
中东	沙特阿拉伯	海洋石油天然气能源勘探、开采、石化业、海洋基建业、海洋渔业
	伊朗	海洋化石能源产业、能源开采装备制造、能源航运业、海洋基建及海洋旅游业
	土耳其	海洋装备制造业、海洋航运业、港口物流业及临港产业、海洋旅游业及海洋渔业
	以色列	海洋可再生能源业、海洋装备制造业、海洋化工、海洋生物制药、海洋农业机械及海洋渔业
	埃及	海洋能源及化工业、海洋航运业、海洋旅游业及海洋渔业

四、构筑海洋产业蓝色供应链的地理空间集聚安全体系

众所周知，经济是政治的延续，也是国防军事的延伸。胶东经济圈海洋产业蓝色供应链代表山东半岛蓝色经济区的关键增长极，亟须建立健全其蓝色供应链安全体系，既符合国家政府的核心利益，也顺应山东半岛及胶东经济圈海洋产业蓝色供应链地理空间集聚及优化的客观需求。为确保胶东经济圈海洋产业蓝色供应链高质量发展与高水平开放的战略目标，需首先构建新发展格局下的海洋产业蓝色供应链安全性、柔韧性及竞争力，在力争获取国内大循环良好氛围的基础上，不断优化胶东经济圈海洋产业蓝色供应链地理集聚空间，进而增强国内海洋产业蓝色供应链跨区域合作及空间升级，建立更广泛的国际海洋产业供应链的蓝色伙伴关系，加速国内国际双循环的新发展格局形成，不仅有助于持续提升胶东经济圈海洋产业蓝色供应链地理区位空间，更重要的是还能加速胶东经济圈尽快融入国内国际双循环的新发展格局之中。

第四节　本章小结

本章以胶东经济圈为研究视域，并就其海洋产业蓝色供应链为核心，在分析胶东经济圈五个地区的海洋产业发展现状及目标之后，对其地理集聚状况进行量化分析，发现胶东经济圈海洋第二产业集聚度高，第一、第三产业次之，随之从省内、省际以及国际三个层面提出相应的实施方案，以期为其高效、快速发展提供力量。

战略与路径篇

第十一章

胶东经济圈实施海洋蓝色供应链战略的对策建议

高质量发展现代海洋经济是我国在百年巨变世界格局演化下极具战略价值的时代抉择，而实施以海洋为载体的国家蓝色供应链战略是我国和平崛起转换赛道的新视角和新方向。习近平总书记多年来对开发海洋、建设海洋的见微知著的"海洋情怀"认知与前瞻性统筹，为高效有序地进军海洋、经略海洋起到了高屋建瓴的引领与导航作用。在本章内，首先，精准领会其"海洋情怀"的战略蕴含，把握其理念内涵的精髓所在，进而深度解读其经略海洋的逻辑体系；其次，将海洋蓝色供应链上升为国家供应链战略的重要组成部分，并从经济、政治、文化、生态环境、国防等层面的系统集成，进而构筑涵盖海洋经济产业链、海洋科技创新链、国家公共治理链、海洋文化传播链、海洋生态保护链、海洋权益安全链等构成的国家海洋蓝色供应链战略；再次，为把握新发展阶段、贯彻新发展理念及构建新发展格局创造高质量发展的新局面和新环境，对参与全球海洋综合治理彰显"中国方略"与"中国构想"；最后，在建立全球蓝色伙伴关系的基础上，秉承共商、共建及共享的蓝色理念，共同绘制蓝色供应链全球命运共同体的世界版图，对实施国家蓝色供应链战略提供参考依据及建议。

随着我国经济发展由高速增长阶段转向高质量发展阶段，如何在传统陆域经济持续增长的同时促进其边界的不断拓展和延伸，构建以海域经济为支撑的海洋蓝色供应链体系，并将其上升为国家战略是政府亟须研判及决策的重大现实问题。早在2005年以来，习近平总书记对海洋开发及综合利用有着诸多前瞻性的观察与思考。海洋不仅仅是我们人类共同的家园，也是中国持续崛起和强盛的一片蓝色处女地。感悟于习近平总书记关于海洋开发的相关论述，不论是把握新发展阶段，还是构建新发展格局，海洋都将成为社会财富、价值创造的新高地和新视界。习近平总书记对于关心海洋、认识海洋、经略海洋的渐进式把舵与领航，启动"蓝色引擎"加速海洋兴国、海洋立国及海洋强国的高质量发展进程。因此，在深刻领会习近平总书记的"海洋情怀"及其战略蕴含基础上，对其进行全面领悟和科学阐释，并尝试性地提出"海洋蓝色供应链"的概念，借以丰富与完善具有中国特色的"海洋观""蓝色发展理念"，把握其精髓，并对蓝色供应链经济边界扩展至政治、文化、生态文明、国防军事、国际地缘等综合化的战略认知。首先，海洋被视为"第二疆土""蓝色国土"，维护海洋权益是确保科学开发海洋的前提条件；其次，海洋蕴含着包罗万象的人类赖以生存及发展的要素资源，全方位开发建设"海上粮仓""海洋牧场""蓝色药库""蓝色能源"是把握新发展阶段的必然要求；再次，经略海洋统筹陆海域资源，构筑海洋产业链供应链体系是高质量发展海洋经济的必然选择；最后，浩瀚海洋是连接世界政治、经济、文化、科技及外交的桥梁和中介，是构建全球海洋新型蓝色伙伴关系及蓝色战略联盟的重要途径。总之，将海洋蓝色供应链上升为国家战略的条件业已成熟，不仅有助于加快新旧动能转换和高质量发展，以构建统一市场的国内大循环，而且有助于共同应对百年巨变、疫情肆虐、俄乌局势、台海危机等世界动荡的巨大挑战，加速实现国内国际双循环新发展格局的形成，继而跃升至全球海洋共同价值和命运共同体的战略高度之上。

第一节　胶东经济圈实施海洋蓝色供应链战略的时代背景

一、习近平总书记"海洋情怀"的逻辑体系

（一）向海洋进军

主要包括"建设海洋强国是中国特色社会主义事业的重要组成部分"①，"发达的海洋经济是建设海洋强国的重要支撑。要提高海洋开发能力，扩大海

---

① 习近平主持中央政治局集体学习时强调：坚持系统思维构建大安全格局 为建设社会主义现代化国家提供坚强保障［R/AL］．（2013-07-30）［2022-12-21］．http：//www.xinhuanet.com/politics/2020/12/12/c_1126852662.htm.

洋开发领域，让海洋经济成为新的增长点"①；"海洋是高质量发展战略要地"②；"我国是一个海洋大国，海域面积十分辽阔"③，"建设海洋强国，必须进一步关心海洋、认识海洋、经略海洋，加快海洋科技创新步伐"④。从上述对海洋的深刻认知和指导思想中，不仅体现了发展海洋经济、加快海洋科技的指示，而且强调保护海洋生态环境的重要性和紧迫性。

（二）海洋经济前途无量

其论述包括"关键的技术要靠我们自主来研发，海洋经济的发展前途无量"⑤"我们要积极发展'蓝色伙伴关系'，鼓励双方加强海洋科研、海洋开发和保护、港口物流建设等方面的合作，发展'蓝色经济'，让浩瀚的海洋造福于子孙后代"⑥"要打造国家军民融合创新示范区，统筹海洋开发和海上维权，推进军地共商、科技共兴、设施共建、后勤共保，加快推进南海资源开发服务保障基地和海上救援基地建设，坚决守好祖国南大门"⑦。海洋经济发展前景无可限量，一方面要强化海洋开发的科研技术，实施海洋开发军民融合战略，实现海洋强国加强军地科技、设施装备、后勤补给等资源的深度融合与互为支撑协同发展的军民唇齿关系；另一方面要加强海洋开发的国际合作，建立广泛的"蓝色伙伴关系"，为实施国家蓝色供应链战略奠定必要的理论基础。

---

① 习近平参加十三届全国人大一次会议山东代表团审议时的讲话［R/AL］.（2018-03-08）［2022-12-21］. http：//china. cnr. cn/news/20180309/t20180309_524158320. shtml.

② 习近平在海南考察时强调 解放思想开拓创新团结奋斗攻坚克难 加快建设具有世界影响力的中国特色自由贸易港［R/AL］.（2018-04-12）［2022-12-21］. http：//www. qstheo-ry. cn/yaowen/2022-04/13/c_1128557588. htm.

③ 半月谈习近平：切实把新发展理念落到实处　不断增强经济社会发展创新力［R/AL］.（2018-06-12）［2022-12-21］. http：//www. banyuetan. org/jrt/detail/20180615/10002000331352315290269060409651475_1. html.

④ 习近平在葡萄牙媒体发表署名文章［R/AL］.（2018-12-03）［2022-12-21］. http：//china. cnr. cn/news/20181204/t20181204_ 524438811. shtml.

⑤ 习近平致2019中国海洋经济博览会的贺信［R/AL］.（2019-10-15）［2022-12-21］. http：//news. cnr. cn/native/gd/20191015/t20191015_524816685. shtml.

⑥ 习近平在庆祝海南建省办经济特区30周年大会上的讲话［R/AL］.（2018-04-13）［2022-12-21］. https：//www. chinacourt. org/article/detail/2018/04/id/3265730. shtml.

⑦ 习近平出席南海海域海上阅兵并发表重要讲话［R/AL］.（2018-04-12）［2022-12-21］. http：//china. cnr. cn/news/20180413/t20180413_524197068. shtml.

（三）释放"海"的潜力

主要包括"要立足独特区位，释放'海'的潜力，激发'江'的活力"①"要提高海洋资源开发能力，着力推动海洋经济向质量效益型转变；要保护海洋生态环境，着力推动海洋开发方式向循环利用型转变；要发展海洋科学技术，着力推动海洋科技向创新引领型转变；要维护国家海洋权益，着力推动海洋维权向统筹兼顾型转变"。因此，释放海洋巨大潜力与潜能不仅能发挥其巨大的辐射效应，带动陆域经济向质量效益型转变，未雨绸缪将海洋开发与海洋生态环境保护及修复结合起来，而且利于维护我国海洋权益、确保海洋安全及陆海域统筹协调发展有机结合，最大限度地释放海洋的巨大潜力及其战略价值。

（四）建设强大的现代化海军

主要包含"要深入贯彻新时代党的强军思想，坚持政治建军、改革强军、科技兴军、依法治军，坚定不移加快海军现代化进程，善于创新，勇于超越，努力把人民海军全面建成世界一流海军""建设强大的现代化海军是建设世界一流军队的重要标志，是建设海洋强国的战略支撑，是实现中华民族伟大复兴中国梦的重要组成部分""要加强前瞻谋划和顶层设计，推进海军航空兵转型建设"②。综观上述，保卫国家海疆安全和维护海洋权益的强大深蓝海军不仅确保国家"第二国土""蓝色领土"的完整和神圣不可侵犯，而且为我国经济全面崛起保驾护航发挥至关重要的作用，乃至中华民族伟大复兴及维护世界和平与参与国际综合治理等方面都需要建立一支现代化的强大海军。

综上所述，习近平总书记的"海洋情怀"不仅关注并培育我国经济发展新的增长点和创新驱动力，而且从陆域和海域的统筹规划上带领我们把握新发展理念的战略制高点，在经略海洋、开发海洋中营造高水平开放氛围和构建全球蓝色伙伴关系的新发展格局。

二、习近平总书记"海洋情怀"的战略蕴含

早在 2015 年 10 月，党的十八届五中全会通过《中共中央关于制定国民

---

① 习近平在视察海军陆战队时强调 加快推进转型建设 加快提升作战能力 努力锻造一支合成多能快速反应全域运用的精兵劲旅［R/AL］.（2017-05-24）［2022-12-21］. http://www.qstheory.cn/yaowen/2020-10/13/c_1126601581.htm.

② 习近平视察北部战区海军并发表重要讲话［R/AL］.（2018-06-11）［2022-12-21］. http://military.cnr.cn/ddtp/20180615/t20180615_524272050.html.

经济和社会发展第十三个五年规划的建议》中，提出"拓展蓝色经济空间，坚持海陆统筹，壮大海洋经济"。而 2020 年 10 月 29 日中国共产党第十九届中央委员会第五次全体会议通过《中华人民共和国国民经济和社会发展第十四个五年规划纲要》中，指出"坚持陆海统筹，发展海洋经济，建设海洋强国"。这一切反映出高质量发展海洋经济政策导向的连续性，将海洋强国作为重要的战略目标，彰显出中央政府战略指针的体系化和日趋完整性，也印证了习近平总书记"海洋情怀"中蕴含的战略价值及智慧。

（一）海洋发展观

习近平总书记"海洋情怀"折射其海洋发展观的价值导向与认知体系日积月累谋划统筹与前瞻性思考的集中凝练，将国家经济社会发展视角实现多极化的拓展且聚焦于浩瀚的蓝色海洋，囊括覆盖至海洋开发与综合利用的各个层面。即强化海洋强国建设，必须提高海洋资源开发能力，保护海洋生态环境，发展海洋科学技术，实施海洋开发的军民深度融合及维护国家海洋权益。海洋发展观不仅仅是基于海洋蕴含着丰富的资源，开发海洋、经略海洋，拓展蓝色经济空间，凸显其具有无可限量发展潜力的战略眼光，而且深谙我国统筹陆海域资源步入强国之路开发理念和经略哲学的集中体现，并将中华民族伟大复兴与全球命运共同体有机结合建设大同世界的"中国主张"及"中国方略"，海洋发展观的时代意蕴远远超出以往西方主导的海洋价值体系，最大限度地释放出美美与共的"和平之洋""共赢之海"的时代之光和世纪倡议。

（二）海洋发展定位及顶层设计

习近平总书记"海洋情怀"的前瞻性思考是做好海洋发展定位及顶层设计的精髓理念。以海洋为载体加强资源、市场、技术、信息、文化等要素的高度集成及合力迸发，重点着眼于促进区域海洋互联互通及各领域的务实合作，推动蓝色经济高质量发展，加大海洋文化的国际交流与融合，以共商、共建、共享及共赢的新发展理念共创全球海洋福祉。海洋经济由以往对外开放的窗口辅助角色逐步走向国际合作与融合的前台主角，突破依靠陆域资源实现经济增长的固化模式，跳出传统经济增长方式的窠臼，加快陆海域统筹规划，最大限度地释放海洋经济带来的巨大红利和溢出效应。具体体现在，一方面海洋发展模式、方向、目标、时间、空间、竞争及合作的科学定位；另一方面是海洋开发、海洋科技、海洋生态环境及海洋国际合作的顶层设计，在海洋开发机制、生态保护机制、国际合作机制、海洋开发商业模式及海洋综合治理运行机制等方面进行综合性规划与设计。

（三）战略远见及时代使命

习近平总书记"海洋情怀"体现出独有的战略远见及时代使命。众所周知，早在古代我们的祖先就开始有"舟楫为舆马，巨海化夷庚"的海洋战略和"观于海者难为水，游于圣人之门者难为言"的海洋意识。一方面要从历史文化传统中汲取认识海洋、开发海洋及修复海洋的精神养分，另一方面要从西方国家过往的经验、教训中汲取启示和镜鉴。从国家安全层面上厘清海洋开发、环境保护及经贸合作之间的互为依存和荣辱与共的紧密关系，浩瀚海洋既是我们赖以生存的"第二疆土"和"蓝色粮仓"，也是人类社会共商、共建、共享的"第二家园"和"蓝色宝藏"，海洋强国的战略远见性和全局性为中华民族赋予时代责任，召唤着我们走向海洋并完成经济转型中的新优势、新征程和新目标。

（四）战略蕴含

习近平总书记"海洋情怀"蕴藏着战略智慧。历史经验告诉我们，全面建成小康社会目标、现代化社会主义强国及实现中华民族伟大复兴，必须高瞻远瞩地统筹陆海域资源、大力发展海洋产业、保护海洋生态环境、加强国际合作、维护国家海洋权益等方面齐头并进及综合治理。尤其从历史与现代的凝结、淬炼及沉淀中得出更多的开发智慧及开发谋略，特别是习近平总书记提出共建 21 世纪海上丝绸之路的倡议，在更广阔的范围建立全球蓝色伙伴关系，强化海洋开发与经济增长的朋友圈或国际蓝色供应链战略联盟，充分凸显构建全球蓝色命运共同体的战略意蕴和未来的溢出效应。

第二节　海洋蓝色供应链的内涵及战略价值

一、国家海洋蓝色供应链战略的内涵

（一）现代海洋产业体系

具体主要包括海洋第一产业：海洋捕捞业、海洋盐业、海洋种植养殖业等。海洋第二产业：海洋基建产业（建筑业）、海洋矿产业（石油、天然气、可燃冰及矿石等）、海洋化工产业、海洋装备制造产业、海洋生物制药产业、海洋能源开发产业（海洋风能、潮汐能等）、海洋食品加工制造产业、海水利

用业、海洋港航装备制造业等。海洋第三产业：海洋航运业、港口物流业、海洋旅游业、海洋文化创意业、海洋娱乐产业、海洋健康养生产业、海洋环境监测业、海洋生态环境修复保护业、海洋综合服务业等。

上述产业发展主要以海洋资源开发为依托，衍生出富有海洋特色的蓝色经济形态及其产业体系，并逐步探索出海洋产业发展及开发模式，但从现代海洋蓝色供应链体系的视角考察，需要构筑起以海洋经济为载体，海洋科技为引擎，海洋产业为纽带，海洋经济、政治、文化、外交、国防军事等互存共荣的集成系统，以把握新发展阶段、贯彻新发展理念、构建新发展格局为战略目标，探索规划海洋蓝色供应链的运行模式、发展范式，因而将围绕蓝色经济形态下的海洋产业整合上下游资源并集成与融合为蓝色供应链体系。

（二）海洋产业蓝色供应链

众所周知，蓝色经济是海洋经济的高级形态，故而海洋产业蓝色供应链是指围绕海洋资源及空间发展现代海洋产业体系，建立与健全现代海洋产业链供应链纵向一体化的上下游协作组织及横向一体化协同的蓝色经济为载体的供应链利益共同体和命运共同体，即构建一个以海洋经济形态为依托，以海洋产业为主体，搭建海洋产业陆域和海域相互支撑的蓝色经济市场主体形成的供应链体系的利益共同体，并涉及上、中、下游供应链组织链条的协调合作、协作分工及协同创新的网链结构体系。

（三）国家蓝色供应链战略

从国家战略层面考量，以海洋产业蓝色供应链体系为基础，并将海洋生态环境保护、海洋可持续发展、海洋文化传播、海洋权益维护及海疆国防建设等纳入国家蓝色供应链战略架构之中，并作为国家海洋强国战略的重要组成部分。其内涵是指，依托海洋经济及海洋产业在海域空间范围创造财富与价值，并推动构建海洋生态保护、海洋文化传播、海洋地缘稳定、海洋外交顺畅、海洋权益维护、海洋国土安全等相互支撑、相互依存及相互促进的国家供应链战略体系，借此统筹协调海洋产业创新链、海洋生态保护链、海洋文化传播链、地缘外交沟通链、海洋权益保障链、海疆国防安全链等进而构成国家蓝色供应链战略体系之中，并作为国家海洋强国战略实施的具体实现路径及手段。

二、胶东经济圈蓝色供应链战略的系统集成

国家蓝色供应链是由诸多相互依存、相互支撑子系统构成的相互关联支撑综合体，通过各子系统之间的综合集成构成共同开发、协同创新、协调建设及协作环保的海洋蓝色供应链生态圈（如图 11-1 所示）。

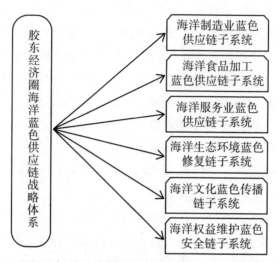

图 11-1 胶东经济圈国家海洋蓝色供应链战略

（一）海洋制造业蓝色供应链子系统

海洋制造业蓝色供应链子系统。主要涵盖了海洋装备制造业、海洋港航装备制造业、海洋工程建筑业、海洋化工业、海洋矿产开采业（石油、天然气、可燃冰及矿石等）、海洋可再生能源开发业（海洋风能、潮汐能等）、海水淡化业等。它是海洋开发的基础及核心，建立与完善海洋制造业蓝色供应链上下游协作系统是提升海洋综合开发的关键所在。

（二）海洋食品加工蓝色供应链子系统

海洋食品加工蓝色供应链子系统。包括海洋捕捞业及养殖业、海盐业、海洋生物医药业、海洋食品加工业等。它是持续开发"海上粮仓""海洋牧场""海洋药库"取之不尽、索之有序的天然宝库，既是确保国家粮食安全、食品安全的天然原料供给的增值链和价值创造链，也是海洋蓝色供应链系统不可分割的重要组成部分。

（三）海洋服务业蓝色供应链子系统

海洋服务业蓝色供应链子系统。主要包含海洋航运业、港口物流业、海洋旅游业、海洋文化创意产业、海洋健康养生业、海洋综合服务产业等。它既是扩展海洋资源经济开发与空间拓展的后勤服务链，也是海洋蓝色供应链系统的综合服务保障体系。

（四）海洋生态蓝色修复链子系统

海洋生态蓝色修复链子系统。主要包括海洋生态环境监测、保护及修复的蓝色供应链，涵盖海洋气象、水文、海底环境监测业及海洋生态环境保护业。在加强陆域的山水林田湖草系统综合治理的同时，更要强化海域中入海口湿地沼泽、海藻床、海草场、红树林、牡蛎礁、珊瑚礁、贝类、藻类等资源养护生态系统及环境的综合治理，为确保海洋生态安全加强生态环境建设技术、增殖放流技术以加快构筑海洋生态屏障，积极推进海洋生态环境保护的国际合作，参与全球海洋生态环境综合治理，为拓展海洋发展空间提供必要的蓝色生态保护链。

（五）海洋文化蓝色传播链子系统

海洋文化蓝色传播链子系统。主要包括强化海洋意识、创造海洋文明、积淀海洋文化的蓝色传播链子系统。助力海洋强国软实力提升，中国传统海洋文化的和平友好、和谐兼容、国家命运等特征构成当代海洋文化的历史底色。从传承"官山海""造大船，驰骋大海""兴海权，振中华"等中国优秀海洋思想的文化脉络到构建基于"海洋共同价值"与"海洋命运共同体"中国特色海洋发展的时代大势，乃至筑牢海洋文化根基、树立海洋社会观念、维护海洋生态文明等中国特色的"蓝色引擎"及"蓝色方略"，以习近平新时代中国特色社会主义思想关于海洋强国的重要论述为指引，围绕中华民族伟大复兴的历史使命，在增强国际海洋话语权、统筹海洋文化发展与传播、培养全民海洋文化共识等维度进行构建。打造全球海洋科技创新标杆、全球蓝色经济示范区、蓝色海洋文明传导新高地、海洋蓝色伙伴关系合作平台，以期为全球海洋文化中心理论和实践提供借鉴参考。总之，弘扬与提升我国海洋文化的软竞争力，则依赖于中国海洋文化蓝色传播链子系统。

（六）海洋权益维护蓝色安全链子系统

海洋权益维护蓝色安全链子系统。主要包括国家海洋权益维护及海疆主权保卫的蓝色国防安全链。最大限度将维护国家海洋权益与海洋综合立体开发二者统筹兼顾与高度统一。打造海洋强国的军民深度融合创新平台，推进海洋强国军民融合的共同协商、科技共兴、共享及海洋基础设施共建与共享、后勤保障共协和共用，携手共同构筑海洋开发与维权的蓝色保障基地和公共救援基地。是国家现代海洋蓝色供应链高质量开发海洋与可持续扩展海洋空间的基础保障，从而构成捍卫海洋权益与维护海疆安全保驾护航的蓝色安全链。

综合上述各子系统之间相互协同、互为支撑构成立体开发及共同促进经济发展的海洋蓝色供应链循环大系统，既涉及国家海洋生态环境的保护和修复功能，也涵盖维护国家海洋权益和海疆安全的海防保卫功能。强化蓝色军民深度融合高地及平台建设，以蓝色军民融合创新园区、军民融合产业园区及军民融合产业带等形式，实现军与民或民与军的无缝对接或适时嵌入。因此，国家海洋蓝色供应链既是实施海洋强国战略的新动能和新势能，也是推进国际海洋合作与交流的新驱动和新引擎。

第三节　实施胶东经济圈海洋蓝色供应链战略的对策建议

不论是新旧动能转换、高质量发展，还是共建 21 世纪海上丝绸之路倡议及实施双循环战略，发展海洋经济、蓝色经济是新时代我国面临风云变幻内外部环境而做出的重大战略抉择。对国家海洋蓝色供应链战略的规划与实施有助于培育我国高质量发展的新动能和新空间，统筹陆、海域资源，启动以"陆"促"海"和以"海"带"陆"的相互驱动"蓝色引擎"，以把握新发展阶段、贯彻新发展理念及构建新发展格局为引领，从根本上打破经济增长方式单一依赖传统陆域经济的发展桎梏，借鉴吸取国内外的相关经验及教训，为满足国家海洋蓝色供应链战略的客观需求，需强化如下几个方面。

一、加强顶层设计，固化国家海洋蓝色供应链战略的引领导向

如果说现代海洋经济及产业体系是国家蓝色供应链战略的基石，那么现代化深蓝海军则是确保海疆安全和国家蓝色供应链战略的支柱；如果海洋生态文明是国家蓝色供应链战略的底线堡垒，那么海洋文化就是国家蓝色供应链战略的底色和灵魂。总之，国家蓝色供应链战略涵盖现代海洋经济发展产业链、海洋生态保护与修复链、海洋文化传播链、海洋权益安全保障链等要素。而培育强大的现代海洋产业体系是支撑国家蓝色供应链战略的经济基础，只有雄厚的海洋经济构筑完整的海洋产业链供应链体系，才能更好地维护国家主权及海洋利益、创造海洋生态文明、传播中国海洋文化及构筑全球海洋安全命运共同体。它们相互支撑、互为依存携手筑牢国家蓝色供应链战略的"海洋长城"，必须从顶层设计入手，奏响国家海洋蓝色供应链战略的号角，起到中华民族走向星辰大海再创辉煌的"指南针"作用。

二、引入"生态+"理念赋予国家蓝色供应链战略的可持续性

首先，积极探索与创新海洋产业供应链"链长制"运行模式，尤其是在海洋装备制造、港航装备制造、海洋工程基建、海洋化工、海洋生物医药及海洋食品加工等产业"链长制"发挥的延链、补链及强链机能，搭建海洋产业供应链的商业生态系统，以确保彼此间荣辱与共携手共进的创新发展态势，即"海洋生态+链长制""生态+产业新模式""生态+蓝碳治理"等新业态的培育，以扩大国家蓝色供应链战略的实施张力；其次，营造海洋产业高质量发展的生态创新高地及平台，积极推进海洋第一、第二、第三产业融合协同发展，打造海洋产业集群协同发展的生态创新示范区；最后，大力培育现代海洋产业高质量发展的新技术、新业态、新模式及新经济，构建"资源整合+环境修复+产业生态+融合业态"的海洋开发生态创新综合体，建立"海洋生态+产业创新"协同创新机制，梯次推进海洋产业供应链、区域海洋供应链乃至国家蓝色供应链战略的全面升级，以"生态+"理念赋予国家蓝色供应链战略在实现双循环目标的时代担当和历史责任，贡献出中国的"蓝色智慧"及描绘出中国的"蓝色倡议"及"蓝色主张"。

三、运筹帷幄固牢根基以提升海洋综合治理能力

首先，强化国家蓝色供应链战略军民融合的赋能功能，全方位整合陆海域资源，突出陆海域协同发展与综合治理的军地资源深度融合产生的溢出效应，最大限度释放军民融合在海洋科技、设施共建、应用共享等方面巨大效能，尤其是在技术装备、基建设施、人力资本、管理模式等领域有效对接或要素转移，进而获取军民融合形成的高质量发展及高水平开放显性及隐性优势；其次，为应对西方世界逆全球化及人为的供应链割裂或脱钩带来的诸多威胁与挑战，高屋建瓴统筹谋划和建立服务于国家海洋安全的战略储备制度与应急响应机制，既包括海洋经济及产业安全，也包括满足海洋政治、文化、科技、生态、地缘等安全需求，构建海洋防灾减灾体制、海洋重大突发事件应急响应机制，为促进双循环新发展格局的形成必须建立健全"蓝色保障体系"；再次，以习近平总书记"大食物观"和"饭碗要端在自己的手里"思想为引领，加快海洋生物育种及种业工程建设，保障国家海洋食品安全、端牢中国饭碗。特别是在海洋开发利用关系到食品安全问题上，对于建设现代化的"海上粮仓""海洋牧场""蓝色药库"等方面亟须推动滨海滩涂、盐碱

湿地、近岸海域的种业创新，破解盐碱地种业"卡脖子"难题，以及海洋种业核心技术的突破，结合国情加大耐盐碱作物品种培育、种质资源保护利用、种群建设、种业基地和监管服务体系建设力度，根据东部沿海各区域特色和产业优势深入调研，从财政投入、重大项目、企业扶持、种业平台、体制改革、产权保护等方面寻求对策与路径；最后，海洋大开发不仅是蓝色经济作为主体彰显高质量发展的主旋律，而且要以此带动海洋生态环境的保护与修复、海洋文化传播与文明传承、海洋权益维护等要素构成国家蓝色供应链战略的全部蕴含。这是贯彻蓝天碧海也是金山银山的海洋发展理念，充分体现海洋文化发扬光大对倡导海洋命运共同体，以及建立强大深蓝海军确保国家安全与维护世界和平，参与全球海洋综合治理担负的当代使命，唯有实施国家蓝色供应链战略方能实现我们由海洋大国向海洋强国的历史性转变。

四、制定和完善制度现代化与治理现代化的"蓝色纲领"

首先，实施国家蓝色供应链战略不仅需要政策创新与建立制度供给机制做保障，而且需要构建高质量发展、高水平开放的法律及标准化体系。一方面给予不同海洋产业及其供应链采用差异化政策供给，另一方面为适应海洋经济发展的紧迫需求，在海洋制度建立与健全中做到涉及领域的覆盖性、完整性及协调性，以确保政府政策及制度赋能的靶向性，即因业施策及精准施策的政策与制度导向。其次，在海洋产业高质量发展的协同创新策略上，政府需根据其在国民经济发展地位与作用的差异，在财政、税收、技术工艺、人才、基础设施等给予定制化的政策扶持及倾斜。再次，蓝色经济发展战略中要树立"一盘棋"的协同发展理念和意识，不仅要营造海洋产业间协同创新的发展环境，而且需要在海洋经济、政治、文化、生态、海防安全等领域之间的协同创新政策供给，实现海洋发展制度现代化与治理现代化，主要体现在制度体系的日趋完善及海洋综合治理理念、能力、技术及综合效应的全面提升。最后，在海洋经济、生态环境、海洋文化、维护海洋主权等方面构建具有中国特色的标准与规范体系，标准强国不仅有助于确保国家蓝色供应链战略实施的研判效果，而且有助于构建海洋高质量开发与高水平开放的新发展格局，海洋立国、海洋兴国及海洋强国需要国家标准及规范指导与约束作用。总之，政策、制度、标准等体系的制定与完善，制度现代化和治理现代化为国家蓝色供应链战略的贯彻与落实起到方向性的引领作用，在构建全球蓝色供应链命运共同体中彰显出我们"蓝色纲领"的前瞻性和统筹性。

五、构筑全人类共同价值和全球蓝色命运共同体

习近平总书记于2022年2月5日在北京2022年冬奥会欢迎宴会上的致辞：要顺应时代潮流，坚守和平、发展、公平、正义、民主、自由的全人类共同价值，促进不同文明交流互鉴，共同构建人类命运共同体。① 从中深度阐释全人类共同价值和命运共同体，并在国际社会日渐形成共识，任何单边主义、保护主义及逆全球化供应链阻隔及断裂的行为有悖于国际发展的大潮流。从全球海洋可持续发展的角度来看，任何国家地区无论在社会经济发展方面，还是在维护海洋生态环境与国际和平秩序方面，亟须秉承全人类共同价值理念和共建人类命运共同体的倡议，立足于世界发展的未来运筹帷幄共同协商，并折射出全球海洋蓝色供应链发展战略的迫切性和重要性。海洋是人类的共同家园，各国有责任、有义务共同构筑全球蓝色供应链的全人类共同价值和命运共同体。尤其是这场持续数年波及全球的疫情，以及俄乌局势、台海危机等导致国际供应链崩溃及能源危机，如何攻坚克难、同舟共济共创全球海洋蓝色供应链的美好明天，这需要从人类共同价值的高度来诠释国家蓝色供应链战略深邃蕴含，用人类命运共同体的思想精华去构筑全球海洋蓝色供应链的互惠、互融、互生及互荣的新发展格局。

第四节 本章小结

习近平总书记的"海洋情怀"既是促进海洋经济高质量发展的时代呼唤和先行倡议，吹响高质量发展海洋经济、海洋产业及其蓝色供应链的时代号角，也是加快建设海洋强国、海洋富民及海洋强军的集结号，更是国家蓝色供应链战略在百年变局中见证了我国海洋经济发展由浅蓝走向深蓝的必然结果，国家蓝色供应链战略将谱写我们这个陆域大国向海洋大国转变的时代篇章，进而完成海洋大国向海洋强国转变的战略选择。

---

① 习近平在北京2022年冬奥会欢迎宴会上的致辞（全文）［R/AL］．（2022-02-05）［2022-12-21］．http：//www.news.cn/politics/2022-02/05/c_1128333645.htm.

第十二章

胶东经济圈现代海洋产业蓝色供应链协同创新的政策创新及实现路径

21世纪是海洋世纪，对大多数海洋国家与地区而言，海洋经济逐渐成为各地区经济发展的重要增长点，为海洋产业的高质量发展带来战略契机，大力发展海洋产业势在必行。在全球生产范式的创新化转型背景下，协同创新成为城市群协同一体化发展的关键维度之一①，是海洋产业保持可持续、高质量发展的基础前提与必经之路。胶东经济圈作为山东省发展海洋经济的核心力量，具有得天独厚的区位优势，为加快胶东经济圈海洋产业蓝色供应链的协同创新发展步伐，促进胶东经济圈海洋产业结构的转型升级，本章从政策供给角度出发，分析胶东经济圈现代海洋产业蓝色供应链协同创新的政策与制度体系创新。通过剖析胶东经济圈现代海洋产业蓝色供应链协同创新的现有政策与制度体系，挖掘政策短板，为胶东经济圈现代海洋产业蓝色供应链协同创新发展路径、方案的构建指明方向。

第一节　胶东经济圈现代海洋产业蓝色供应链协同创新的政策环境及现状

"海权论"创立者马汉认为海权与国家兴衰休戚相关，应将控制海洋提高至国家兴衰的最高战略层面。其中，影响各国海权的主要条件为地理位置、自然结构（包括与之相关的大自然的产物和气候）、领土范围、人口数量、民族特点、政府的特点（包括国家机构）。海洋安全与权益关系到国家主权、国家防务安全、国民人身财产安全和国家经济发展安全，是我国经济社会发展的前提基础和重要保障。另外，随着陆地资源的开发利用强度加大、生态环

---

① 吴康敏，张虹鸥，叶玉瑶，等．粤港澳大湾区协同创新的综合测度与演化特征［J］．地理科学进展，2022，41（9）：1662-1676.

境约束趋紧，沿海国家或地区愈加关注和重视丰富的海洋资源，发展壮大高质量的海洋经济是建设海洋强国的重要内容和途径。从世界发展趋势来看，海岸带是区域经济社会发展的"黄金地带"，蓝色经济已经成为全世界经济发展的重要引擎，蓝色增长的核心在于海洋和海岸带的可持续增长。因此，政府政策赋能就是立足于现实客观需求，持续不断地因时、因势的变化，在环境变换及经济格局中更迭进行与时俱进科学、有序及合理的政策供给。

一、海洋经济政策与制度演化及动向

首先，我国海洋经济政策的沿革经历了 5 个发展阶段，包括中国海洋经济政策的恢复和确立时期（1949—1965 年）、中国海洋经济政策在曲折中完善时期（1966—1977 年）、中国海洋经济政策体系初步建立时期（1978—1993 年）、中国海洋经济综合管理政策初步呈现时期（1994—2011 年）、中国海洋经济综合治理新时期（2012 年至今）。[①] 随着海洋产业的高速发展，海洋经济已成为带动中国东部沿海地区高质量发展的重要支撑点。就海洋管理体制而言，2018 年国务院机构改革后，涉海领域的海洋战略规划、海洋资源开发利用、海洋经济发展、海域海岛管理、海洋生态修复、海洋预警监测等职责由自然资源部负责；海洋环境保护和排污口设置管理等职责由生态环境部负责；海洋渔业渔政的职责由农业农村部负责；此外还有负责港口航运业的交通运输部、负责滨海旅游业的文化和旅游部等。不同部门之间依然存在职能竞合与利益冲突的问题。

其次，我国东部沿海地区也出台了地方的相关政策与制度的文件。山东省地方政府紧跟国家海洋经济政策的指引，颁布《海洋强省建设行动计划》《山东省"十四五"海洋经济发展规划》等诸多海洋政策，不断加大海洋产业创新投入力度，致力于拓宽融资渠道，积极推动海洋经济高质量发展。2021 年，山东省级财政统筹资金 87.2 亿元，比上年增长 13.5%，为海洋强省的建设提供重点项目资金需求的保障。山东省通过支持海洋渔业发展、支持海洋科技创新、支持海洋生态保护 3 方面举措，助力建设高水平"海上粮仓"，促进海洋领域人才、科技以及产业协同发展，不断推进海洋环境监测，实现生态灾害防治现代化，为海洋环境治理和生态安全提供基础支撑。

---

① 毕重人，赵云，季晓南 . 基于 GRA-DID 方法的海洋产业政策有效性分析［J］. 科学决策，2019（5）：79-94.

再次，2018 年 3 月，习近平总书记提出"海洋是高质量发展战略要地"①，海洋经济已成为我国国民经济发展新的重要增长点。《全国海洋经济发展"十三五"规划》指出，要提升海洋发展质量和效益，推动海洋经济向质量效益型转变。② 此外，中央政府实施新旧动能转换发展战略，而山东省作为新旧动能转换综合试验区，自然会将大力发展海洋经济作为新旧动能转换的主要手段。与此同时，沿海主要省、自治区、直辖市地方政府也先后拉开了高质量发展海洋经济的序幕，逐步印发出台相关的政策文件，如表 12-1 所示。

表 12-1　沿海主要省、自治区、直辖市海洋政策

主要省、自治区、直辖市	政策名称
山东	《海洋强省建设行动计划》《山东省"十四五"海洋经济发展规划》《现代海洋产业 2022 年行动计划》《山东省海洋高新技术产业开发区建设工作指引》
天津	《天津市海水淡化产业发展"十四五"规划》《天津市海洋装备产业发展五年行动计划（2020—2024 年）》《天津市海洋经济发展"十四五"规划》
河北	《河北省海洋经济发展"十四五"规划》《河北省海洋经济发展规划》
辽宁	《辽宁省渔业供给侧结构性改革行动计划》《辽宁省"十四五"海洋经济发展规划》
上海	《上海市水系统治理"十四五"规划》《上海市 2021—2025 年海洋渔业资源养护补贴政策实施方案》
江苏	《江苏省"十四五"海洋经济发展规划》《江苏省"十四五"海洋生态环境保护规划》
浙江	《浙江省海洋经济发展"十四五"规划》

---

① 韩增林，李博，陈明宝，等."海洋经济高质量发展"笔谈［J］.中国海洋大学学报（社会科学版），2019（5）：13-21.

② 王泽宇，张梦雅，王焱熙，等.中国海洋三次产业经济效率时空演变及影响因素分析［J］.经济地理，2020，40（11）：121-130.

沿海主要省、自治区、直辖市	政策名称
福建	《关于加快海洋经济发展的若干意见》《福建省"十四五"渔业发展专项规划》《2019年福建海洋强省重大项目建设实施方案》
广东	《广东省加快发展海洋六大产业行动方案（2019—2021年）》《广东省海洋经济发展"十四五"规划》
广西	《广西向海经济发展战略规划（2021—2035年）》《广西海洋经济发展"十四五"规划》
海南	《关于支持海洋渔业高质量发展有关用海政策的若干意见》《海南省海洋经济发展"十四五"规划（2021—2025年）》

最后，山东省沿海7市均发布"十四五"海洋经济发展规划，全面布局海洋经济高质量发展。青岛市政府印发《关于贯彻落实省支持八大发展战略财政政策加快重点产业高质量发展若干政策》，明确提出"发展海水淡化产业""支持远洋渔业发展"，根据一定条件给予海水淡化项目和远洋渔业企业奖补，精准助力涉海企业发展。日照市深入落实《关于支持海洋新兴产业的意见》，设立市级海洋产业发展资金，对海洋新兴产业贷款贴息、海洋科技成果转化等项目给予重点支持；滨州市出台《滨州市临海特色产业发展规划》，进一步完善海洋规划体系；东营市编制《东营市海岸带保护规划》《黄河三角洲自然保护区生态保护修复规划》《东营市"十四五"综合防灾减灾规划》，颁布实施《东营市黄河三角洲生态保护与修复条例》；烟台市印发全国首部入海排污口管理办法《烟台市入海排污口管理办法》，制定出台《烟台市养马岛生态环境保护条例》及《烟台市芝罘岛生态环境保护条例》，加强生态保护与修复，维护绿色可持续的海洋生态环境。

总之，在高质量发展海洋经济的政策制度供给方面，从中央政府到沿海地区地方政府均给予高度重视，且不论是海洋经济政策的领域覆盖，还是政策的优先排序方面，更多地体现在当前我们发展海洋经济的实际客观需求上，此外各级政府也会根据自身海洋经济发展的不同阶段，印发基于各自发展优势及特色方面给予政策扶持和导向倾向的文件。综上所述，其政策体系的核心内容是提出建设安全海洋、活力海洋、智慧海洋、健康海洋和文明海洋的政策制度和实施路径，并确立基于生态系统的综合管理和适应性管理原则，构建多元共治机制，健全执法守法监督机制。①

二、海洋产业及其供应链政策与制度体系的缺位及不足

（一）海洋法律制度不完善

海洋产业蓝色供应链法律制度体系仍面临诸多困境。第一，关于海洋开采利用的政策较为零散，难以体系化，胶东经济圈海洋产业发展整体战略存在不足之处，主要体现在两个方面：一是对于海洋产业发展领域的系统、长远的整体规划较为缺失；二是现有的部门性、区域性或事务性的海洋战略，多采取防守的战略居多，主动、积极进取的战略较少。这两个不足在海洋政策实施等方面还存在很大的进步空间，而且在海洋政策的具体实施过程中，有些政策并未落实到位。② 第二，虽然大多数海洋管理职责能够分配到各具体部门，但是不同部门之间仍然面临职能竞合以及利益冲突的困境，缺乏对海洋整体利益的考虑。部门利益等本位主义使各主管部门更容易关注本部门存在的管理问题，对海洋开采过程中可能产生的负面影响，如海洋环境污染引发生态破坏问题等关注不够。第三，海洋治理具有多领域、多部门、跨度大、分散性等特征，增加了海洋治理的难度。执行部门各自执法，职能分散、重叠，呈现条块分割的状态，并未形成较为密切的、有效的协同合作，导致管理成本增加且效率降低。由于缺乏固定、统一的主管部门，相关部门职责不明，难以形成凝聚力，在管理复杂的、涉及多方面议题的海洋事业时面临较多的困境，给法律体系带来了漏洞，使不法分子有空可钻，进而降低了执法效果。同时，海上执法机构众多，有海监、渔政、港监等多个部门，执法力量不统一，减弱了海洋整体管理能力，在面对别有用心的国家挑衅时，若对外执法权责不一，容易给别国带来执法不及时的形象，给别国留下可乘之机。第四，虽然我国海洋产业政策中略有提及海洋生态修复的战略，但是对海洋生态保护修复的具体要求不够明确。一些地方立法在条款中将海岸带保护看作首要任务之一，但是在具体实施过程中仍然以利用为主，尚未梳理出海洋生态源头治理思路，在立法时并未明确修复进程中主体的责任、义务、治理资金的筹集等，多从法律救济角度规定相关主体的修复和治理责任，对海岸

---

① 古小东. 我国《海洋基本法》的性质定位与制度路径［J］. 学术研究，2022（7）：60-66.

② 马忠法. 论中国海洋开发和利用法律制度的完善［J］. 广西社会科学，2022（1）：108-116.

带生态环境这个整体的生态保护修复需要确立一个更加综合、合理的法律制度框架来保驾护航，使其迈入良性的制度化轨道。

（二）缺少有效的技术标准和考核机制

我国海洋生态保护与修复的研究较其他国家起步相对较晚，是海洋发展过程中相对薄弱的环节，对此，我国出台了诸多海洋生态修复工作的规范性技术指南和标准，但缺乏系统完整的海洋生态修复技术标准体系[①]，生态修复的整体性、全面性指导缺失，关于监督执行标准的文件较少，对治理成果的评价标准不具体，大多以鼓励为主，在具体实施过程中有较大的弹性，导致海洋生态修复项目实施无序，进而造成生态修复效果不够显著。目前亟须立足于我国海洋生态环境的实际发展状况，构建符合我国国情的海洋生态修复技术标准体系，制定并颁布适合各个区域的海洋生态修复技术文件，为我国海洋生态保护项目的开展提供强有力的指导，提高生态修复成效，促进我国海洋生态文明建设。同时，海洋生态修复的范围囊括不同区域的生态系统，地理空间分布较为分散，修复工作的涉及面广，海洋主管部门尚未建立有效的修复成果绩效考核和管控验收的指标评价标准。

（三）社会参与度不高

社会公众作为海洋资源开采利用的受益者，同时应承担保护生态环境的义务，但是在海洋生态保护修复立法以及实行过程中对公众的宣传教育缺失，社会公众尚未树立起自觉保护环境的意识。[②] 海洋生态保护修复的社会参与包含政府和社会力量之间的协同合作，为避免不同区域间在进行海洋生态保护修复时出现计划脱节现象，要根据不同区域在进行生态修复保护时的差距协调各区域的修复工作，加强不同沿海省份和城市间海洋生态修复的区域合作意识。缺乏及时的动态监测、监督，导致管理者对于项目的调整滞后，保护修复验收工作很难及时开展；不同区域的保护修复工程缺乏统一的监测评估标准，监测项目和评价结果存在差异，难以实现既定目标，也无法对各区域进行横向比较确定标杆区域。

（四）海洋生态修复资金投入机制尚不完善

海洋技术相对落后，财政投入相对不足。与航天航空、新能源等领域的

---

① 李加林，沈满洪，马仁锋，等．海洋生态文明建设背景下的海洋资源经济与海洋战略 [J]．自然资源学报，2022，37（4）：829-849．

② 薛翔，赵宇翔，朱庆华，等．基于公众科学模式的重大公共卫生事件开放数据服务生态系统构建 [J]．图书情报工作，2022，66（4）：33-44．

投入比较而言，对海洋开发研究方面的投入显著缩减。在进行海洋执法时，技术装备落后，同时，对于远洋、公海方面的海洋科学研究等投入也远远不足。然而开采利用海洋资源，发展海洋经济，海洋技术是重中之重，不可忽视。海洋生态修复涉及项目较多，前期需要大量的资金投入，运行周期长，目前海洋生态修复资金投入机制尚不完善，各区域缺乏资金筹集的长效机制，资金来源较为单一，出现过度依赖中央财政资金投入的现象。虽然国家和地方政策文件都"鼓励建立海岸带综合治理、生态修复项目多元化投资机制"，但是在社会资本参与的激励机制和模式上尚存在较大的提升空间。

第二节　胶东经济圈海洋产业蓝色供应链
政策与制度创新的对策及建议

一、政策体系创新的对策建议

（一）财政金融政策体系的创新及构建

作为传统陆域大国，过往的财政金融政策在宏观制度安排、市场机制尚不成熟和完善的前提下，中央及地方政府财政行为模式大多重点关注陆域产业结构失衡，在缓解产业结构失衡方面具有积极意义。而对于新兴的海洋经济及其产业发展，精准的政府政策创新可使政府财政补贴提高海洋企业全要素生产率的作用更加显著，使政府可以较小的补贴强度实现企业全要素生产率提升的目标。国家需要改变"分钱型"财政分权策略，尤其是在发展海洋经济中，根据海洋产业发展轻重缓急，对于那些具有战略性、基础性及先导性海洋产业采取合理划分并强化政府支出责任，提升公共服务意识；同时通过财政收支制度改革引导和激励政府履行海洋公共服务提供的职能，提高财政政策的工具效果。以推动转变政府主导的增长机制，纠偏地方政府行为，形成以市场为基本机制的海洋经济增长质量提高机制。具体而言，政府应该履行海洋公共服务提供的职能，完善市场机制，加大增长质量方面的考核指标力度。应根据财税政策着力于不同的海洋经济及产业制定并给予差异化的财税政策，在战略性新兴海洋产业4个生命周期阶段（幼稚产业、主导产业、支柱产业和衰退产业）依次采取财税扶持政策、财税促进政策、财税保护政策以及财税援助政策。基于新常态下海洋产业结构特征及其升级过程中财税政策应重点支持发展现代海洋农业、海洋装备制造业的转型升级、战略性新兴产业及新兴服务业发展，鼓励资源节约利用、环境保护和增强自主创新能力。

其次，在具体政策支持方式创新上，政府应建立透明完善的补贴机制，识别不同类型海洋企业面临的融资约束程度，有针对性地给予补贴。优化补贴方式、加大补贴使用监督力度，针对本土海洋企业的监管尤为重要。各级政府需要改变普遍使用的定额研发补贴方式，以比率研发补贴来代替定额研发补贴。因此，政府需要动态的将补贴强度下调至适度区间内，很大程度地发挥补贴对海洋产业自主创新的激励作用。

再次，对于完善和优化货币政策调控方式创新方面，减少货币政策调控目标，增强货币政策透明度和操作科学规范性。在海洋经济发展的新常态下，货币政策主要目标应是维持合理的海洋经济增速和原材料价格水平。相较于数量规则或价格规则，我国目前较为理想的现实选择是货币政策混合规则。即再贷款利率、再贷款比例、存款准备金率和准备金存款利率4种结构性货币政策均有利于推进海洋经济的高质量发展，非对称地实施结构性货币政策、瞄准新兴战略性海洋产业的外部性将有助于金融支持海洋产业结构调整和转型升级。从货币政策手段带动海洋经济关键性、主导性及战略性产业的优先发展和快速发展。因此，采用非对称结构性货币政策相对于对称结构性货币政策更有效，更适合促进和推动海洋产业的发展。

最后，为发挥金融体系推动海洋产业结构转型与促进海洋经济增长作用的创新，应采取深化金融体系发展与调整金融体系结构并举的创新方式。一是调整与优化社会融资结构，提高直接融资比例，完善直接融资市场；积极培育中小金融中介机构，更好地促进中小型海洋企业（包括"专精特新""隐形冠军"等中小海洋企业）的技术创新，推动海洋产业整体的不断优化与升级。二是政府应放宽银行业准入标准，鼓励海洋民营资本进入金融领域，提升金融领域整体的服务质量和效率。三是完善多层次涉海资本市场，形成服务于不同层次海洋企业、不同层次海洋产业与不同区域涉海市场的金融市场体系。

（二）深化海洋体制机制改革，促进海洋经济健康、稳定增长

加快出台《海洋基本法》，修订《海域使用管理法》《海洋环境保护法》等法律，调整海洋经济发展的体制机制和政策体系，以适应海洋经济发展新变化和新趋势。转变政府角色和职能，改变政府对市场主体过多和过度的行

政干预，回归到保障海洋经济发展的环境建设和制度完善上来。同时，应充分认识到与发达海洋国家之间的发展差距，我国海洋基础设施和公共服务水平等还存在较大短板、弱项及瓶颈，在调结构、促升级的过程中，消费对海洋经济增长的贡献越来越重要，但投资仍对促进海洋经济发展，特别是中长期发展发挥基础性作用，在海洋经济领域仍要继续优化投资方向、寻找新的投资空间。此外，应加强海洋经济发展方式转变的政策引导，编制国家和各级地方政府海洋经济发展规划，制定海洋产业发展指导目录和准入标准及规范，加强海洋经济发展信息平台建设，完善海洋经济发展评价与监测体系，定期发布海洋经济产业发展需求及趋势，指导投资海洋产业和发展方向。充分发挥市场在海洋经济发展中资源配置的决定性作用，加强海域抵押融资等政策制定，加大金融服务对海洋产业支持力度，以提高海洋经济发展的可持续性。

（三）加大政策扶持力度，大力培育海洋经济新的增长点

结合胶东经济圈海洋产业蓝色供应链的资源禀赋差异，有效匹配海洋经济发展的资源供需矛盾，促进海洋资源开发与海洋科学技术、海洋综合管理的深度融合，培育海洋经济发展优势产业及其供应链体系，充分释放海洋经济发展的增长潜力。以《战略性新兴产业重点产品和服务指导目录》为指引，培育发展海洋战略性新兴产业及其供应链，加大政府对海洋生物制药政策和资金扶持力度，引导社会资源投向海洋环境保护与生态修复、海洋生物医药、海洋工程装备、海洋能源等重点方向，引导消费需求方向，扩大消费规模。充分认识海水淡化和海洋可再生能源在解决东部缺水与东部能源严重匮乏地区重要补充作用，把补足东部水源和能源的全局意识提到至关重要的战略地位上来，制定海水产业化、海上可再生能源的税收和价格补贴政策，有效对接海水淡化和海洋新能源供给与消费需求。同时，强制要求沿海地区高耗水产业沿海布局并利用海水作为水源。大力发展海洋科研教育管理、金融等生产性服务业，重点发展滨海旅游等消费性服务业，加快旅游基础设施建设，培育邮轮游艇、休闲渔业等滨海旅游新业态，促进滨海生态旅游可持续发展。加大对海洋油气勘探开采的投资力度，并把深海作为未来的重点投资空间和新增长点，实现南海油气资源商业化开采。提升海洋工程装备产业科技创新能力，增强在国际市场中的竞争力，在深海油气开采、船舶制造等产业链高端环节形成自主核心技术。

（四）实施海洋生态修复工程，加快海洋经济增长方式转变

建立海洋功能区划、海洋生态红线制度、围填海总量控制、海洋产业用海规模控制、海洋经济评价组成的倒逼及约束机制，完善海洋资源利用和海洋环境标准体系，以高标准、高要求倒逼海洋经济发展，推动形成绿色低碳循环发展新方式。坚持海洋环境保护与治理的陆海统筹机制，提高海洋环境保护能力及油气污染预防和油污处理能力，制定促进海洋企业污染物减排的税收优惠政策等措施。依托山东半岛蓝色经济区发展、新旧动能转换、高质量发展等战略依据，加强渤海、黄海环境的综合整治，控制陆源污染物排海总量，加大监管力度，有效控制新增污染，增加环境治理和生态恢复投入，缓解污染存量，保护渤海和黄海生态系统。提升海洋资源环境利用效率，提高单位海域和海岸线资源经济产出，制定并实施单位海洋生产总值的污染物排放约束指标。加强海洋生态文明建设研究，建立完善海洋生态红线制度，在相关区域划定海洋生态红线，对重要生态区和自然海岸线予以保护。加快海洋资源环境承载能力预警体系建立，对超过承载能力的地区实行限制开发等措施。强化围填海总量和计划指标控制，引导沿海地区产业投资方向和布局。针对城市居民区布局，加快实施城市海岸线和近岸海域的修复工程，恢复海岸线和近岸海域的生态功能与景观功能，提供城市亲海和休闲空间，为促进消费成为经济新引擎提供支撑。

（五）实施海洋创新驱动战略，优化升级海洋经济发展空间格局

以符合海洋技术创新和可持续发展目标的海洋产业结构调整为方向，改革海洋科技管理体制，转变海洋科技资源投入方向，加大海洋基础性、战略性、前瞻性技术的创新力度，促进海洋科技创新成果转化，更多支持创新型中小海洋企业，加快海洋信息化建设，提升海洋信息服务能力，促进传统海洋产业改造升级，尽快形成新的海洋经济增长点和产业驱动力。充分发挥市场对资源配置的决定性作用，建立海洋资源交易平台，促进海洋经济发展从要素驱动、投资驱动转向创新驱动，促进生产要素由低效向高效转移。按照海洋主体功能区战略布局和要求，依托海洋科技创新，优化海洋经济发展空间布局，加强近岸空间传统产业改造升级，减少污染排放和提高资源利用效率。

（六）加强海洋公共服务建设，促进海洋资源供需均衡匹配

以需求多样、高端及高质量为目标，加大政府对市场供给引导，发布胶东经济圈海洋产品及服务需求报告。加强海洋公共基础设施，大力提高生活

性服务业水平，挖掘海洋资源供给潜力，提高海洋产品的供给能力，促进海洋产品转型升级，调整产品与公共服务供给能力和方向，促进新消费方向与海洋资源供给方向和能力匹配。完善海域使用变更登记制度，加强变更登记用途管控，发挥海洋功能区划和海洋主体功能区划的资源配置引导作用，防止损害海洋基本功能。同时，促进海域和海岸线资源由低效向高效转变，供给结构由生产功能向消费功能转变。将滨海旅游作为满足民生和促进经济发展的重要领域，加大滨海旅游资源供给的投资，推动现代信息技术与滨海旅游发展融合，丰富滨海旅游消费产品。

（七）依托"一带一路"倡议，实施海洋产业"走出去"战略

胶东经济圈海洋产业蓝色供应链要顺应世界经济格局深刻变化，以 21 世纪海上丝绸之路战略为发展方向，积极主动谋划其陆海域经济的无缝对接，加强政府间海洋经济发展的交流合作，实现与周边东北亚、南太平洋、东南亚、南亚、中东等地区国家海洋发展战略对接和优势互补，以重点港口为节点优化山东港口布局和规模，促进与沿线国家基础设施互联互通，建成通畅、安全、高效的运输通道。实施海洋产业"走出去"战略①，根据沿线各国资源禀赋差异，以胶东经济圈海洋产业发展现状和需求，以及与全国贸易发展现状和结构为主，制定"十四五"海上丝绸之路建设规划，发布与海上丝绸之路沿线国家海洋产业投资指导和风险目录，加大海洋产业的对外直接投资力度和合作力度，建设一批海洋产业园区、海洋水产供给区、海洋可再生能源产业创新园区。同时，转移海洋船舶制造、交通运输等过剩产能，促进山东省及胶东经济圈海洋经济结构升级。

二、创新制度安排及对策建议

（一）建立与完善科技创新体制机制

1. 建立与完善新型科技创新体制

充分发挥新型举国体制在科技创新的功能优势是外部他组织力和内部自组织力相互协调、配合和支持的结果。他组织力是推动系统运行朝目标前行的强制作用力，是科技创新新型举国体制组织实施的方向引领和保障来源；自组织力是系统具有持续性和高效性的动力来源，是科技创新新型举国体制重要的内在运行机制。他组织力与自组织力相互协调、配合和支持是完成既

---

① 王江涛. 我国海洋经济发展的新特征及政策取向［J］. 经济纵横，2015（11）：18-22.

定重大攻关任务的关键所在，从根本上涉及政府与市场、科学国家化与科学自主性、举国体制制度安排与科技创新内生性动力等的关系。

（1）坚持发挥制度优势。制度优势由执政党的政治优势转化而来，是执政党执政理念的外化，而对于举国体制的科技创新活动而言，"重大任务的提出和执行只能通过政治过程，取决于政治领导层的远见、战略意志和实现国家远大目标的决心"。一般而言，新型举国体制的成功运用需要集中一国的政治聚合力，在国家层面实现凝聚力、组织力、执行力的高度统一，其中必须以政治一致性作为有效保障。在执政党理念、执政能力、组织动员等方面具有巨大的优势，特别是能够很好地在践行民主集中制的基础上维护党中央的集中统一领导，并且中国特色社会主义经济体制的集中力量办大事的内在制度优势，这成为实施新型举国体制不可或缺的重要制度保障。新时期，在社会主义市场经济条件下运用科技创新新型举国体制，必须始终坚持党的集中统一领导，充分发挥党中央总揽全局、协调各方的领导核心作用，坚持全国一盘棋，全要素一体化配置资源，形成重大科技创新的强大合力，以进一步加大这一体制机制运行的政治保障力度。

（2）明晰科技创新的任务目标。新型举国体制突破既有制度和组织约束，在全国范围内配置优质资源，体现"国家意志"、具有高度"计划性"、强调"举国"行动，相关攻关目标往往事关国家命运或重要国家利益。新时代运用科技创新的新型举国体制，应该采取任务导向型的科技攻关模式，进一步明确和细化各项任务指标与具体要求，灵活运用"揭榜挂帅""赛马制"等方式，根据任务确定合理科技攻关的技术总师和相关核心人员，给予科学家充分的科研自主权，充分调动科研人员的积极性、创造性，确保任务目标能够按时按质按量完成。同时，根据任务要求和参与主体自身优势，在分工中进行精确定位，在研发和产业化的上游、中游、下游等各个环节实现全覆盖的协同机制设计，在各个参与主体间实现稳定、长效的合作。

（3）科学运用政府与市场高效协同的复合创新机制。建立政府与市场高效协同的复合创新机制，充分发挥市场在资源配置中的决定性作用以及更好地发挥政府作用，进一步提升有为政府和有效市场的双向创新效能。其一，提高管理流程市场化程度。通过运用技术采购、市场化的人员和技术流动、社会资本投入等方式，有效降低管理机制成本，提高资源配置效率，强化技术的市场竞争力。其二，强化评价机制的市场化。科技创新成果的衡量最终要接受市场的检验，要看创新产品是否真正起作用，以结果性评价为准。其三，加强市场化的人才机制建设。根据科技攻关任务需求，运用市场化手段，通过突破现有体制框架，强化人才的市场化流动，以此扩大遴选优质科技人才的范围，不拘一格降人才。其四，建立和完善多元资金投入机制。有效引导地方政府、市场主体及其他社会力量参与其中，实现更广泛的资源配置空间和更高的资源配置效率。其五，加强国际科技资源的有效整合。建立适应国际环境新变化的全球人才战略和新型国际合作伙伴网络，加速形成平等化、多边化、差异化的国际合作伙伴网络。

（4）探索数字化时代下支撑新型举国体制研发体系的科研范式。目前，科学研究组织范式正在朝着开放集成式的方向发展，数字技术革命推动了数字经济的这种范式信息化转型，即通过运用信息化手段把核心的、重大的、战略性的资源加以整合，为提高科研组织的综合运行效率提供强大支撑，因此亟须探索数字化时代下支撑举国体制研发体系的运行模式。一是强化大型研发体系的数字化布局。充分运用数字技术强化国家层面的系统布局，重视科技发展的新态势以及布局方向的动态调整，引导其朝着数据驱动、交叉融合等新的科研范式和科研组织模式的方向进行科学布局，为运用科技创新新型举国体制注入数字化的规划优势。二是注重数字化研发平台建设。通过运用数字技术搭建的数字平台，将科技资源和信息以数字的方式集中并呈现在其建立的数字范式当中，实现资源统计、资源分类、资源需求和供给、资源调拨、资源监测等系列资源配置实践的平台化，从而实现在举国范围内更高效的资源配置效率。① 三是运用数字化手段提升科研管理效率。将数量庞杂的科研子系统纳入数字化的科研管理范式之中，运用数字技术的高速、精准、网络化等优势，提升纵向精准决策和管理能力，畅通横向部际交流与沟通效率，提升新型举国体制的科研运行效率。

2. 建立与完善科技创新机制

纵观科技体制机制改革进程，始终以促进全社会科技资源高效配置和综合集成为重点。在科技创新资源配置机制改革过程中，涉及配置主体、科技创新资源、科技管理等内容。

（1）创新科技资源管理机制。科技创新资源管理机制是指，在科技活动过程中，创新主体管理科技创新资源的一整套机制。我国出台的一系列科技

---

① 闫瑞峰．科技创新新型举国体制：理论、经验与实践［J］．经济学家，2022（6）：68-77.

政策,力求形成有效的科技创新资源管理机制。要扩大科研单位在科技经费、人事制度等方面的决策自主权。健全国家科技决策机制,强化国家对科技发展的总体部署和宏观管理,市场机制不能有效解决的基础研究、前沿技术研究、社会公益研究、重大共性关键技术研究等公共科技活动主要由国家财政直接投入。要明确市场在资源配置中起决定性作用,是优化配置创新资源的主要手段。政府部门不再直接管理具体项目,建立依托专业机构管理科研项目的机制,政府主要负责科技发展战略、规划、政策、布局、评估和监管,重点部署市场不能有效配置资源的关键领域研究,竞争类企业依据市场需求自主决策。目前,我国已基本形成较为完善的科技创新资源管理机制。

(2) 建立统筹协调科技创新资源配置机制。统筹协调科技创新资源能避免科技创新资源分散和重复,改善科技创新资源配置效率,化解科技创新过度分化问题,促进科技平稳协调发展。要鼓励胶东经济圈海洋科研机构跨部门、跨地区、跨行业与生产、科研、设计单位联合,使科技创新资源在更大范围内统筹配置。尽快建立与健全海洋科技资源共享、军民互动合作的协调机制,加强部门、地方、部门与地方、军民之间的统筹协调。重点要建立和健全统筹配置科技资源的协调机制,建立创新资源配置的信息交流制度,防止重复立项和资源分散、浪费。要加强统筹协调,分类指导,防止各类科技计划、专项、基金重复部署。要构建统筹配置创新资源的机制,跨区域整合我国科技创新资源。目前,我国已逐步健全合理配置科技创新资源的统筹协调机制,科技创新资源协调配置能力明显提升。

(3) 完善科技创新资金配置机制。资金的投入和配置决定了科技发展的方向和产出。因此,完善科技创新资金配置机制是科技体制改革的重要内容。要完善科技经费管理制度,优化经费投入结构,促进科技和金融结合,引导银行等金融机构加大对科技型中小企业的信贷支持,加大多层次资本市场对科技型海洋企业的支持力度。提出培育壮大创业投资和资本市场,强化资本市场对技术创新的支持,拓宽技术创新的间接融资渠道,完善外商投资创业、投资企业规定。进一步拓展多层次资本市场支持创新的功能,积极发展天使投资,壮大创业投资规模,运用互联网金融支持创新。充分发挥科技基金的作用,引导带动社会资本投入创新。目前,中国科技创新资金配置重点,一是完善科技经费管理;二是培育资本市场,加大资本市场对科技创新的支持。

(4) 建立激励创新的科技人才配置机制。科技人才配置是科技创新资源配置的核心问题,科技创新的思想、创新活动、创新产出等都离不开科技人才作为载体，其他科技创新资源只有与科技人才结合才能充分释放创新动能。总之，针对海洋科技人才的配置主要包括：第一，通过建立有效机制，按照市场规律让人才自由流动，面向全社会公开招聘科研和管理人才；第二，加快建设人才公共服务体系，健全科技人才流动机制；第三，实行更具竞争力的人才吸引制度，支持企业培养和吸引科技人才、吸引和招聘外籍科学家和工程师；制订和实施吸引优秀留学人才回国工作和为国服务计划；第四，建立有利于激励自主创新的人才评价和奖励制度，激发人才创新活力。

（5）完善技术资源配置机制。技术进步是科技创新最直接的体现，技术资源的配置效率直接影响着创新绩效和创新动力。为了改善我国技术进步和社会发展长期脱节的现象，要完善技术转移机制，促进企业的技术集成与应用，进一步完善中国知识产权制度，逐步建立技术产权交易市场。2007年，我国将培育和发展技术市场，引导建立专业化技术交易服务体系写入了《中华人民共和国科技进步法》，凸显出我国对技术市场发展的高度重视。实行严格的知识产权保护制度，加快下放科技成果使用、处置和收益权。加快构建我国专业化技术转移服务体系，完善全国技术交易市场体系，畅通技术转移通道。拓展和发展技术市场是我国深化科技体制改革的重要内容，也是完善中国技术资源配置机制的重大举措。

（6）优化政策资源配置机制。政策资源是指政府为促进科技创新活动开展而制定的具有引导、调控和支持功能的政策措施。政策资源具有特殊性和适时性，科技创新政策是引导和规范其他资源配置的制度要素，而政策的制定和实施过程，本身也是科技创新政策资源配置过程。要积极组织计划、经济、科技、财政、金融、税收、工商、人事等有关部门，研究和制定支持政策，促进科技创新资源优化配置。我国相继实施的《中华人民共和国科技进步法》《中华人民共和国促进科技成果转化法》《中华人民共和国专利法》等相关法律，从法律层面保障科技创新发展。从"财税、金融、政府采购、知识产权保护、人才队伍建设等方面制定一系列政策措施，加强经济政策和科技政策的相互协调"。这一系列法律法规、办法、规划纲要、通知及意见等政策构成了较为完善的科技创新政策体系，是我国科技创新政策资源有效配置的体现，从制度层面保障了其他科技创新资源的优化配置。

（二）深化科技管理体制改革

重点要加快海洋经济科技管理职能转变，强化规划海洋政策引导和创新环境营造，减少分钱、分物、定项目等直接干预。整合财政海洋经济发展的科研投入体制，重点投向战略性、关键性海洋产业供应链领域，改变部门分割、小而散的状态。改革重大科技项目立项和组织管理方式，给予海洋科学领域科研单位和科研人员更多自主权，健全奖补结合的资金支持机制。健全科技评价管理机制，完善自由探索型和任务导向型海洋科技项目分类评价制度，建立非共识科技项目的评价机制，优化科技奖励项目。建立健全海洋科研机构现代院所制度，支持科研事业单位试行更灵活的编制、岗位、薪酬等管理制度。建立健全高等院校、科研机构、海洋产业企业组织间创新资源自由有序流动机制。继续深入推进促进海洋经济及海洋产业供应链的全面创新改革试验，夯实海洋产业供应链的稳定性、柔韧性及安全性。综上所述，可从如下方面加以强化和细化。

（1）加强海洋科技管理基础研究，强化海洋科学基础设施建设，保证科研的基础性与系统性。基础研究是实现海洋或涉海科学技术从量变到质变的关键，必须加大支持的力度。布局合理、具有山东特色乃至中国特色的科技计划体系有助于推进科技体制改革的进程。明确基础研究的落脚点和切入点，提升国家及地方海洋科技源头的创新能力及水平，充分发挥顶层管理部门的统筹作用，切实做到科技管理资源的合理配置。在基础设施的建设中，尤其应当加强科技管理信息系统的升级优化及广泛应用。

（2）健全海洋科技管理监督考核机制。确定统一的决策机制，提高地方政府各个科技管理部门之间的协调能力，对海洋科技计划进行整合，改变海洋科研项目和海洋科技资源的"碎片化"，通过规则及制度健全与完善海洋科技管理监督考核机制。建立科研项目管理新机制和新制度，将项目决策、执行与科技评估相分离，推动政府职能的转变，使科研项目管理更加科学化、专业化。

（3）完善海洋科技人才评价激励机制，激发科研人员的积极性。发挥海洋及涉海科技创新在全面创新中的引领作用，调动科技工作者的积极性和创造性可以促进形成充满活力的科技管理运行机制。完善科技管理政策，改善管理方式，扩大科研机构对科研项目的管理权限，营造良好的研究环境。打破单一的海洋科技人才评价激励机制，充分调动人才的创造性。

（4）改革高等院校人才培养模式，提升高校服务于社会的能力。以国家发展战略为支撑点，高校应该广泛开展与海洋产业组织企业之间的产学研合作，做到事前沟通，评估科研项目能够取得的经济效益。不断完善高等院校海洋科技成果的转化和技术转移机制，使人才链、产业链和创新链衔接更加紧密。加强高校与海洋产业组织企业间的深度融合及广泛协作，在信息、技术、人才、专业基础设施设备的全面共享方面，促进海洋产业结构及其供应链的升级换代。

（三）健全知识产权保护运用体制

实施海洋强国与知识产权强国有机结合的发展战略，实行严格的知识产权保护制度，完善知识产权相关法律法规，加快海洋经济新领域、新业态及新产业的知识产权立法。加强知识产权司法保护和行政执法，健全仲裁、调解、公证和维权援助体系，健全知识产权侵权惩罚性赔偿制度，加大损害赔偿力度。优化专利资助奖励政策和考核评价机制，更好地保护和激励高价值专利，培育专利密集型海洋产业，例如，海水利用业、海洋可再生能源等关键技术的重点保护。改革国有知识产权归属和权益分配机制，扩大海洋科研机构和高等院校知识产权处置自主权。完善海洋产业及其供应链的无形资产评估制度，形成激励与监管相协调的管理机制。构建知识产权保护运用公共服务平台，以便于海洋产业组织及其供应链利用平台经济获得更多的保护手段及制度。概况主要有如下几个方面。

1. 知识产权保护的司法保障

胶东经济圈海洋产业蓝色供应链协同创新中，必然产生市场要素的自由流动，但并不意味着知识产权保护的缺失或削弱。为了审理涉海产业的商标许可侵权案件，涉海法院需要充分考虑涉外各方的利益，原则上，如果案件涉及的所有产品都是委托许可加工出口的，国内公众不可能在国内接触到案件涉及的产品，那么相关的加工行为就不构成商标侵权。海洋运输货代行业作为贸易的一种形式是必要的，有其存在的合理性。作为过境走廊，过境国确保在中立原则下迅速通过货物，降低国际贸易的运输成本，并最终使消费者受益。由于商品不流入过境国，所以一般不会对过境国产生竞争压力。涉及转运贸易的知识产权审判中，法院应区分不同的情形，从提高通关效率和促进贸易自由的角度出发，不应认定临时过境行为存在知识产权侵权。

2. 知识产权快速维权机制

随着科技不断发展和市场竞争的激烈，知识产权保护领域中问题不断出现。例如，专利授权周期长、知识产权维权艰难、知识产权服务能力弱等问题，这些问题一定程度上抑制了企业创新的活力。为解决这些问题，国家知识产权局设立了知识产权快速维权中心，一个集专利申请、维权援助、调解执法、司法审判于一体的一站式综合服务平台，该平台构建了一条集快速确权、快速授权、快速维权为一体的"绿色通道"。目前，知识产权快速维权中心要结合海洋经济及产业供应链的资源整合性、业务相互依存性等特性，尤其是围绕其特色海洋产业及创新能力强、知识产权纠纷普遍、知识产权保护诉求强的产业集聚区而尽快建立，以确保应对其知识产权能够做出快速维权。知识产权快速维权中心能够将快速确权与快速维权进行结合，将行政保护与司法保护有效衔接，高效、快捷地满足海洋企业的实际需求，从而有效激发海洋企业知识产权创造和运用的积极性。

3. 海洋经济知识产权保护机制

自 2011 年以来，国家知识产权局先后在广东、北京、浙江等地区选择电子行业、建材行业、网络行业等领域的重点专业市场进行工作试点，取得初步成效；并总结前期试点经验制定了《专业市场知识产权保护工作手册》，手册对专业市场知识产权保护背景、必要性进行了介绍，对地方知识产权主管部门、商业协会、市场主办方等不同主体应开展的工作给出了指导性意见，并从实际工作开展角度给出了制度文本示例或工作参考。① 现代海洋产业蓝色供应链不仅作为经济转型升级的主要载体，而且作为经济发展的新形态，其知识产权保护机制相对缺失和缺位，亟须借助于专业市场知识产权保护机制的经验加以建立与完善，为现代海洋产业供应链高质量发展和高水平开放发挥保驾护航的作用。

第三节　胶东经济圈现代海洋产业蓝色供应链协同创新的路径选择

国家"十四五"规划指出，"建设一批高质量海洋经济发展示范区和特色化海洋产业集群，全面提高北部、东部、南部三大海洋经济圈发展水平。以沿海经济带为支撑，深化与周边国家涉海合作"。海洋经济圈除了经济功能，更重要的是发挥战略稳定、和平发展、国家安全、战略支点等功能，尤其是与"一带一路"倡议相联结，将达到输出改革成果的作用。目前，中国北部、

---

① 曹晓路，王崇敏. 中国特色自由贸易港知识产权保护制度创新研究［J］. 行政管理改革，2020（8）：10-18.

东部和南部三大海洋经济圈已基本形成①，其地理区位与"一带一路"倡议具备空间重合性和延伸性。而胶东经济圈现代海洋产业蓝色供应链是我国北部、东部、南部三大海洋经济圈的重要组成部分，其在协同创新的实现路径选择上，既要考虑自身区位及资源条件，还要综合考量如何在三大海洋经济圈中走特色发展之路。即在双循环战略大背景下，既要融入国内市场的大循环，为建立统一、稳定、健康的国内大市场有所作为，还要将自身的高质量发展融入国际海洋经济大循环中，构建国内国际海洋经济的双循环，需根据其存在的障碍、瓶颈及短板采用针对性的途径筛选及建议。

一、机制创新启动"蓝色引擎"，发挥政策激励作用

根据实际情况综合选择并应用税费减免、股权投资、扩大融资、生态补偿等政策工具②，促进海洋产业转型升级、海洋资源高效利用、海洋生态稳步改善。一是减免税费降低涉海企业负担。对海洋产业高新技术企业，通过减免税费降低其发展压力，保障企业有足够的资金保证企业的正常运转，为应对各种不确定风险提供资金储备，盘活其创新能力。二是多措并举引导蓝色产业升级。通过股权投资支持海洋战略性产业的发展，对先进的国家技术创新中心、海洋产业创新中心给予充足的经费支持，为海洋产业的科研发展提供充沛的资金储备。三是做好扩大融资文章，积极吸引社会资本投身于海洋产业领域，通过建设海洋产业基金，完善海洋产业项目库，同时建立"政府+社会资本"发展模式，完善海洋产业基础设施建设。四是陆海统筹推动海洋生态改善。实施海洋生态补偿机制，制定近岸海域水质质量标准，依据相应的标准展开生态补偿工作，在关注海域生态的同时关注陆域生态，实现陆海域的全方位生态保护补偿，促进陆海域协同并进发展。

二、搭建高水平海洋科技创新平台，打造海洋科技人才集聚区

要改变我国长期处于海洋产品中低端供应队伍的现状，向高端海洋产品供给的行列迈进。第一，加强高校对于全球海洋变化、深海科学、极地科学等基础科学的深入研究，在"透明海洋""蓝色生命""海底资源""海洋碳

---

① 李旭辉，何金玉，严晗.中国三大海洋经济圈海洋经济发展区域差异与分布动态及影响因素［J］.自然资源学报，2022，37（4）：966-984.
② 李圆圆.发挥政府投资基金的积极作用［J］.中国金融，2022（2）：96-97.

汇"等领域牵头实施国家重大科技项目，抢占全球海洋科技制高点；第二，完善大数据等新型基础设施的建设，打破胶东经济圈传统海洋产业供应链布局，促进海洋产业供应链数智化转型升级，加强涉海重大创新平台布局，积极争取国家海洋战略科技力量在山东布局，创建海洋领域国家实验室，打造突破型、引领型、平台型一体化的国家大型综合性研究基地，塑强海洋科技创新"核心力量"；第三，创新是一个长期复杂的工程，要制定长期目标及短期阶段目标进行海洋产业供应链的协同创新，持续加大海洋核心技术创新投入，整合全球资源发展海洋关键核心技术，建立海洋产业链供应链企业创新平台，大力扶持几家有高研发水平的海洋企业，通过制定创新政策和利益机制驱动高水平研发企业协同创新；第四，探寻与其他沿海省市乃至其他发达国家的技术差距，改变依赖外部高端要素供给的现状，全面实现本土化高端海洋产品供给，列出长期受制于人的海洋技术清单，建立产学研创新综合体，联合各界专业型技术人才破译技术密码，避免对生产、生活产生影响，全面攻克"卡脖子"技术；第五，复杂国际形势下的技术压制及封锁虽然严重阻碍我国技术创新的步伐，但也倒逼我国关键技术自主创新力度的加强，要打破技术封锁带来的威胁，不仅要以关键核心技术和"卡脖子"技术为着手点，还需要聚焦前沿问题、关键核心技术及引领未来发展的颠覆性技术的创新突破，鼓励科研人员开拓性思想的产生，创造更高效、实用的新技术，满足消费者的多样化需求，加快突破海洋关键核心技术。

三、落实海洋生态修复工程，打造绿色海洋供应链体系

对严重阻碍海洋产业可持续发展的问题进行梳理汇总，及时对海洋生态进行修复，保证海洋经济与海洋生态的齐头并进，切忌以牺牲生态来获得海洋效益。首先，健全海洋生态修复工程的体制机制，通过健全相关法律体系，依法进行海洋管理体制创新，相关法律政策的颁布能够推动海洋经济管理的法治化、规范化开展，针对海洋资源过度开发的现象要依据相应的法律法规进行处罚，加大破坏海洋生态的行为的惩罚力度，要深入推进蓝色港湾整治行动，给予积极推进整治行动的区域相应的奖励，将实施效果较好的区域作为示范区进行推广；其次，要注意海洋管理体制改革顶层设计，继续整合优化海洋管理机构及其职能配置，要跨越陆海域边界，打破部门、区域限制，实现统筹治理，各区域建立统一的海洋管理标准，要实时跟进海洋治理计划的完成进度，向公众展示海洋治理成果及现有障碍，实现群众监督治理，保

证公众的海洋治理知情权，同时可以提高群众保护海洋的意识；再次，加大海洋治理项目的投资力度，为海洋生态修复提供充沛的资金储备，同时要多渠道筹集海洋治理资金，建立利益分配制度，鼓励企业、个体参与海洋修复工程投资；最后，要善于借鉴其他国家的海洋管理成功经验，结合海洋产业发展现状加强对于海洋生态环境的管理。

四、提升蓝色供应链整体竞争力，以增强其稳定性和柔韧性

供应链的不稳定主要表现为断链现象的发生，可以建立"链长制"缓解断链的困境，"链长制"是一项统筹整合海洋要素资源、巩固链条薄弱环节的制度创新，通过实现"强链、稳链、补链"，化解突发事件带来的风险。疫情的反复出现导致进口海洋产品的需求量下降，为胶东经济圈带来发展新契机，要紧抓机遇，跳出问题陷阱，提升供应链自身竞争力和柔韧性。首先，通过政策引领，加快海洋产业供应链修复、创新步伐，通过制定财政政策鼓励关键技术创新，保证相关政策满足精准性、可实施性原则，成立专项小组，督促政策全面落实，定期进行成果考察。其次，优化海洋产业供应链企业的组织结构、经营方式，运用现代技术手段提升企业获取海洋资源要素的能力，供应链企业处于动态变化的环境中，要实时根据外部环境的变化进行制度创新、技术创新、管理创新、文化创新，补齐海洋产业供应链核心技术的研发短板，提升企业应对外部风险的能力；"去中国化"虽然无法实现，但是供应链转型重组不可避免，夯实国内供应链现有水平，进行核心技术国产化替代是稳固我国综合实力、抵御外部风险的前瞻性抉择。再次，通过吸引供应链合作伙伴、建立供应链合作伙伴关系，提升供应链企业自身柔韧性及稳定性，战略契合、文化契合是供应链合作伙伴建立的前提，因此，选择目标一致的供应链合作伙伴尤为重要，通过供应链上下游合作伙伴通力合作有益于实现海洋产业供应链链条利益最大化，高额的利润反过来促进稳定的供应链合作伙伴关系的形成，进而提高供应链整体竞争力。最后，要建立自主可控的蓝色供应链网络，提高海洋产业自主创新能力，要具备预测客户需求的能力，满足客户对于海洋产品和服务的多样化需求，锻造海洋产业供应链的鲁棒性，保证在遇到突发事件时供应链链条能够快速反应，建立海洋产业供应链智能反馈机制、决策机制，通过人与机器一体化协作系统实现运作，预测可能面临的风险，从而提升海洋产业蓝色供应链的柔韧性。

五、推进海洋产业协同发展，提升供应链现代化水平

山东半岛沿海地区具有得天独厚的海洋经济发展优势，在促进各区域协同创新发展的同时，要避免海洋产业同质化发展，分析各区域的海洋资源优势，发展差异化海洋经济。第一，要加强沿海省市的协作理念，改变海洋产业的同质化发展现状，利用各区域的海洋优势资源，发展本土特色海洋产业，通过设置"中枢"城市以及"支点"城市，实现中枢城市专攻研发、支点城市专攻制造，分工明确、权责统一，形成国内"研发—制造"供应链体系，提高山东省海洋产业整体竞争力，推进海洋强省的建设目标；第二，要加大海洋协同创新激励力度，实现多主体参与，通过发放奖金、补贴降低海洋自主创新成本；第三，要搭建海洋协同创新平台，加强海洋第一、第二、第三产业供应链的协同创新，加强产业之间的关联性；第四，加强政府、高校、海洋企业之间的协同创新，为海洋产业供应链储备高端人才，保证产学研一体化的顺利开展；第五，要加强山东省与其他沿海区域乃至其他国家的海洋产业供应链协同创新，学习国外先进技术手段，整合全球海洋资源形成自身研发优势，发挥胶东经济圈海洋资源的最大潜能。

六、运用大数据及区块链技术，建立信息共享平台

运用区块链技术构建现代海洋产业供应链信息共享平台，减少信息不对称和"孤岛现象"的发生。首先，确定信息共享主体，收集主体的相关资产信息，保证利益相关者准确识别合作伙伴的财务运营状况，实现供应商、制造商、分销商之间的信息公开透明，在信息被上传到区块链之前，注意复核信息的准确性，同时，为消费者提供可靠的海洋产品生产加工各环节的溯源信息，提高消费者的信任程度。其次，保证信息共享平台的保密性，严禁泄露隐私行为的发生，通过隐私计算对信息共享全过程加密，只有海洋产业供应链各个节点企业能够获得相关共享信息，参与主体要签订保密协议，保证共享的信息只用于参与主体的运营决策，对泄露隐私的行为采取惩罚措施，为参与主体提供安全可靠的信息共享环境，激励参与主体主动共享企业的供求信息和财务状况，提高决策效率，降低决策成本，可以基于区块链建立相关利益机制，使参与主体共享由于信息透明而增加的利益，改变单一的业务交易模式，形成更加长期、稳定的合作关系。最后，要建立认证中介，通过相关认证机构保证共享信息的准确无误，避免出现欺诈行为，同时这些信息

也要实时共享给银行、担保等金融机构，方便金融机构判断是否进行借贷行为。

第四节　胶东经济圈现代海洋产业蓝色供应链协同创新的实施方案及保障措施

一、设计方案的思路及方向

借助于波特的钻石模型理论，分析胶东经济圈现代海洋产业蓝色供应链协同创新发展的基本思路及方向，从而确定现代海洋产业蓝色供应链协同创新发展的基础因素，主要包括基本因素和辅助因素两个部分，其中，基本因素包括胶东经济圈现代海洋产业蓝色供应链的生产条件、海洋产业蓝色供应链需求条件、海洋产业蓝色供应链战略组织和竞争、相关与支持性产业；而辅助因素包括政府作用和市场机遇，由此得到促进胶东经济圈现代海洋产业蓝色供应链协同创新发展的"钻石模型"①，如图12-1所示。

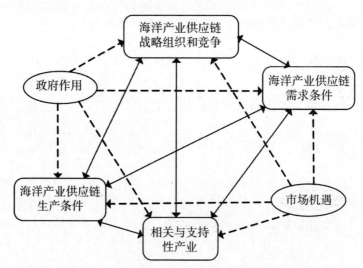

图12-1　基于钻石模型的现代海洋产业蓝色供应链协同创新发展框架

---

　①　梁树广，马中东，张延辉，等．基于钻石模型的区域制造业质量竞争力评价［J］．统计与决策，2020，36（23）：173-177.

基于钻石模型的逻辑认知，促进现代海洋产业蓝色供应链协同创新发展的基本因素中包括：现代海洋产业蓝色供应链生产条件，主要是指现代海洋产业技术水平、人力资本、现代化的海洋产业蓝色供应链基础设施和现代海洋产业蓝色供应链科学管理水平；现代海洋产业蓝色供应链需求条件，是指为及时满足消费者和企业的需求而形成和制定的创新战略合作联盟与协同化的供应链策略；现代海洋产业蓝色供应链战略组织和竞争，是指制定适合供应链发展的相关组织制度和供应链标准，相关与支持性产业指与现代海洋产业蓝色供应链信息技术和智能海洋装备的融合。而在提升其协同创新发展的辅助因素中，涵盖政府作用具体是指现代海洋产业蓝色供应链的法律体系、政策措施的引导与实施；市场机遇则是指现代海洋产业蓝色供应链技术的创新变革。

二、实施方案

随着现代海洋产业在全球价值链及供应链体系中作用与影响力的日益凸显，特别是战略性新兴海洋产业在国际上的主导权逐步提升，构建智慧化、生态化及安全化的海洋产业供应链运作体系尤为重要，其路径选择更满足上述"钻石模型"中基本因素和辅助因素的各种前提与条件。① 因而，就我国现代海洋产业蓝色供应链协同创新发展的实施方案来说，需要从如下 4 方面加以体现，如图 12-2 所示。

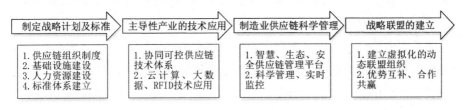

图 12-2　现代海洋产业蓝色供应链协同创新发展的实施方案基本架构

（一）制订战略计划及标准

首先，制订其协同创新发展的战略计划，结合胶东经济圈现代海洋产业蓝色供应链自身的现实状况和经济实力，从宏观上制定现代海洋产业蓝色供应链的内外部研发创新、信息管理、运作体系等组织制度，以指导其长远发

---

① 孙秀丽. 欧盟服务贸易竞争力及其影响因素研究：以波特钻石模型为依据［J］. 西南民族大学学报（人文社科版），2020，41（4）：128-137.

展目标及方向，从微观上夯实和加强现代海洋产业蓝色供应链基础设施建设，尤其是新基建如何赋能、加持于现代海洋产业蓝色供应链，使其尽快实现转型升级；其次，现代海洋产业蓝色供应链上下游各环节人力资源与人力资本持续开发与管理，建设一支适合胶东经济圈发展的现代海洋产业蓝色供应链高水平开放的专业人才队伍；最后，在国家标准海洋强国战略的引领下，建立高层次、富有中国特色的现代海洋产业蓝色供应链的国家标准体系，特别是加快构建胶东经济圈现代海洋产业蓝色供应链标准制定的学科体系、学术体系、话语体系，进而逐步融入国际标准的行列之中，进而对现代海洋产业蓝色供应链链条上的采购、供给、生产加工、技术质量、销售、运输、配送等各个环节管理的标准规范健全与完善，以彰显现代海洋产业蓝色供应链中"中国标准"的通用化、体系化及国际化。

（二）大数据赋能现代海洋产业蓝色供应链协同创新

依据国家海洋战略，在科技持续赋能创新体系的背景下，胶东经济圈现代海洋产业蓝色供应链按照政府政策导向的战略要求，加快其新旧动能转换、高质量发展及双循环战略实施步伐与进度。首先，现代海洋产业蓝色供应链在培育新动能方面不断创新、持续变革，创造出更多的新经济、新业态、新模式及新产业，逐步实现其产业智慧化、跨界融合化、品牌高端化等战略目标；其次，实现现代海洋产业蓝色供应链高质量发展就是观察国内外环境的变化趋势，精准洞悉现代海洋产业蓝色供应链发展的威胁与挑战，加速胶东经济圈海洋传统产业、海洋新兴产业领域的建设步伐；再次，在供应链全球化的态势下，反对西方世界奉行的单边主义、贸易保护主义，坚定不移地健全与完善国内统一市场下的海洋产业大循环和国内国际双循环的新发展格局，在完善自身基础设施建设的基础上致力于占据海洋高端产品供给行列；最后，通过实现数字信息产业与海洋第一、二、三产业的全面融合和跨界融合，为现代海洋产业蓝色供应链的协同创新发展提供技术支持，推动其向智能化、信息化、数智化转型。利用先进智能技术构建其协同可控的智能技术体系，进一步把握现代海洋产业蓝色供应链技术应用的场景和5G技术支撑的雄厚优势，逐步降低海洋产业供应链高端制造环节对外的依赖程度。此外，借助于云计算、大数据、物联网、区块链乃至元宇宙等新兴技术在现代海洋产业蓝色供应链的推广及应用，尤其是对现代海洋产业蓝色供应链面临的关键性、"卡脖子"及核心性技术的广泛应用，总之，在不同环节选择不同的先进技术以满足供应链的运行。

（三）现代海洋产业蓝色供应链全视角管理

在构建智慧化、生态化和安全化的供应链管理平台的基础上，优化现代海洋产业蓝色供应链的管理视域、边界及功能。利用智能化管理平台对现代海洋产业蓝色供应链全过程、全流程、全渠道中信息、技术、客户关系、人力资源、战略目标等方面的协调协同和风险控制，建立现代海洋产业蓝色供应链的预警机制、应急机制、预案启动机制、危害评价及响应机制，最大限度地化解或降低现代海洋产业蓝色供应链因国际局势、社会动荡及局部战争导致的巨大的投资风险或商业损失，并对其进行全面而系统的监控与监督，以保证其物流、信息流、资金流、价值流及服务流的畅通无阻和健康、稳定、安全地运行，进而提升胶东经济圈现代海洋产业蓝色供应链的协同创新发展及主导权。

（四）建立现代海洋产业供应链战略联盟或命运共同体

不仅要加快胶东经济圈与其他沿海省份的现代海洋产业蓝色供应链协同创新步伐，还要加快胶东经济圈与其他沿海国家的现代海洋产业蓝色供应链协同创新步伐，建立现代海洋产业蓝色供应链全球合作伙伴关系及战略联盟，以加强现代海洋产业蓝色供应链的国际整体协调能力、协作能力及协同创新能力，进而提高胶东经济圈现代海洋产业在全球供应链的延展度、关联度、柔韧度、融合度及共享度，为其协同创新发展提供必要的战略资源和物质条件。现代海洋产业蓝色供应链上的节点成员，借由共同搭建的信息资源交流平台组成覆盖国际任意区域组织群体组建的虚拟化动态联盟组织，以链条上核心优势企业为中心，通过协调将供应链中的业务分配给各类企业组织个体，发挥各个企业优势来完成链条目标导向下的任何具体任务，以此来实现供应链企业的优势互补、合作共赢，达到构建供应链协同创新发展的目标。总之，建立更广泛的现代海洋产业供应链战略联盟，以便各个成员组织实现相互依存、共同发展、携手共进的良好局面，从而使以往的利益共同体向命运共同体的根本性转变与升华。

三、提升现代海洋产业蓝色供应链协同创新发展的保障措施

（一）提升现代海洋产业蓝色供应链核心竞争力

首先，加强对我国现代海洋产业蓝色供应链相关数据统计和科学分析，集中力量构筑现代海洋产业链、供应链空间布局与优化，通过"引智补链""引资扩链""引才强链"等方式，强化胶东经济圈海洋产业链和供应链从区域性到全国性乃至国际性的纵向和横向的最大延伸①，尤其是延展产业链和供应链上下游的原材料供应、采购管理、产品研发设计、技术更新、加工销售等全过程，打破地方保护主义的固化思想，打通区域边界，加强与其他区域的海洋产业蓝色供应链协同创新，形成科学合理的国内海洋全产业链条的新发展格局；其次，通过对现代海洋产业蓝色供应链关键环节内挖潜力，发挥胶东经济圈现代海洋产业重点领域的竞争优势，实施高水平开放政策，强化战略引领海洋产业供应链与国际海洋产业供应链对接和扩展，重点解决制造行业"卡脖子"的关键技术难题，打通现代海洋产业蓝色供应链的瓶颈和堵点，实现国内市场与国际市场向纵深延展，以促进现代海洋产业蓝色供应链的"强身健体"，将非核心业务剥离出来并借助于外部协同及合作方式实现现代海洋产业蓝色供应链的全面升级，将供应链的核心竞争力瞄准于国际市场的重构，从而在国内国际形成现代海洋产业蓝色供应链协作体系，打造顺畅、高效、可控的供应链国内外协同创新的新发展格局。

（二）加快构筑关键核心技术引领的联合攻关创新型举国体制

增强关键核心技术的自主研发能力，打造胶东经济圈现代海洋产业蓝色供应链体系，需要从以往的要素驱动向创新驱动的根本性转变，改变单一地依靠现代海洋产业供应链中的某一个企业成员或组织单打独斗的创新局面，而是充分发挥我们国家或地方政府的联合攻关创新型举国体制的强大优势，整合政府、行业供应链、社会等资源对海洋产业关键核心技术需求的科学研判及集聚优质资源联合攻关的特有体制，尽快建立起支撑关键核心技术研发的现代海洋产业蓝色供应链内外部联合协同攻坚体制，以缩短科研协同的攻关周期，从而为重构现代海洋产业蓝色供应链协同创新体系奠定坚实的基础。②

（三）重构现代海洋产业蓝色供应链国内外协同创新机制

一方面，面对国际政治经济环境日益复杂的不确定性，做好长期预防全球现代海洋产业供应链被阻断或割裂的充分准备，在国家政府政策的引领下，加快现代海洋产业蓝色供应链横向一体化与纵向一体化，以建立起长效合作机制，加强彼此间的协同与融合，以协同之力最大限度地释放融合之效，形

---

① 周绍东，张霄，张毓颖．从"比较优势"到"国内国际双循环"：我国对外开放战略的政治经济学解读［J］．内蒙古社会科学，2021，42（1）：123-130.

② 张正清，王娜．构建以技术社会实验为导向的新型举国体制［J］．云南社会科学，2022（4）：37-47.

成高质量发展之势，进而重构现代海洋产业蓝色供应链协同创新体系；另一方面，充分利用战略性新兴海洋企业在其供应链中的特殊地位和独特优势，并借助于工业物联网、数字技术、智慧制造等发展机遇和态势，加快现代海洋产业蓝色供应链的转型升级，向智能化、数字化及高端化领域进军，抢占大数据促进全球海洋产业供应链深度融合的机遇，向全球供应链高端现代海洋产业领域全面挺进和渗透，在国际高端现代海洋产业供应链体系中促进各区域海洋高端技术协同创新发展。

（四）完善现代海洋产业蓝色供应链基础设施建设

建立与健全面向世界的现代海洋产业蓝色供应链全链条、全网络的综合配套服务体系，随着现代海洋产业供应链日趋空心化、网络化、数字化及智能化，不仅非核心业务外包已成为常态，而且核心业务的外部协同合作也成为新趋势和新方向。因此，各类服务及产品外包催发出用于现代海洋产业蓝色供应链各环节的内在服务需求，建立与健全综合配套服务体系以全方位赋能与多元化助力于现代海洋产业蓝色供应链全球化发展已成为大势所趋，具体包含：首先，提供高效、快捷、精准的第三方物流服务、综合运输方式的集成化、智能化、智慧化仓储及配送等服务体系；其次，基于大数据平台的客户关系管理系统、绿色高效的融资平台、定制化及共享化的现代海洋产业蓝色供应链人才服务平台；再次，以5G技术应用场景及虚拟现实技术为代表的科技研发基础设施建设；最后，发展相关配套器件研发、生产及销售服务供应链企业集群和跨界融合技术共建、共享平台等。

（五）健全现代海洋产业蓝色供应链的科技创新人才梯队

强化现代海洋产业蓝色供应链的专业人才评价方式、完善科研机构评估制度、优化评审监督机制、加强科研诚信体系等方面建设，重构持续创新的科技人才引进、培养及储备机制等科技创新人才政策体系与政策创新及供给机制。因此，为加快构建现代海洋产业蓝色供应链协同创新体系促进新发展格局的形成，还需要深化人才体制机制改革创新，着力破除影响现代海洋产业蓝色供应链人才流动、培育、评价、激励等体制机制的障碍，采取更加公平开放、行之有效、积极主动且能融入全球供应链体系的人才政策，建构具有自由流动和良性循环的特色优势人才的制度体系，并以此促进胶东经济圈现代海洋产业蓝色供应链的国内国际双循环，为营造新发展格局注入现代海洋产业蓝色供应链的人才新动力和人才新动能。

（六）营造与优化现代海洋产业蓝色供应链高水平开放的发展环境

首先，全面提升对外高水平开放。提高现代海洋产业蓝色供应链对外开放水平，必须优化与营造其高水平开放的发展环境与氛围，助推现代海洋产业的供应链步入高质量发展的快车道。要尽快构建我国现代海洋产业蓝色供应链国内外协同创新的新发展格局，就必须依赖高水平对外开放政策的有力支持，作为连接国内外协同创新的关键纽带，作为推动现代海洋产业蓝色供应链国内国际双循环相互促进的动力源泉。其次，高质量打造现代海洋产业蓝色供应链协同创新发展提升的多边合作平台及载体。众所周知，建设具有中国特色的自由贸易港、中国自由贸易试验区、粤港澳大湾区、内陆开放型经济试验区等既是我国对外开放的重要载体，也是构建现代海洋产业蓝色供应链国内国际双循环相互促进新发展格局的合作平台，以 ERCP、中欧投资协定及中国—中东欧合作协议为契机，进行多边合作的国际高标准投资贸易规则，加快推进中国自由贸易试验区的建设，适时修订完善国内相关法律法规，建立起与国际接轨的高水平经贸制度体系，尽快完成由传统的商品和要素流动型开放向高位阶的规则、标准与制度型开放的根本性转变，通过制度型开放打造高水平开放的新发展格局，并以此建立起法治化、国际化、便捷化、数字化的现代海洋产业蓝色供应链发展环境，有助于提升胶东经济圈现代海洋产业在全球供应链的影响力和协同创新发展。

（七）构建海洋产业协同创新商事争议解决机制

在数字经济全球化的态势下，数据跨境流动已成为国际社会的共识和重要议题，数据跨境流动参与并影响到海洋产业贸易与经济合作规则，成为数字贸易价值创造的主要推手和动力源。随着国际间经贸活动的日益频繁，数字技术、数字经济、数字贸易在国际商务活动中成为常态化驱动要素，数据流带动海洋产业贸易流、服务流、价值流的经济联动互动运行效率日渐凸显。但是数据跨境流动的国际商务商事争议日益增多，为促进我国现代海洋产业蓝色供应链有效规避来自诸多方面的风险和威胁，有必要尽快建立起包括司法诉讼、商事仲裁、商事调解等方式在内的多元化商事纠纷解决机制，特别是要推广实施更加高效、便利的临时仲裁制度和"线上+线下"的商事争议解决模式，为商事争议当事人提供优质的法律服务，使跨境商事争议能得到及时、精准、高效、公正的解决，以良好的法治营商环境助力形成现代海洋产业蓝色供应链协同创新发展的法律法规保障体系。

第五节　结论、研究不足及未来展望

本书就胶东经济圈现代海洋产业蓝色供应链协同创新进行系统的研究探讨，在对相关文献回顾梳理的基础上，不仅对其蓝色供应链协同创新提供必要的政策供给、制度安排、实现路径、实施方案等思路和建议，而且就胶东经济圈海洋产业蓝色供应链高质量发展与海洋生态环境保护，以及两者的协同发展进行必要的阐述给予相应的对策和建议。总之，为胶东经济圈现代海洋产业蓝色供应链的高质量发展和高水平开放提出一个新方法及新思路。

一、研究结论

本书首先基于对国家战略层面下梳理了我国海洋产业发展政策的演进历程及阶段；其次通过文献综述→理论框架→障碍分析→消除策略→测度指标→指标构建→实证研究→空间优化→蓝碳机制→协同创新→战略实施→实现路径等探索思路，获得我国海洋产业蓝色供应链换道超车或弯道超车的理论与实践参考的应对之策；再次剖析山东省现代海洋产业蓝色供应链协同创新的政策供给及制度安排，探索山东省现代海洋产业蓝色供应链协同创新的政策供给及制度安排存在的短板，从海洋法律制度不完善、缺少有效的技术标准和考核机制、社会参与度不高、海洋生态修复资金投入机制尚不完善等层面给出解决问题的手段与途径；最后从现有政策导向出发，提出胶东经济圈现代海洋产业蓝色供应链协同创新的实现路径、实施方案、保障措施等一系列的参考性建议。主要研究结论：胶东经济圈海洋产业蓝色供应链高质量发展进程中，判别其协同创新存在的障碍并给出消除策略，判明其协同创新的测度指标，为胶东经济圈现代海洋产业蓝色供应链协同创新提供必要的政策制度创新体系、路径选择及实施方案的建设性意见或建议。

二、理论贡献

首先，在习近平总书记将"现代供应链"视为经济社会持续增长的新动能战略认知指导下，并在国家"高质量发展""双循环""新旧动能转换"等战略的引领下，以胶东经济圈现代海洋产业蓝色供应链协同创新为研究对象，通过构建其理论分析框架，从其战略内涵、逻辑体系、测度指标、空间优化、海洋生态及政策制度创新等层面，分析并探索胶东经济圈海洋产业蓝色供应链的实现路径；其次，以胶东经济圈区域海洋产业供应链为突破口，核心学术思想就是亟须在山东半岛蓝色经济区海洋产业供应链高质量发展凸显"山东方案"、总结"山东经验"及做出"山东贡献"；再次，盘点梳理胶东经济圈海洋产业及其蓝色供应链发展的资源禀赋、发展基础、科技条件等，归纳出其协同创新的理论分析框架，这是对新时代下经济形态的转型升级提供必要的理论补充和诠释。借鉴西方国家的经验教训，并以我国海洋经济发展的现实条件及应对国际环境错综复杂的客观需求，借助于现代科学技术手段，做好陆海域经济的协同发展，迎接中国经济真正意义上的全面崛起；最后，从政策赋能的角度来看，中国理论、道路、制度及文化自信，更能凸显中央及地方政府为胶东经济圈海洋产业蓝色供应链协同创新及其高质量发展提供重要的政策与制度供给，为持续保持政策的持续性和精准性，提出胶东经济圈海洋产业蓝色供应链与海洋生态保护的协同发展方式及方法，为胶东经济圈海洋产业蓝色供应链协同创新乃至全国范围的推广应用提供理论借鉴及参考。

三、实践启示

一方面，胶东经济圈海洋产业蓝色供应链的协同创新，需充分了解海洋产业关键核心技术创新能力及赋能助推海洋经济的内在动力和外在突破效应，综合考虑自身发展中存在的障碍、短板、瓶颈等制约因素，依靠山东半岛拥有的丰富海洋资源与海洋科学及相关科技平台、机构的巨大储备优势，以及海洋经济发展起步晚的劣势，强化产学研多层次、多领域、多部门的相互融合、协同创新、协调分工的强大后发优势，选择属于适合自身高质量发展的途径及策略，提高协同创新资源配置效率与效果。另一方面，国家政策须加大对海洋产业特别是战略性新兴产业的倾斜与扶持力度，抢占未来国际海洋产业供应链的战略制高点，重点营造有利于胶东经济圈海洋产业蓝色供应链协同创新的产学研深度融合及突破关键核心技术的制度环境，尤其是加强对关键核心及颠覆性技术突破的政策引导与财政支持，鼓励海洋产业蓝色供应链企业及其产品实施"走出去"战略，并建立更广泛的全球海洋产业供应链合作伙伴关系，通过建立海洋产业供应链全球命运共同体，助力其突破关键核心技术而领跑全球海洋产业供应链，乃至为我国现代海洋产业蓝色供应链在国内大循环基础上，构建并实现国内国际双循环的新发展格局提供实践探索的应用解决方案。

四、研究局限及不足

首先，胶东经济圈现代海洋产业蓝色供应链协同创新的相关研究在国内外均属于初步的探索阶段，需要从理论层面探究胶东经济圈现代海洋产业蓝色供应链乃至我国海洋产业供应链协同创新的理论体系。因此，现有的相关探索难以形成体系化、系统化的研究成果，尤其是在国家政府政策与制度方面的赋能手段工具较少，且可供我们参考借鉴的文献少之又少，直接影响到本书研究成果的质量和水平。

其次，胶东经济圈现代海洋产业蓝色供应链协同创新的测度指标应是多样性的，然本书仅从协同创新的投入、产出和环境三个维度展开探索。依照我国对国际社会承诺"双碳目标"，以及根据胶东经济圈现代海洋产业蓝色供应链协同创新的地位或坐标来看，对于其蓝色供应链发展的绿色、低碳、开发、融合、数字智能等指标尽管有涉及，但存在论证不足的状况，特别在当前世界供应链断链、断供事件频发下，需要从国家及经济安全的角度综合考量。

最后，持续3年有余的新冠疫情，直接影响到本书研究数据、资料的正常获取，无法进行国内实地考察、调研活动，诸如对大湾区、长三角、环渤海经济圈（京津冀）等海洋产业供应链集聚区域进行第一手数据资料的收集，使本书存在显而易见的瑕疵并影响质量和水平，未能全面揭示胶东经济圈现代海洋产业蓝色供应链协同创新的背景和全貌，只能做到管中窥豹式的探究问题，致使研究成果水平不高也就在所难免。希望在未来可从更广泛的视角进行模型构建和验证。此外，网上问卷调研，虽然有结构化的优势，但也存在不够深入问题内部，以探事物的本质的缺点，希冀在今后的研究中进一步深入下去。

五、研究展望

对胶东经济圈现代海洋产业蓝色供应链协同创新进行了尝试性的探讨，从俄乌冲突到全球能源危机，在以美国为首的西方世界对我国技术封锁、科技打压，致使我国经济及海洋产业蓝色供应链遇到前所未有的诸多挑战。仅以能源危机为例，表面上只是一次传统化能源危机，却导致全球通胀及衰退，并搅动着世界地缘政治、经济、外交、文化、军事等各板块持续动荡，甚至改变着世界发展格局。而胶东经济圈现代海洋产业蓝色供应链只有通过协同创新，实现转型升级，不断优化现有的海洋产业结构，尤其是发展具有战略性新兴海洋产业，比如，海洋可再生能源开发、电能转化、新能源储能等技术的历史性突破，需要建立强大的、辐射全球的现代海洋产业蓝色供应链体系，唯有如此我们才能改变以西方世界主导的经济增长方式、发展规则，以及提高我们在全球海洋经济发展中的影响力。因此，对该领域研究的未来展望主要包括如下方面。

建立胶东经济圈乃至中国现代海洋产业蓝色供应链体系与"中国式现代化"不论是形式还是本质内容上都有着高度契合关系。在未来世界各个国家及地区间的竞争与合作将在星辰大海及深蓝海洋之中，探讨胶东经济圈现代海洋产业蓝色供应链协同创新，只是在该领域的一个尝试，一方面，借由探索的成果为地方政府贯彻落实中央政府倡导"海洋强国"战略的探索实践途径；另一方面，能够为国家政府高质量发展现代海洋产业蓝色供应链提供决策参考和理论依据。

第一，胶东经济圈乃至中国现代海洋产业蓝色供应链体系及其协同创新是"中国式现代化"在经济社会发展以及海洋经济现代化的一个微观的表达，自然也就带有中国式的特质和特色，且必须从中国经济发展的特点出发。其协同创新的核心要义，必须走实事求是、独立自主、自主创新的发展道路。为什么中国改革开放仅用数十年完成了西方世界数百年发展历程的追赶或局部超越，这一切都来自中国理论自信、制度自信、道路自信及文化自信，且这种自信将在海洋经济及其供应链体系高质量发展中得到持续不断的蔓延和其影响力的波及效应，不是由西方资本主义价值体系为标准加以检验或衡量的，而是我们孜孜追求、坚持自信的长期实践探索的结果。

第二，首先增强文化自觉、坚定文化自信有助于促进世界文明的交流与互鉴，同样适合胶东经济圈现代海洋产业蓝色供应链体系建构及其协同创新的理论重构及实践摸索，以提升中国海洋经济在全球发展的影响力、感召力和塑造力。因为文化是一个国家和民族崛起的血脉根基，文化自觉、自信就是经济全面崛起的内在源泉。其次，中国现代海洋产业蓝色供应链体系构建的国际意义就是在全球范围内通过建立共商、共建、共享、共赢的共同价值体系，实现互联互通、共同富裕的发展愿景。最后，中国现代海洋产业蓝色供应链就是以更加开放、包容、融合、绿色及创新的发展理念昭示于天下，不仅作为"中国式现代化"的一个重要组成部分，而且亟待重构具有中国特色的海洋发展观、海洋科技创新、人海一体等要素构成的中国海洋文化。总之，中国现代海洋产业蓝色供应链体系架构及其协同创新，将成为中国海洋文化丰富内容、内涵等侧面的实践与应用的现实写照，因为在海洋"人类共同价值"与海洋"命运共同体"的加持下，在国际社会产生溢出效应并得到世界大多数国家的认可与认同下，它是在充分吸收人类海洋文明，互鉴交流中逐渐丰富与完善起来的，并不断植入中国海洋文化特色的"蓝色基因""蓝色密码"以形成我们自己的"蓝色文化"。

第三，中国（包括胶东经济圈）现代海洋产业蓝色供应链与国家治理现代化应得到有机融合。胶东经济圈现代海洋产业蓝色供应链协同创新的理论解释离不开国家政府治理现代化理论体系的强有力支撑。从微观视角来看，中国（包括胶东经济圈）现代海洋产业蓝色供应链高质量发展不仅需要国家法律法规、制度体系及政策制度的指导、约束与规范，而且需要社会的综合治理及其现代化；从宏观视角来看，中国（包括胶东经济圈）现代海洋产业蓝色供应链安全是关乎国家安全，体现国家意志在新产业、新经济及新技术下海洋经济发展的风险管控和安全保障，海洋治理现代化也必然涵盖了中国（包括胶东经济圈）现代海洋产业蓝色供应链综合治理的现代化，那么"现代海洋产业蓝色供应链"将对国家海洋经济发展及其治理的现代化最终实现健康、稳定、有序的发展，这需要我们颠覆西方世界主导的全球海洋经济发展的影响，并依照中国内在特质加以必要的诠释和补充。

第四，在百年巨变和国际局势持续动荡的当下，以美国为首的西方世界加速了能源武器化、供应链政治化、经济全球化等倾向，势必对世界经济产生巨大的影响。故选择赛道、变换赛道将是我国经济由陆域经济发展主导模式向统筹陆海域经济发展并重模式的根本性转变，倒逼我们加快走向星辰大海的前进步伐，向海洋获取全人类需要的财富价值，而架构现代海洋产业蓝色供应链体系及其协同创新将是我们突破西方封锁与遏制的一个新的主战场。同时，如何建立起全球海洋经济及其蓝色供应链的命运共同体，实现和谐、平等、健康、稳定的发展，亟待我们给出"中国主张""中国方略"，也将成为未来须深耕探究的重要课题之一。

参考文献

一、中文文献

著作

[1] 曹保刚. 河北省经济社会高质量发展研究 [M]. 石家庄：河北人民出版社，2019.

[2] 何国军. 出版产业供应链协同管理研究 [M]. 武汉：武汉大学出版社，2018.

[3] 刘洋. 海洋管理及案例分析 [M]. 南京：南京东南大学出版社，2019.

[4] 刘应本，冯梁. 中国特色海洋强国理论与实践研究 [M]. 南京：南京大学出版社，2017.

[5] 毛通. 区域信用海洋经济指数编制方法与应用研究 [M]. 杭州：浙江工商大学出版社，2015.

[6] 牛东来. 流通业供应链管理与电子商务模型及应用 [M]. 北京：中国人民大学出版社，2012.

[7] 谭前进，聂鸿鹏. 辽宁省海洋经济运行监测与评估系统建设实践研究 [M]. 南京：南京东南大学出版社，2020.

[8] 王远炼. 供应商管理精益实战手册 [M]. 北京：人民邮电出版社，2015.

[9] 吴光东. 基于知识合作创新的工程项目供应链协同创新 [M]. 北京：新华出版社，2013.

[10] 张相斌，林萍，张冲. 供应链管理 [M]. 北京：人民邮电出版社，2015.

[11] 张耀光. 中国海洋经济地理学 [M]. 南京：南京东南大学出版社，2015.

期刊

[1] 白福臣，周景楠．基于主成分和聚类分析的区域海洋产业竞争力评价［J］．科技管理研究，2016，36（3）．

[2] 白雪洁，宋培，艾阳，等．中国构建自主可控现代产业体系的理论逻辑与实践路径［J］．经济学家，2022（6）．

[3] 毕重人，赵云，季晓南．基于创新价值链的区域海洋产业创新能力提升路径分析［J］．大连理工大学学报（社会科学版），2019，40（6）．

[4] 陈畴镛，张嘉伟，武健，等．云制造下供应链协同运作系统动力学仿真分析［J］．科技管理研究，2022，42（21）．

[5] 陈国亮．海洋产业协同集聚形成机制与空间外溢效应［J］．经济地理，2015，35（7）．

[6] 陈蔓生，吴明圣．基于内生型产业集群的江苏沿海海洋产业创新发展研究［J］．南通大学学报（社会科学版），2018，34（2）．

[7] 陈晓峰，张二震．中国海洋产业协同集聚的空间格局及其作用机制研究［J］．福建论坛（人文社会科学版），2020（10）．

[8] 崔格格，李腾，刘维奇．生产性服务业集聚、空间溢出与城镇化：基于新经济地理视角［J］．工程管理科技前沿，2022，41（4）．

[9] 狄乾斌，梁倩颖．中国海洋生态效率时空分异及其与海洋产业结构响应关系识别［J］．地理科学，2018，38（10）：1606-1615.

[10] 狄乾斌，徐礼祥．科技创新对海洋经济发展空间效应的测度：基于多种权重矩阵的实证［J］．科技管理研究，2021，41（6）．

[11] 杜军，寇佳丽，赵培阳．海洋产业结构升级、海洋科技创新与海洋经济增长：基于省际数据面板向量自回归（PVAR）模型的分析［J］．科技管理研究，2019，39（21）．

[12] 杜军，鄢波，王许兵．广东海洋产业集群集聚水平测度及比较研究［J］．科技进步与对策，2016，33（7）．

[13] 段志霞，王淼．山东半岛蓝色经济区海陆产业联动发展研究［J］．中国海洋大学学报（社会科学版），2016（4）．

[14] 付秀梅，李晓燕，王晓瑜，等．中国海洋生物医药产业资源要素配置效率研究：基于区域差异视角［J］．科技管理研究，2019，39（16）．

[15] 傅梦孜，刘兰芬．全球海洋经济：认知差异、比较研究与中国的机遇［J］．太平洋学报，2022，30（1）．

［16］盖美，展亚荣．中国沿海省区海洋生态效率空间格局演化及影响因素分析［J］．地理科学，2019，39（4）．

［17］苟露峰，高强．山东省海洋产业结构发展的生态环境响应演变及其影响因素［J］．经济问题探索，2015（10）．

［18］古小东．我国《海洋基本法》的性质定位与制度路径［J］．学术研究，2022（7）．

［19］谷增军，郭雪萌．开发性金融支持山东半岛蓝色经济区海洋产业发展研究［J］．山东社会科学，2016（6）．

［20］郭建科，邓昭，许妍，等．我国三大经济圈海洋产业发展轨迹比较［J］．统计与决策，2019，35（2）．

［21］郭瑾．我国海洋文化产业内涵意蕴与发展方略［J］．山东社会科学，2020（4）．

［22］郭小利．探求两岸文化发展之合力：第二届两岸文化发展论坛综述［J］．福建师范大学学报（哲学社会科学版），2015（1）．

［23］韩景旺，韩明希．基于区块链技术的供应链金融创新研究［J］．齐鲁学刊，2022（4）．

［24］韩增林，胡伟，李彬，等．中国海洋产业研究进展与展望［J］．经济地理，2016，36（1）．

［25］贺灿飞，任卓然，叶雅玲．中国产业地理集聚与区域出口经济复杂度［J］．地理研究，2021，40（8）．

［26］候勃，岳文泽，王腾飞．中国大都市区碳排放时空异质性探测与影响因素：以上海市为例［J］．经济地理，2020，40（9）．

［27］黄晖，胡求光，马劲韬．基于DPSIR模型的浙江省海域承载力的评价分析［J］．经济地理，2021，41（11）．

［28］纪建悦，郭慧文，林姿辰．海洋科教、风险投资与海洋产业结构升级［J］．科研管理，2020，41（3）．

［29］纪建悦，唐若梅，孙筱蔚．海洋科技创新、海洋产业结构升级与海洋全要素生产率：基于中国沿海11省份门槛效应的实证研究［J］．科技管理研究，2021，41（16）．

［30］寨令香，苏宇凌，曹珊珊．数字经济驱动沿海地区海洋产业高质量发展研究［J］．统计与信息论坛，2021，36（11）．

［31］江怡洒，冯泰文．绿色供应链整合：研究述评与展望［J］．外国

经济与管理，2022，44（6）．

［32］姜炎鹏，李静宜，马仁锋．中国百强县 1991—2019 年分布格局及影响机制［J］．经济地理，2022，42（8）．

［33］靳书君．向海经济重要命题形成的实践基础［J］．经济社会体制比较，2021（3）．

［34］李博，田闯，金翠，等．环渤海地区海洋经济增长质量空间溢出效应研究［J］．地理科学，2020，40（8）．

［35］李华，高强，丁慧媛．中国海洋经济发展的生态环境响应变化及影响因素分析［J］．统计与决策，2020，36（20）．

［36］李加林，田鹏，李昌达，等．基于陆海统筹的陆海经济关系及国土空间利用：现状、问题及发展方向［J］．自然资源学报，2022，37（4）．

［37］李山，赵璐．中国海洋经济空间格局演化及其影响因素［J］．地域研究与开发，2020，39（4）．

［38］李天宇，陆林，张海洲，等．长三角城市群 A 级物流企业空间演化特征及驱动因素［J］．经济地理，2021，41（11）．

［39］李巍，赵莉．产业地理与贸易决策：理解中美贸易战的微观逻辑［J］．世界经济与政治，2020（2）．

［40］李维安，马茵．如何构造供应链韧性的有效机制？［J］．当代经济管理，2022，44（12）．

［41］李旭辉，何金玉，严晗．中国三大海洋经济圈海洋经济发展区域差异与分布动态及影响因素［J］．自然资源学报，2022，37（4）．

［42］李勋来，鲁汇智．山东省海洋化工产业竞争力比较研究：基于沿海十一省份的比较分析［J］．山东社会科学，2022（2）．

［43］李颖，马双，富宁宁，等．中国沿海地区海洋产业合作创新网络特征及其邻近性［J］．经济地理，2021，41（2）．

［44］梁帅，李海波，李钊．科研院所主导产学研联盟协同创新机制研究——以海洋监测设备产业技术创新战略联盟为例［J］．科技进步与对策，2017，34（18）．

［45］林静柔，张晓浩，陈蕾，等．国土空间规划体系下海岸带专项规划的编制重点与策略［J］．规划师，2021，37（23）．

［46］林香红．国际海洋经济发展的新动向及建议［J］．太平洋学报，2021，29（9）．

[47] 刘桂春，史庆斌，王泽宇，等．中国海洋经济增长驱动要素的时空差异 [J]．经济地理，2019，39（2）．

[48] 刘韬，吴梵，高强，等．海洋高技术产业协同创新效率测度及空间优化 [J]．统计与决策，2021，37（6）．

[49] 鲁亚运，唐李伟，李杏筠．中国海洋科技创新效率省际差异及驱动因素分析 [J]．科技管理研究，2020，40（11）．

[50] 罗海平，艾主河，何志文．基于地理集聚的我国主要粮食作物演化及影响因素分析 [J]．统计与决策，2021，37（20）．

[51] 马宏智，钟业喜，张艺迪．中国电子竞技产业地理集聚特征及影响因素 [J]．地理科学，2021，41（6）．

[52] 毛涛．我国绿色供应链管理试点及其完善：基于碳达峰与碳中和视角的分析 [J]．环境保护，2022，50（1）．

[53] 米俣飞．产业集聚对海洋产业效率影响的分析 [J]．经济与管理评论，2022，38（2）：147-158.

[54] 宁靓，茹雅倩，王刚，等．环境规制何以影响海洋产业效率？——基于科技创新与 FDI 的联合调节效应 [J]．科技管理研究，2022，42（3）．

[55] 宁凌，苏玉同，欧春尧．三螺旋理论视角下区域海洋高新技术产业创新效率分析与评价研究 [J]．科技管理研究，2022，42（15）．

[56] 裴广一．海南自由贸易港与粤港澳大湾区联动发展的实现模式与路径 [J]．经济纵横，2021（2）．

[57] 片飞，王茜，张挺．加快重大技术装备产业链现代化发展 [J]．宏观经济管理，2022（9）．

[58] 秦曼，梁铄，万骁乐．青岛市海洋生物产业空间布局与区位选择 [J]．地域研究与开发，2020，39（1）．

[59] 盛朝迅，任继球，徐建伟．构建完善的现代海洋产业体系的思路和对策研究 [J]．经济纵横，2021（4）．

[60] 宋华，陶铮，杨雨东．"制造的制造"：供应链金融如何使能数字商业生态的跃迁：基于小米集团供应链金融的案例研究 [J]．中国工业经济，2022（9）．

[61] 隋鹏飞，任建兰．山东省海陆产业联动发展探讨 [J]．地域研究与开发，2015，34（3）．

[62] 孙才志，郭可蒙．基于 DER-Wolfson 指数的中国海洋经济极化研究

[J]．地理科学，2019，39（6）.

[63] 孙才志，李博，郭建科，等．改革开放以来中国海洋经济地理研究进展与展望 [J]．经济地理，2021，41（10）.

[64] 孙才志，邹玮．环渤海地区海洋产业安全评价及时空分异分析 [J]．社会科学辑刊，2016（3）.

[65] 孙浩，郭劲光．环境规制和产业集聚对能源效率的影响与作用机制：基于空间效应的视角 [J]．自然资源学报，2022，37（12）.

[66] 孙林杰，孙万君，高紫琪．我国海洋科技人才集聚度测算及影响因素研究 [J]．科研管理，2022，43（10）.

[67] 谭洪波，夏杰长．数字贸易重塑产业集聚理论与模式：从地理集聚到线上集聚 [J]．财经问题研究，2022（6）.

[68] 王波，翟璐，韩立民，等．产业结构调整、海域空间资源变动与海洋渔业经济增长 [J]．统计与决策，2020，36（17）.

[69] 王春娟，王琦，刘大海，等．基于自回归分布滞后（ARDL）模型的中国海洋科技创新与海洋产业结构转型升级、海洋经济发展协整分析 [J]．科技管理研究，2021，41（24）.

[70] 王春娟，王玺媛，刘大海，等．中国海洋经济圈创新评价与"一带一路"协同发展研究 [J]．中国科技论坛，2022（5）.

[71] 王静．数字化供应链转型升级模式及全链路优化机制研究 [J]．经济学家，2022（9）.

[72] 王静．我国制造业全球供应链重构和数字化转型的路径研究 [J]．中国软科学，2022（4）.

[73] 王举颖，石潇，李志刚．现代化海洋牧场的海洋产业筛选与融合机制：基于扎根理论的多案例研究 [J]．管理案例研究与评论，2021，14（4）.

[74] 王能民，徐菁，王梦丹．制造商与零售平台物流协同共建策略：基于不同权力结构的研究 [J]．系统工程理论与实践，2022.

[75] 王勤．新加坡全球海洋中心城市构建及其启示 [J]．广西社会科学，2022（4）.

[76] 王青，和晨阳．中国海洋经济效率的区域差异分析 [J]．辽宁大学学报（哲学社会科学版），2020，48（1）.

[77] 王晓辰，韩增林，彭飞，等．中国海洋科技创新效率发展格局演变

与类型划分 [J]．地理科学，2020，40（6）．

　　[78] 王艳华，赵建吉，刘娅娜，等．中国金融产业集聚空间格局与影响因素：基于地理探测器模型的研究 [J]．经济地理，2020，40（4）．

　　[79] 王燕，刘邦凡，栗俊杰．构建海洋产业发展新格局　推动海洋治理现代化 [J]．中国行政管理，2021（7）．

　　[80] 王银银，戴翔，张二震．海洋经济的"质"影响了沿海经济增长的"量"吗？[J]．云南社会科学，2021（3）．

　　[81] 王银银．绿色海洋经济效率时空演变与趋同分析：基于沿海53个城市面板数据 [J]．商业经济与管理，2021（11）．

　　[82] 王银银，翟仁祥．海洋产业结构调整、空间溢出与沿海经济增长：基于中国沿海省域空间面板数据的分析 [J]．南通大学学报（社会科学版），2020，36（1）．

　　[83] 王泽宇，崔正丹，孙才志，等．中国海洋经济转型成效时空格局演变研究 [J]．地理研究，2015，34（12）．

　　[84] 王泽宇，唐云清，韩增林，等．中国沿海省份海洋船舶产业链韧性测度及其影响因素 [J]．经济地理，2022，42（7）．

　　[85] 王泽宇，张梦雅，王焱熙，等．中国海洋三次产业经济效率时空演变及影响因素分析 [J]．经济地理，2020，40（11）．

　　[86] 魏和清，李颖．中国省域文化产业集聚的空间特征及影响因素分析 [J]．统计与决策，2021，37（16）．

　　[87] 文海漓，夏惟怡，陈修谦．技术进步偏向视角下中国：东盟区域海洋经济产业结构特征及合作机制研究 [J]．中国软科学，2021（6）．

　　[88] 吴群，朱嘉懿．平台型物流企业供应链生态圈可持续协同发展研究 [J]．中国软科学，2022（10）．

　　[89] 夏晖，郑轲予，苏诚，等．国土空间规划体系下的青岛陆海统筹规划编制探讨 [J]．规划师，2021，37（2）．

　　[90] 向晓梅，张拴虎，胡晓珍．海洋经济供给侧结构性改革的动力机制及实现路径：基于海洋经济全要素生产率指数的研究 [J]．广东社会科学，2019（5）．

　　[91] 邢苗，张建刚，冯伟民．我国金融与海洋产业结构优化的耦合发展研究 [J]．资源开发与市场，2016．

　　[92] 徐胜，杨学龙．创新驱动与海洋产业集聚的协同发展研究：基于中

国沿海省市的灰色关联分析［J］．华东经济管理，2018，32（2）．

［93］许林，赖倩茹，颜诚．中国海洋经济发展的金融支持效率测算：基于三大海洋经济圈的实证［J］．统计与信息论坛，2019，34（3）．

［94］闫实，张鹏．中国沿海省域海洋科技创新效率空间格局及空间效应研究［J］．山东大学学报（哲学社会科学版），2019（6）．

［95］杨国忠，周午阳．基于绿色供应链视角的企业生态创新扩散演化博弈研究［J］．科技管理研究，2022，42（17）．

［96］杨继军，金梦圆，张晓磊．全球供应链安全的战略考量与中国应对［J］．国际贸易，2022（1）．

［97］杨黎静，李宁，王方方．粤港澳大湾区海洋经济合作特征、趋势与政策建议［J］．经济纵横，2021（2）．

［98］杨林，温馨．环境规制促进海洋产业结构转型升级了吗？——基于海洋环境规制工具的选择［J］．经济与管理评论，2021，37（1）．

［99］姚鹏，吕佳伦．陆海统筹战略的理论体系构建与空间优化路径分析［J］．江淮论坛，2021（2）．

［100］叶蜀君，包许航，温雪．广西北部湾经济区海洋产业竞争力测度与经济效应评价［J］．广西民族大学学报（哲学社会科学版），2019，41（5）．

［101］依绍华．新发展格局下多式联运发展模式及对策体系：基于供应链集成视角［J］．河北学刊，2022，42（5）．

［102］于正松，唐倩玉，薛冬萍，等．传统农区工业企业地理集聚及其用地空间响应：以河南省曲沟镇铁合金产业为例［J］．经济地理，2022，42（3）：95-102．

［103］苑清敏，申婷婷，秦聪聪．我国沿海省市海陆产业协同发展时空差异分析［J］．统计与决策，2015（23）．

［104］张呈念，徐宝晨，杨加付．海洋产业群落分析与探索［J］．科技管理研究，2015，35（2）：177-180；32（6）．

［105］张剑，隋艳晖，于海，等．我国海洋高新技术产业示范区规划探究：基于供给侧结构性改革视角［J］．经济问题，2018（6）．

［106］张洁．菲律宾海洋产业的现状、发展举措及对中菲合作的思考［J］．东南亚研究，2021（2）．

［107］张兰婷，史磊，韩立民．山东半岛蓝色经济区建设的体制机制创

239

新研究 [J]. 中国海洋大学学报（社会科学版），2018（4）.

[108] 张舒平. 山东海洋经济发展四十年：成就、经验、问题与对策 [J]. 山东社会科学，2020（7）.

[109] 张鑫，马克秀，王鑫，等. 我国海洋出版产业的发展现状、困境及策略研究 [J]. 科技与出版，2021（5）.

[110] 赵玲，黄昊. 企业数字化转型、供应链协同与成本粘性 [J]. 当代财经，2022（5）.

[111] 赵晓飞. 全渠道模式下农产品供应链整合的理论框架与保障机制 [J]. 商业经济与管理，2022（7）.

[112] 赵昕. 海洋经济发展现状、挑战及趋势 [J]. 人民论坛，2022（18）.

[113] 郑珍远，刘婧，李悦. 基于熵值法的东海区海洋产业综合评价研究 [J]. 华东经济管理，2019，33（9）.

[114] 钟鸣. 新时代中国海洋经济高质量发展问题 [J]. 山西财经大学学报，2021，43（S2）.

[115] 周守为，李清平. 构建自立自强的海洋能源资源绿色开发技术体系 [J]. 人民论坛·学术前沿，2022（17）.

[116] 朱孟晓，田洪刚. 双循环视角下国内价值链体系演进与升级战略选择 [J]. 东岳论丛，2022，43（5）.

[117] 祝丹枫，李宇坤，李摇琴. 供应链创新驱动经济高质量发展的理论内涵与现实路径 [J]. 经济学家，2022（10）.

二、英文文献

期刊

[1] FRANCESCO B S, MARTIN L B, PODDA A, et al. A strategic model for developing vaccines against neglected diseases: an example of industry collaboration for sustainable development [J]. Human Vaccines & Immunotherapeutics, 2022, 18 (6).

[2] CLARA B S, AZZEDDINE B, KRSTINE G I, et al. A novel semi-supervised learning approach for state of health monitoring of maritime lithium-ion batteries [J]. Journal of Power Sources, 2023, 556.

[3] BHATTACHARYA A, DEY P K, HO W. Green manufacturing supply

chain design and operations decision support [J]. International Journal of Production Research, 2015, 53 (21).

[4] CAI Y Z. Towards a new model of eu – china innovation cooperation: Bridging missing links between international university collaboration and international industry collaboration [J]. Technovation, 2023, 119.

[5] CHAN F T S, CHAN H K. A new model for manufacturing supply chain networks: a multiagent approach [J]. Proceedings of the Institution of Mechanical Engineers, Part B: Journal of Engineering Manufacture, 2004, 218 (4).

[6] DING J, LIU B L, SHAO X F. Spatial effects of industrial synergistic agglomeration and regional green development efficiency: evidence from china [J]. Energy Economics, 2022, 112.

[7] GUO J W, CHAO Z, PING Z L, et al. Spatial quantitative analysis of garlic price data based on arcgis technology [J]. Computers, Materials & Continua, 2019, 58 (1).

[8] HE J, LIANG K, WU P. Stability governance of e – commerce supply chain: social capital and governance mechanism design perspective [J]. Sustainability, 2022, 14 (20).

[9] HE, JIANG, WANG J, et al. Maintenance optimisation and coordination with fairness concerns for the service–oriented manufacturing supply chain [J]. Enterprise Information Systems, 2020.

[10] JI J Y, LIU H M, YIN X M. Evaluation and regional differences analysis of the marine industry development level: the case of china [J]. Marine Policy, 2023, 148.

[11] HOV B J, JIN H, YANG Y. geographical aggregation and incubator graduation performance: the role of incubator assistance [J]. European Journal of Innovation Management, 2020, 25 (1).

[12] SABINE K, HANS P F. Empirical analysis of the effectiveness of the legislative framework in the maritime industry [J]. Marine Policy, 2023, 147.

[13] KUMAR V, BAK O, GUO R, et al. An empirical analysis of supply and manufacturing risk and business performance: a chinese manufacturing supply chain perspective [J]. Supply Chain Management, 2018, 23 (5).

[14] LI D W. Construction of school–enterprise cooperation practice teaching

system under the big data internet of things industry collaborative innovation platform
［J］. Computational Intelligence and Neuroscience, 2022.

［15］GUO L F, FUI Y W, WU Y M, et al. Research on the influence of re-
lation embeddedness on innovation performance of manufacturing supply chain alli-
ances using expert fuzzy rule - intermediary role of shared mental model ［J］.
Journal of Intelligent & Fuzzy Systems, 2021, 40 (4).

［16］LIN C X, LIN K N. Exploration on the collaborative innovation path of
college students' ideological education and psychological education ［J］. Frontiers
in Psychology, 2022.

［17］LIU N. An analysis of the trend from the collaborative innovations to the
deep integration of industry-university-research ［J］. Academic Journal of Hu-
manities & Social Sciences, 2022, (5).

［18］LI X M, LI Z Y, XIA X C. Research on collaborative innovation of
supply-side reform of university ideological and political education based on intelli-
gent big data information fusion ［J］. Journal of Sensors, 2022.

［19］LI X M, WU X R, ZHAO Y F. Research and application of multi-var-
iable grey optimization model with interactive effects in marine emerging industries
prediction ［J］. Technological Forecasting &Social Change, 2023.

［20］LI Z B, LI H, WANG S W, et al. The impact of science and technolo-
gy finance on regional collaborative innovation: the threshold effect of absorptive ca-
pacity ［J］. Sustainability, 2022, 14 (23).

［21］HELSLEY R W, STRANGE WC. Co-agglomeration, clusters, and the
scale and composition of cities. Journal of Political Economy, 2014, 122 (5).

［22］MACKENZIE S B, PODSAKOFF P M, PODSAKOFF N P. Construct
measurement and validation procedures in mis and behavioral research: integrating,
new and existing techniques ［J］. MIS quarterly, 2011, 35 (2).

［23］LIU N. Mechanism innovation from industry-university-research collab-
oration innovation to deep integration ［J］. Frontiers in Educational Research,
2022, 5.

［24］NISSEN M E. An intelligent tool for process redesign: manufacturing
supply-chain applications ［J］. International Journal of Flexible Manufacturing
Systems, 2000, 12 (4).

[25] DOGANCAN O, GUNBEYAZ S A, EMEK K K, et al. Towards a circular maritime industry: identifying strategy and technology solutions [J]. Journal of Cleaner Production, 2023, 382.

[26] PAN H Y, REN J J, ZHANG Q, et al. Effect of green technology-institution collaborative innovation on ecological efficiency-the moderating role of fiscal decentralization [J]. Environmental science and pollution research international, 2022.

[27] PATTNAIK S, PATTNAIK S. Relationships between green supply chain drivers, triple bottom line sustainability and operational performance: an empirical investigation in the uk manufacturing supply chain [J]. Operations and Supply Chain Management: An International Journal, 2019, 12 (4).

[28] QI J, LING Y C, JI B L, et al. Research on a collaboration model of green closed - loop supply chains towards intelligent manufacturing [J]. Multimedia Tools and Applications, 2022.

[29] SADAT S M, MOHAMMAPREZA E, ALIREZA B, et al. Does a buy-back contract coordinate a reverse supply chain facing remanufacturing capacity disruption and returned product quality uncertainty? [J]. Sustainability, 2022, 14 (23).

[30] SAMBASIVAN M, SIEW-PHAIK L, MOHAMED Z A, et al. Factors influencing strategic alliance outcomes in a manufacturing supply chain: role of alliance motives, interdependence, asset specificity and relational capital [J]. International Journal of Production Economics, 2013, 141 (1).

[31] MURALI S, NGET Y C. Strategic alliances in a manufacturing supply chain: influence of organizational culture from the manufacturer's perspective [J]. International Journal of Physical Distribution & Logistics Management, 2010, 40 (6).

[32] SCHWARTZ J D, ARAHAL M R, RIVERA D E, et al. Control-relevant demand forecasting for tactical decision-making in semiconductor manufacturing supply chain management [J]. IEEE Transactions on Semiconductor Manufacturing, 2009, 22 (1).

[33] LI S F. Research on the construction of innovation ecosystem for key core technologies breakthrough [J]. Academic Journal of Business & Management, 2022, 4 (13).

［34］KYONG S E, YANGSANG K, ARASH S. Geo-clustered chronic affinity: pathways from socio-economic disadvantages to health disparities ［J］. JAMIA open, 2019, 2 (3).

［35］TIAN X G, CHEN W M, HU J L. Game-theoretic modeling of power supply chain coordination under demand variation in china: a case study of guangdong province ［J］. Energy, 2023, 262.

［36］VELDHUIZEN B N, VAN BIERT L, AMLADI A, et al. The effects of fuel type and cathode off-gas recirculation on combined heat and power generation of marine SOFC systems ［J］. Energy Conversion and Management, 2023, 276.

［37］WANG F Z, QI X Y, DONG J, et al. Optimization method of spatial layout of marine industry based on cloud computing ［J］. Mathematical Problems in Engineering, 2022, 2022.

［38］WANG J G, HU Y S, QU W H, et al. Research on emergency supply chain collaboration based on tripartite evolutionary game ［J］. Sustainability, 2022, 14 (19).

［39］WANG S Y, TIAN X J. Research on sustainable closed-loop supply chain synergy in forest industry based on high-quality development: a case study in northeast china ［J］. Forests, 2022, 13 (10).

［40］WANG W, RIVERA D E. Model predictive control for tactical decision-making in semiconductor manufacturing supply chain management ［J］. IEEE Transactions on Control Systems Technology, 2008, 16 (5).

［41］WU D J. Analysis of marine economic development and innovation under environment constraint based on the var model ［J］. Journal of Environmental and Public Health, 2022, 2022.

［42］WU Y Z, WEN K, ZOU X L. Impacts of shipping carbon tax on dry bulk shipping costs and maritime trades—the case of china ［J］. Journal of Marine Science and Engineering, 2022, 10 (8).

［43］XIANG N, ZHANG Y T, SHU C, et al. Dynamic simulation of industrial synergy optimisation pathways in beijing-tianjin-hebei region driven by water environment improvements ［J］. Journal of Environmental Management, 2022, 320.

［44］ZHANG X Z, CHEN Y M, LI M C. Research on geospatial association of the urban agglomeration around the south china sea based on marine traffic flow [J] . Sustainability, 2018, 10 (9) .

[45] XU Z Y, CAO J M, XU Y H, et al. Decision-making mechanism of cooperative innovation between clients and service providers based on evolutionary game theory [J] . Discrete Dynamics in Nature and Society, 2022, 2022.

[46] YADAV G, KUMAR A, LUTHRA S, et al. A framework to achieve sustainability in manufacturing organisations of developing economies using industry 4.0 technologies' enablers [J] . Computers in Industry, 2020.

[47] YANG J, LIU H. Empirical analysis on the correlation between low-carbon economy and marine industry development [J] . Discrete Dynamics in Nature and Society, 2022, 2022.

[48] YANG Z K, MEI Q, WANG Q W, et al. Research on contract coordination in the manufacturing supply chain given china's work safety constraints [J] . Complexity, 2021.

[49] YE Y Y, WU K M, ZHANG H G, et al. Geographical agglomeration and location factors of the new-born cross-border manufactual firms in the pearl river delta [J] . Progress in Geography, 2019, 38 (10) .

[50] YUAN Q, PENG T, MING J R. Collaborative innovation mechanism of water pollution control industry chain based on complex scientific management [J] . Discrete Dynamics in Nature and Society, 2022, 2022.

[51] ZENG L, DU Q, ZHOU LI, et al. Side-payment contracts for prefabricated construction supply chain coordination under just-in-time purchasing [J] . Journal of Cleaner Production, 2022, 379 (2) .

[52] ZHANG W, LIU C. Research on the influence of talent ecosystem on firm innovation performance: based on the mediating role of collaborative innovation [J] . Frontiers in Environmental Science, 2022.

[53] ZHAO H Y, ZHENG W T, IRINA L. Digital finance and collaborative innovation: case study of the yangtze river delta, china [J] . Sustainability, 2022, 14 (17) .